陆地生态系统
碳水通量模拟与动态分析

张　丽　闫　敏　陈博伟　等　著

科 学 出 版 社
北 京

内 容 简 介

本书通过尺度扩展方法，集成遥感空间数据和地面观测数据，基于多种观测模式，有效模拟陆地生态系统碳水通量，研究和揭示气候变化对陆地生态系统碳水通量的影响及区域差异特征，可解决当前陆地生态系统碳水通量时空变化综合性研究欠缺的问题，有助于实时掌握气候环境变化对陆地生态系统碳水循环过程的影响，对提高陆地生态系统生产能力、加大陆地生态系统碳储量、缓解陆地生态系统水资源短缺、改善水资源利用效率、支持干旱区环境可持续性发展等具有重要意义。

本书为从事陆地生态系统碳水通量模拟、气候变化研究等领域的科研人员提供了理论知识和技术方法，可作为相关领域的研究生教材和科研参考书。

图书在版编目（CIP）数据

陆地生态系统碳水通量模拟与动态分析 / 张丽等著. —北京：科学出版社，2022.2

ISBN 978-7-03-071452-7

Ⅰ.①陆…　Ⅱ.①张…　Ⅲ.①陆地–生态系统–碳循环–研究　Ⅳ.①P9 ②X511

中国版本图书馆 CIP 数据核字（2022）第 023178 号

责任编辑：李秋艳　赵　晶 / 责任校对：何艳萍
责任印制：吴兆东 / 封面设计：蓝正设计

科学出版社出版

北京东黄城根北街 16 号
邮政编码：100717
http://www.sciencep.com

北京建宏印刷有限公司 印刷
科学出版社发行　　各地新华书店经销

*

2022 年 2 月第 一 版　　开本：787×1092　1/16
2024 年 2 月第三次印刷　　印张：13 1/2
字数：320 000

定价：159.00 元
（如有印装质量问题，我社负责调换）

前　言

自前工业化时代以来，全球平均气温上升了约 $1℃$。人类活动排放的 CO_2 和其他温室气体是气候变化的主要驱动力因素，因为陆地生态系统是吸收大气中 CO_2 的重要碳汇，定量描述其碳水通量以及碳水通量对气候变化的响应等已成为全球最紧迫的任务之一。全球范围内陆续启动的通量观测计划，欧洲通量网、美洲通量网、加拿大通量网、亚洲通量网等的相继布设，为全球碳水通量的长期观测、模型的构建与验证提供了宝贵数据，在全球变化与生态系统研究中发挥了无可替代的作用。随着遥感技术与模型的发展成熟，区域乃至全球尺度的通量估算成为可能，而模型本身的不确定性，促进了数据同化在碳水通量模拟中的应用与推广。充分发挥观测数据和模型手段的优势，定量评估不确定性，可以为碳水通量的模拟提供科学准确的参考。

因此，本书立足全球陆地生态系统碳水循环原理，基于多源数据，利用观测与模型结合、机器学习与机理模型并驾的手段，展开了多个案例的深度剖析，以期综合、详尽地阐述不同生态系统类型的碳水通量模拟途径，为读者在后续的研究中提供些许参考。

全书共分 8 章。第 1 章全球变化与陆地生态系统碳水通量，介绍了全球变化背景下陆地生态系统碳水通量的模式，以及遥感技术在陆地生态系统碳水通量中的应用情况，由闫敏、陈博伟撰写；第 2 章陆地生态系统碳水通量研究进展及展望，系统总结了目前的碳水通量模拟方法及未来发展趋势，由张丽、闫敏撰写；第 3 章全球碳水通量尺度扩展遥感模型，通过尺度扩展方法，构建了全球碳水通量尺度扩展模型，将植被碳汇扩展到全球尺度，由张丽撰写；第 4 章基于光能利用率模型的碳水通量模拟，分析了模拟过程中的不确定性，由郑艺、张丽撰写；第 5 章数据–模型融合碳水通量模拟，融合观测和模型开展碳水通量模拟，在改善模拟精度的同时，提高了模型的普适性，由马芮、闫敏、李斯楠撰写；第 6 章植被和土壤多通道参数联合同化的碳水通量优化模拟，在耦合过程模型基础上，同化土壤湿度产品，开展了全球半干旱区的碳水通量模拟，得到了半干旱区时空连续的碳水通量产品，由李斯楠、张丽撰写；第 7 章陆地生态系统碳水通量时空格局与动态分析，以全球草地生态系统为例，开展了碳水通量的时空格局的动态分析，由张丽撰写；第 8 章陆地生态系统碳水通量对气候变化的响应，分析了植被碳水通量对主要气候因子变化的响应，由张丽撰写。最后由阮琳琳、张博、陈研茹、林婧、董宇琪(排名不分先后)负责统稿，张丽定稿。需特别强调的是，本书得到了美国新罕布什尔大学肖劲峰教授和中山大学袁文平教授的指导，他们为本书内容提供了宝贵的修改意见。

本书获得国家自然科学基金面上项目(42071305、41771392)、国家自然科学基金青年科学基金项目(41901364)、中国科学院战略性先导科技专项(A 类)子课题(XDA19030302)等的支持,在此致谢!

本书可能存在不足之处,会在未来研究中进一步完善改进,望各位同行读者批评指正。

张　丽

2021 年 4 月

目　　录

第1章 全球变化与陆地生态系统碳水通量

1.1 引 言

自前工业化时代以来，全球平均气温上升了约 1℃。人类活动排放的 CO_2 和其他温室气体是气候变化的主要驱动力因素，而陆地生态系统作为吸收大气中 CO_2 的重要碳汇、定量有效地描述其碳水通量以及碳水通量对气候变化的响应等已成为全球最紧迫的挑战之一。陆地生态系统在全球碳循环中扮演着重要的碳汇角色(Zhao and Running，2010)。近年来，大气中 CO_2 上升速度的年际变化主要源于陆地生态系统碳循环的波动(Keenan et al.，2016)。植被是陆地生态系统重要的碳库，主要包含森林、草地和农田等碳库，其中森林生态系统碳储量约为 861Pg[①](Schimel，1995)，是陆地生态系统第一大碳库；草地生态系统碳储量约为 266.3Pg，占陆地生态系统碳储量的 12.7%(赵娜等，2011)；农田生态系统不仅是陆地生态系统碳库的重要组成部分，同时也是全球碳库中不可缺少的组成部分之一，其碳储量达 170Pg(Lal and Bruce，1999)。随着大气中 CO_2 排放量的增加，植被的碳吸收作用显得尤为重要。而植被的碳循环和水循环相互耦合，二者的变化将对全球陆地、大气及海洋生态系统产生直接影响。

碳水循环中，植被生产力［如总初级生产力(gross primary productivity，GPP)等］是影响碳循环、生态调节以及表征植物生命活动的关键因子，涉及土壤、植被活动的蒸散发(evapotranspiration，ET)是影响陆表及大气水分和能量分配的重要分量。其中，植被生产力是植物在生态系统水平上通过光合作用固定的有机碳总量，作为陆地碳循环的开始，植被总初级生产力是判定碳源/汇和生态调节过程的主要因子，在全球变化及碳平衡中起着重要作用。持续并准确预测陆地生态系统碳水通量的时空变化格局，不仅可以进行生态系统动态变化预测，科学认识生态系统与气候变化的关系，而且能为生态系统的管理提供数据与科学支持，这对进一步理解全球碳循环过程和生态系统功能具有重要意义。

观测和模型模拟是陆地生态系统碳水通量估算的两种主要方法，但是两者都不能单独地准确揭示陆地生态系统碳收支的空间分布和变化过程(于贵瑞等，2011)。观测数据精度较高，但获取费时费力、容易存在数据缺失。通量观测网络提供了持续的不同生态系统的站点碳通量观测数据(Baldocchi and Wilson，2001；Baldocchi，2003)；模型模拟可以将数据从站点尺度扩展到区域尺度(Zhang et al.，2014)，获得时间尺度上连续、空间上大尺度的碳收支数据，但是存在较大的不确定性和误差(Xiao et al.，2014)。生态系

---

① $1Pg=10^{15}g$。

统碳水通量估算模型中存在的不确定性主要来源于以下三个方面(Verbeeck et al., 2006):模型结构、模型参数和模型输入数据。不确定性的根源是陆地表层系统中高度的空间异质性,不同估算方法(模型)、不同植被类型、不同数据源和尺度的植被生产力估算之间存在较大的不确定性。因此,融合观测数据和模型模拟,展开模型对比研究,评估生态系统碳水通量估算过程中的不确定性和参量的敏感性,可以提高模型预测精度,降低模型模拟的不确定性。

1.2 陆地生态系统碳水通量

研究表明,近年来大气中 CO_2 浓度的持续升高,引发了全球变暖等一系列严重的全球性环境问题,严重威胁到人类生存与可持续发展,同时也会对陆地生态系统的生理过程和水分过程造成影响(Schimel, 1995)。气候变暖对陆地生态系统中各个子系统的影响也各不相同。开展草地生态系统的碳水通量研究,分析全球草地系统碳水通量的时空分布特征,有助于理解在全球变化背景下草地生态系统碳水通量对全球变化的响应与适应特征(Kim et al., 2012; Eamus et al., 2013; Schwalm et al., 2011; Baldocchi et al., 2004)。

光合作用和蒸腾作用是植物两个最基本的生理生态学过程,共同受植物叶片的气孔行为所控制。光合作用时,植物生态系统利用光能将碳固定,形成植被碳汇,其成为推动并支撑植被生态系统的最初原动力。在白天,绿色植物受太阳照射关闭气孔,通过叶绿体,利用光能,把 CO_2 和水转化成有机物,储存能量并释放出氧。在夜间,植物细胞经过氧化分解,生成 CO_2 或其他产物,释放能量。而蒸腾作用则是植物体通过叶片,将碳和水分散失到土壤、空气中,成为碳源,同时水分从叶片等植物表面以水蒸气状态散失到大气中,以调节植物体与外界环境的水分平衡,降低植物叶片温度,保持矿物质盐分在植物体内的运转和吸收。植物体以叶片气孔行为为节点,通过光合作用和蒸腾作用两种方式,保持本身 CO_2、水分以及矿物质盐的平衡和相对稳定,将植物体的碳循环和水循环以及外界环境联系起来,构成了"土壤–植被–大气系统"完整的碳水循环过程,相互影响、相互作用(Baldocchi and Wilson, 2001)。

植被生态系统的碳循环与水循环是相互耦合的生态学过程,是地球陆地表层系统物质循环与能量交换基本的生物–物理过程(Baldocchi and Wilson, 2001)。碳水通量的变化将直接对全球陆地、大气以及海洋生态系统产生重大影响。近年来,全球气候变暖引发地表蒸发量增加,大气中水汽含量增加,造成全球降水量总体增加和水循环加速,局部地区出现降水失衡现象,全球降水格局发生明显变化。模拟植被的碳水作用及其耦合,是评价植被生态系统初级生产力、研究气候与生态系统相互作用等问题的关键环节,也是研究全球物质循环和能量流动的基本问题。目前,关于植被生态系统碳循环和水循环的研究很多,但大多数是将两者孤立进行研究,对碳水耦合关系进行系统研究的尚不多见。

植被生态系统特征一般包括总初级生产力、净初级生产力、净生态系统生产力、净生态系统碳交换量和地表蒸散发及其各自的时空变化特点,其关系见图 1.1。通过综合站点观测数据和模型,可以精确估算碳水通量等参数,这有助于对植被生态系统碳水过程进行定性和定量分析。

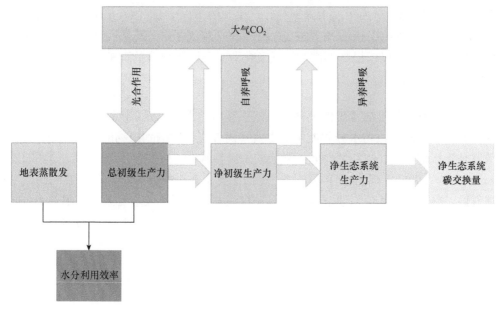

图 1.1 碳水通量参数的关系图

1) 总初级生产力

总初级生产量(gross primary production)是指绿色植物对太阳能的总同化量,其生产速率通常称作第一性生产力或总初级生产力(GPP),以单位时间内单位面积的绿色植物光合作用所生产的有机物质量或固定的能量来表示 [gC/(m²·a)] (Lieth,1975)。GPP 作为全球最大的陆气碳通量,是生态系统呼吸和生长等功能的主要动力,决定了进入陆地生态系统的初始物质和能量,也是陆表碳循环中植被碳的主要输入源。在陆表碳循环中,自养呼吸(autotrophic respiration,Ra)一般会消耗掉 GPP 的一半(Chapin et al.,2006)。GPP 主要受到植被叶面积指数(leaf area index,LAI)、生态系统群落结构、辐射条件、温度、水分、土壤状况、CO_2 浓度等环境和生理因素的影响。GPP 和呼吸作用控制着陆气 CO_2 的主要交换过程,提供了陆地生态系统消除人为 CO_2 排放的能力。因此,准确估算 GPP 的时空变化幅度可为量化和预测陆地碳预算(carbon budgets)提供依据。

2) 净生态系统生产力

通过光合作用固定的碳减去植物呼吸作用排放的碳,即 GPP 和自养呼吸(Ra)的差值,称为净初级生产力(net primary productivity,NPP,又称净第一性生产力)。当净初级生产力扣除异养生物呼吸消耗(异养呼吸,Rh)光合产物的部分称作净生态系统生产力(net ecosystem productivity,NEP),即 NEP =(GPP–Ra)– Rh = NPP–Rh。净生态系统碳交换量(net ecosystem exchange,NEE)为生态系统与大气之间的净碳交换量,即生态系统碳的取得或损失。NEE 代表了从生态系统输入大气中的碳,而 NEP 是指从大气进入生态系统中的碳。因此,NEE 和 NEP 符号相反。通常情况下,在白天 GPP 超过生态系统呼吸,产生正的 NEP,即 CO_2 从大气中进入生态系统(负的 NEE);相反,在夜晚,

生态系统呼吸在 CO_2 交换中占主导地位，产生负的 NEP，即 CO_2 从生态系统向大气中转移（正的 NEE）。NEP（NEE）的大小受制于多种环境因子，尤其是大气 CO_2 浓度和气候条件。定量研究 NEP 可以提高人们对气候变化背景下陆气交换的理解（Baldocchi，2003）。

3）地表蒸散发

地表蒸散发是指植被及地面整体向大气中输送的水汽总量，包括地面蒸发和植被蒸腾两部分。蒸散发是植物水分和能量的主要平衡过程，影响到植物的光合作用。因此，蒸散发是连接陆地水、碳和地表能量交换的关键参数。气候变化加强了水文循环的过程（Huntington，2006），随之改变蒸散发，进而改变生态系统服务功能，并影响到区域和全球气候。准确测定和估算蒸散量，不仅关系到充分发挥农业水资源的利用效率，同时也对全球气候演变研究、生态环境问题治理以及水资源评价与科学管理等有指导作用。

4）水分利用效率

水分利用效率（water use efficiency，WUE）是指植物消耗单位质量水分所能合成干物质的量，通常被定义为碳同化与蒸散量之间的比率（Beer et al.，2009），即单位面积上植物每蒸散 1mm 水所能固定的有机碳克数 $[gC/(mm·m^2)]$（Fischer and Turner，1978）。WUE 作为表达植物水分利用特性和生态系统碳水循环相互关系的重要指标，反映了植被的光合生产过程与耗水特性之间的关系（Niu et al.，2011）。在干旱半干旱地区的极端环境下，植物能否很好地协调碳同化和水分耗散之间的关系（即 WUE）是植物适应当地环境条件的关键表征因子。随着水资源日益紧张、土地退化和气候干旱化等问题的出现，植被 WUE，尤其干旱区生态系统水分利用效率研究的重要性将会凸显，这对于合理构建和恢复干旱区植被生态系统具有十分重要的意义。

水分利用效率不仅受植物生理因子影响，也受光照、CO_2 浓度、水分、温度等环境因子影响，并且各因子产生影响的程度也都不同（Farquhar et al.，1982）。一般认为，在干旱生态环境中，植物具有较高的水分利用效率，这个原理经常被生态模型采纳（Running and Hunt，1993）。但也有研究表明，植物在受中度水分胁迫时，其水分利用效率最高，而受严重水分胁迫时，水分利用效率则下降（Medrano et al.，2009）。模拟水分利用效率对环境变化的响应特征和机制是理解生态系统碳水通量及其耦合关系的基础，并可辅助判断生态系统的退化问题（White et al.，2000）。

1.3 遥感在陆地生态系统碳水通量中的应用

近年来，随着全球碳计划的启动，全球碳循环研究进入一个新的历史阶段。加上遥感技术的发展，多种卫星传感器提供了多源对地观测数据，形成了不同空间分辨率的遥感影像数据体系。卫星观测具有稳定、连续、大尺度观测、高时空分辨率等优点，可用于提高植被碳通量估测的准确性。

总体来讲，遥感可直接监测生态系统状况对气候变化和人类活动的响应；建立与陆地生态系统碳水循环有关的参数（植被类型、LAI、生物量、反照率等）驱动模型；通过遥感生成的植被指数直接或间接估算碳通量（经验模型、光能利用率模型）；估算火灾和土地利用变化导致的碳排放估算；直接观测整个大气层的 CO_2 浓度。其中，基于遥感生成的植被 GPP 估算模型主要利用遥感统计方法、地面实测数据与遥感植被指数构建经验关系，以估测区域的植被生产力。相关研究表明，该方法在特定区域内具有良好的适应性，但在区域乃至更大尺度上，气候差异、生态系统结构差异等将使得经验模型的参数发生改变，此外，还会受到植被生长季节性影响。而对于综合遥感数据的光能利用率模型，区域模拟完备且精度较高，但缺乏植被生长过程的机理性模拟。现阶段模型是研究区域或全球陆地生态系统碳收支的重要手段，但其结果的不确定性仍然很大，需要采取模型与通量和遥感数据融合的方法提高模型结果的可靠性。

1.4　本章小结

本章介绍了陆地生态系统碳水通量的指标，主要包括总初级生产力、净生态系统生产力、蒸散发和水分利用效率；简述了全球变化背景下，碳水通量的重要作用和主要获取手段；阐述了遥感技术在陆地生态系统碳水通量模拟中的应用。

第2章　陆地生态系统碳水通量研究进展及展望

本章从调查实测法、通量观测法、模型模拟和陆地生态系统碳水通量模型敏感性及不确定性分析等方面综述了碳水通量的研究进展和发展趋势。

2.1　调查实测法

早期植被生产力的研究都基于实地观测，主要包括直接收割法、资源清查法、光合作用测定法、CO_2测定法、放射性标记测定法等(李高飞等，2003)。这类方法根据观测数据计算植被生产力，采用数学方法推广到区域尺度，一般用于小面积尺度的调查。直接收割法就是在单位面积的土地上收割某种植物，晾干后称重计算该种植物的生产力。例如，胡自治等(1994)采用直接收割法，对甘肃天祝多种类型草地进行地上和地下取样，测定和估算了生物量和生产力。资源清查法通常通过测定生物量的变化来估算植被中的碳储量，继而转换为净初级生产力。方精云等(1996)采用第三次全国森林资源清查资料，通过森林蓄积量推算森林生物量和净生物量的方法，研究了我国森林植被的生物生产力。光合作用测定法是通过测定生态系统绿色植物的光合作用和呼吸作用量，来估算单位面积的生物生产量。CO_2测定法是将特定空间的CO_2含量的变化作为进入植物体有机质的量，进而估算植物的生产量。放射性标记测定法是通过用测定的标记物质做放射性追踪，测出稳定状态下生态系统内的物质转化率。调查实测法工作量较大，测得的数据多用于模型验证或者小区域尺度研究，无法进行大区域或全球尺度、时间连续的生产力观测。

2.2　通量观测法

2.2.1　陆地碳观测

1999 年，全球综合观测战略伙伴(Integrated Global Observing Strategy Partnership，IGOS-P)启动了陆地碳观测(Terrestrial Carbon Observing，TCO)项目，目的是满足科学家以及气候变化相关政策研究人员对陆地生物圈碳源、汇时空分布数据的需要。该项目的核心在于生成和集成实地(基于地面)观测与卫星观测数据，并将这些数据与气候模型连接起来，从而更准确地估算全球碳储量和碳通量。

2.2.2　国际通量观测研究网络

涡动通量观测在站点尺度上是一种微气象观测技术，该方法通过计算物理量的脉动与垂直风速脉动的协方差来计算湍流通过量，也称为涡动相关法(于贵瑞，2006)。Swinbank(1951)早在 1951 年就利用该方法测量了草地生态系统的显热和潜热通量。国际通量观测研究网络的概念最早是在 1993 年"国际地圈–生物圈计划"中首次被提出，后来国际同行在 1995 年的 LaThuile 通量研讨会上正式讨论了成立国际通量观测研究网络的设想。碳通量生态定位观测是通过涡度通量塔，定位观测大气和陆地表面间的能量、水分以及 CO_2 通量的变化，涡度相关法提供了一种直接测定植被与大气间 CO_2、水、热通量的方法。目前，由地区性通量网络和 FLUXNET(https://fluxnet.org/)共同观测和记录区域与全球尺度的涡动通量数据，包括①地区性通量观测网络及数据库：美洲通量网(AmeriFlux)、亚洲通量网(AsiaFlux)、中国陆地生态系统碳通量观测研究网络(ChinaFLUX)、欧洲通量网(EuroFlux)、日本通量网(JapanFlux)、韩国通量网(KoFlux)、墨西哥通量网(MexFlux)、澳大利亚与新西兰通量网(OzFlux)、俄罗斯通量网(RusFluxNet)、瑞士通量网(Swiss Fluxnet)、加拿大通量网(Fluxnet-Canada)、非洲碳观测(CarboAfrica)、欧洲碳观测(CarboEurope)、意大利碳观测(CarboItaly)、欧洲非森林山地生态系统碳观测(Carbomont)、欧洲通量数据库(European Fluxes Database)；②相关研究机构或观测项目站点：加拿大南部北方森林生态系统研究和监测站点(Boreal Ecosystem Research and Monitoring Sites，BERMS)、加拿大碳计划(Canadian Carbon Program)、综合碳观测(Integrated Carbon Observation System，ICOS)、欧洲碳循环基础设施(Infrastructure for Measurements of the European Carbon Cycle，IMECC)、内陆水温室气体通量(Inland Water Greenhouse Gas FLUX，IWFLUX)、亚马孙大尺度生物圈–大气圈实验(the Large Scale Biosphere-Atmosphere Experiment in Amazonia，LBA)、北欧生态系统碳交换研究中心(Nordic Centre for Studies of Ecosystem Carbon Exchange，NECC)、西伯利亚陆地碳观测系统(Terrestrial Carbon Observation System Siberia，TCOS Siberia)、全球城市通量观测网(Urban Fluxnet)、中美碳联盟(US-China Carbon Consortium，USCCC)等。FLUXNET目前在全球已有超过 500 个具备长期和持续观测能力的通量塔，并提供标准化的通量数据集供各方研究机构使用。最新发布的 FLUXNET 2015 数据集(https://fluxnet.org/data/fluxnet 2015-dataset/)包括了全球 212 个站点的观测数据，早期还包括 FLUXNET Marconi数据集(2000 年)和 FLUXNET LaThuile 数据集(2007 年)。涡度相关法已经成为近年来测定生态系统碳、水交换通量的关键技术，而且得到了越来越广泛的应用。2003 年启动的全球碳计划(Global Carbon Project，GCP)，将全球规模的碳循环研究推向了一个新的历史阶段。

2.2.3　中国陆地生态系统碳通量观测研究网络

中国陆地生态系统碳通量观测研究网络(ChinaFLUX)是以中国科学院生态系统研

究网络为依托，以微气象学的涡度相关技术和箱式/气相色谱法为主要技术手段，对中国典型陆地生态系统与大气间 CO_2，水汽，能量通量的日、季节、年际变化进行长期观测研究的网络。目前，ChinaFLUX 的观测研究站点(网)已达 79 个(观测塔 83 座)，其中包括 18 个农田站［长武、大满、锦州、临泽、栾城、寿阳、桃源、无锡、新乡、盈科、禹城、阿克苏、胶州湾、千烟洲、长沙(茶园)、长沙(稻田)、天目湖(茶园)、浏阳(稻油轮作)］，19 个草地站［阿柔、安塞、巴塘、达茂、当雄、多伦、玛多、松嫩、内蒙古、呼伦贝尔、四子王旗、锡林浩特、海北草甸、海北灌丛、海北沼泽、那曲(禁牧)、那曲(放牧)、三江源(退化草地)、三江源(人工草地)］，24 个森林站［根河、关滩、呼中、会同、丽江、普定、秦岭、易县、英德、元江、哀牢山、宝天曼、鼎湖山、贡嘎山、尖峰岭、千烟洲、儋州 A 成龄、儋州 B 幼龄、长白山(原生林)、长白山(次生林)、天目湖(毛竹林)、西双版纳(雨林 1km、雨林 20km、人工橡胶林)］，15 个湿地站［滨州、当雄、海北、盘锦、三江、云霄、洞庭湖、隆宝滩、若尔盖、巴音布鲁克、崇明东滩高、崇明东滩中、崇明东滩低、米埔(红树林)、湛江(红树林)］，2 个荒漠站(阜康、沙坡头)，1 个城市站(深圳)和 1 个水域站(太湖)。ChinaFLUX 与《中国科学数据》于 2019 年发布了《中国区域陆地生态系统碳氮水通量及其辅助参数观测专题》(http://www.csdata.org)，包括生态系统生产力、实际蒸散量、光能利用效率、植被碳密度等关键参数。随后为继续推动我国生态学及相关领域的科学数据交流与共享，ChinaFLUX 与《中国科学数据》再次推出《中国通量观测研究网络（ChinaFLUX）专题》，此专题共发布 14 个数据集，包括站点观测数据 12 个，区域整编数据 2 个。生态观测站点基本涵盖了中国主要的地带性陆地生态系统类型，积累了多要素长期观测数据(于贵瑞等，2021)，其为开展站点–样带–区域尺度碳–氮–水循环过程机理研究、评价生态系统碳源/汇强度及其时空分布格局提供了强大的数据支撑，同时可服务于国家陆地碳收支评估和碳汇的定量认证。

涡动通量观测法是标定、检验碳循环的基础数据，由于目前缺乏其他观测手段，涡动通量观测方法在当下不可替代(Friend et al.，2007)。

2.3　模　型　模　拟

涡度相关通量观测技术为生态系统提供了精准且时间连续的通量观测数据，但这些站点分布稀疏，观测范围小，无法获得大范围的生产力等生态数据。遥感在获取稳定、连续、大尺度的数据上具有明显的优势。因此，目前大尺度生产力研究的唯一可行的方法就是利用模型方法来估算生产力，即通过模型模拟外推，将一些观测或试验点上得到的生态学假设演绎到大区域乃至全球范围。近年来，随着卫星遥感技术的发展，基于实测数据，结合环境因子，构建了大量生产力估算模型，为区域乃至全球生产力估算提供了多种方法，主要包括以下三类(Ruimy et al.，1994)：统计模型、光能利用率模型、生态过程模型。

2.3.1　统　计　模　型

早期的经验统计模型根据植物生长量与气候等环境因子相关作用原理，建立数学模型来估算植被生产力。其中，代表性的模型有 Miami 模型、Thornth-Waite 模型、Chikugo 模型等。此类模型输入参数简单且易于获取、应用范围广，但是缺乏严密的植物生理生态学机制，且忽略了其他环境因子的作用，导致植被生产力估算结果误差较大。

伴随着涡度通量观测技术的产生和遥感技术的应用，出现了基于机器学习和尺度扩展方法估算生态系统植被碳通量的经验模型，该模型在全球及区域尺度得到广泛应用。此类方法采用机器学习方法(神经元网络、回归树、支持向量机、线性回归等)，结合多种植被参数[光合有效辐射吸收比例(fraction of photosynthetically active radiation，FPAR)、LAI、增强植被指数(enhanced vegetation index，EVI)、归一化植被指数(normalized differential vegetation index，NDVI)等]、多种气候变量(温度、光合有效辐射、潜热通量、显热通量等)，将通量观测站点数据扩展到区域尺度。Zhang 等(2007，2011)依据回归树方法，采用遥感数据和通量观测数据，构建了碳通量估算模型(FluxScale)，对北美大平原草地、中国北方温带草原(Zhang et al.，2014)的碳通量及生产力进行了估算。Xiao 等(2008)采用中分辨率成像光谱仪(MODIS)数据和通量观测数据，估算并分析了北美地区植被的净生态系统碳交换量(NEE)。Jung 等(2011)采用模型树集成方法，在全球范围内估算了碳水通量。基于机器学习和尺度扩展方法的经验模型，结合大量环境参数，通过训练大量实测数据可以实现大区域和全球的生产力估算，但也存在一定的缺点，即缺乏严密的植物生理生态学机制，且模型精度受训练样本和训练方法的影响较大。

2.3.2　光能利用率模型

光能利用率模型是基于冠层吸收太阳辐射与植被光合作用固碳量之间的关系而建立的模型，通过植被冠层对太阳辐射的有效利用率来估算植被的生产力。光能利用率是表征植被通过光合作用将所截获/吸收的能量转化为有机干物质效率的指标，是光合作用的重要概念，也是通过遥感手段在区域及全球尺度监测植被生产力的理论基础(赵育民等，2007)。Monteith 于 1972 年基于光能利用率原理，考虑养分、水分和温度等环境胁迫因素对植被光合作用的影响，首次提出利用植被吸收的光合有效辐射和光能利用率估算陆地净初级生产力，该方法成为光能利用率模型的基础(Monteith，1972，1977)。

20 世纪 90 年代出现了第一个用于估算全球植被生产力的光能利用率模型 CASA(Potter et al.，1993)；与此同时，美国马里兰大学地理系基于植物光合作用和自养呼吸的机理过程，构建了 GLO-PEM 模型(Prince and Goward，1995)；随后出现了 MODIS 植被生产力模型，其至今都被广泛应用。随着涡度通量观测技术的发展，一系列以涡度相关 CO_2 通量观测资料为基础，以遥感植被指数为驱动变量，结合气象资料等数据的光能利用率模型出现，该类模型主要模拟生态系统的 GPP 或 NPP，如 EC-LUE 模型(Yuan et al.，2007)、VPM 模型(Xiao et al.，2004a，2005a)、VPRM 模型(Mahadevan et al.，2008)、CFlux 模型(King et al.，2011)等。

光能利用率模型主要有三大特点：①模型结构简单，输入数据可以通过遥感手段获取，易于实现大尺度区域乃至全球的估算；②光合有效辐射比例可以通过遥感数据计算得到，不需要繁杂的野外试验测定；③模拟精度较高，可以获得高时间、高空间分辨率的生产力估算结果。然而,光能利用率模型在区域及全球植被生产力模拟过程中也存在一定的局限性。首先,由于受到水分、温度、养分供给等环境胁迫因素的影响,不同植被功能类型光能利用率具有较大的时空差异(王莉雯和卫亚星,2015),最大光能利用率估算及其不确定性会对模型模拟精度造成一定影响。另外,不同输入数据会导致区域模拟存在误差,多源遥感数据的获取和融合技术可以提高模拟精度、降低不确定性(袁文平等,2014)。模型模拟中的尺度效应也会为估算结果带来较大的不确定性(冯险峰等,2014)。

随着2003年全球碳计划的启动以及涡度通量观测技术的发展,全球规模的碳循环研究进入一个新的历史阶段。近年来,陆地生态系统生产力模型得到较大的发展,遥感技术的发展为实时、快速、大面积估算植被生产力带来可能,为区域及全球植被生产力的模拟带来新的活力,但是还存在巨大挑战:①不同模型估算结果存在较大差异。开展模型之间结构的综合对比,评价模型结构的适用性,以降低模型的不确定性,提高模型模拟的精度,构建基于多个模型的耦合模型是未来植被生产力模型发展的一个重要方向。②同一模型参数不同、输入数据不同,模拟结果也存在差异。如何评价模型模拟过程中的不确定性、降低误差、提高模拟精度也存在挑战。③模型模拟的尺度效应也是未来研究的热点方向之一。

2.3.3 生态过程模型

生态过程模型,也称为机理模型。生态过程模型根据植物生理、生态学原理,模拟植被的生长活动过程(如光合、呼吸、蒸腾、蒸发作用)以及土壤水分散失等过程,建立模型或模型库,从而实现对陆地植被生产力的估算。其主要代表模型有:CENTURY(Parton et al.,1987)、BEPS、TEM(McGuire et al.,1995)、Biome-BGC、LPJ(Sitch et al.,2003)等。

生态过程模型具有一定的生理生态基础,可以获得较为准确的估算结果,并且对短时间生产力变化的模拟具有优势。但是过程模型一般较为复杂,包含大量假设,所需参数较多且不同区域和不同植被功能类型参数变化较大,大尺度区域参数化困难。参数的可获得性、可靠性和尺度转换等限制了模型的精度(Chen et al.,1999),导致结果存在很大的不确定性。并且生态系统类型变化大、结构复杂、功能多样、时间和空间异质性高,很难通过建立一个简单的模型来研究所有生态系统的问题。

2.4 陆地生态系统碳水通量模型敏感性及不确定性分析

在全球变化条件下,随着遥感技术的发展,有效集成遥感数据和地面观测数据、评估植被生产力估算过程中的不确定性、提高模型估算精度,是陆地生态系统碳循环领域亟待解决的重要问题之一。

敏感性分析用于碳水通量模型模拟中,可以寻找对模型结果不确定性影响较大的数据或参数,进而改进模型结构、简化模型等。敏感性分析用于量化不同模型数据和参数的不确定性(误差)对植被生产力模拟结果不确定性的贡献。若在一定范围内引起模型输出结果变化幅度较大,则说明该数据或参数敏感性较强;反之,则敏感性不强。不确定性是指估算或测量值与真实值的差异。不确定性的根源是陆地表层系统中高度的空间异质性(吴小丹等,2014)。不同估算方法(模型)、不同植被类型、不同数据源和尺度的植被碳循环估算误差和不确定性存在较大不同(陈广生和田汉勤,2007;方精云等,2007)。生态系统碳循环模型不确定性研究主要包括三个方面:模型结构、模型参数和模型输入数据带来的不确定性(Verbeeck et al., 2006)。不确定性分析方面采用的方法主要包括:敏感性分析、参数估计与优化、模型估算产品对比检验等。

敏感性分析方法包括局部敏感性分析和全局敏感性分析。局部敏感性分析只检验单个参数对模型模拟的影响,而全局敏感性分析则检验多个参数及其相互作用对模型模拟的影响。常用的敏感性分析方法有:Sobol、Morris、FAST、OAT 等。He 等(2014)利用 Sobol 敏感性分析方法,量化了青藏高原草地生产力的不确定性以及敏感参数和数据;石浩等(2014)采用局部敏感性分析方法,对东亚碳通量进行了模拟及不确定性分析,得出模型敏感参数及不同环境条件下模拟结果的不确定性。

参数估计与优化主要是采用随机算法估算模型中参数的范围及不确定性,从而达到优化参数、改进模型的目的。常见的是马尔可夫链-蒙特卡罗方法(Markov chain Monte Carlo, MCMC),该方法以贝叶斯(Bayesian)理论为基础,将参数作为随机变量,根据参数的先验分布和实际观测值推导参数的后验分布。Xiao 等(2014)基于光能利用率模型,采用自适应 MCMC 方法,评估了美国威斯康星州和密歇根州北部地区植被的生产力及其不确定性。张黎等(2009)采用 MCMC 方法对陆地生态系统模型的关键参数(碳滞留时间)进行了反演,进而预测了长白山阔叶红松林生态系统碳通量及其不确定性,探讨了基于模型数据融合方法评估生态系统碳通量的可行性及效果。

模型估算产品对比检验是指通过模型估算的植被生产力与实测数据和现有产品之间对比验证以及模型估算结果之间的对比,评价模型的估算精度及不确定性,包括基于不同类型模型(统计模型、过程模型、光能利用率模型)之间的对比验证,同一类型模型之间的对比,以及同一模型不同输入数据和尺度估算结果之间的对比。Jung 等(2007)以欧洲为研究区,对比分析了三种生态系统过程模型,在不同气象数据、不同土地覆盖数据、不同土地覆盖数据分辨率下对 GPP 模拟结果的差异。Sasai 等(2007)采用 BEAMS 模型,分别在 3 种尺度下获得模型输入参数,研究在点、区域和全球尺度上 NPP 估算尺度效应问题。

2.5　存在问题及发展趋势

目前,已有多位学者针对不同区域碳水通量时空格局变化展开研究,如陈曦和罗格平(2015)详细分析了中亚地区气候环境演变过程、土地利用变化,并结合地面观测数据揭示了气候变化对该区域水、碳物质循环的影响和演变机制。基于实地观测数据,Perez-Quezada 等(2010)利用微气象测量法,对哈萨克斯坦局部地区的生产力、ET 和 WUE 等参数进行了观测模拟,并分析了土地利用变化对植被参数的影响。

在碳水循环模型模拟方面，不同模型之间模拟结果差异较大。例如，Huntzinger 等 (2012)比较了 19 个生态模型，发现模型估算结果有很大差异，甚至在北美地区为碳源还是碳汇问题上也有很大争议。Keenan 等(2016)检验了 16 个碳通量模型的模拟精度，发现模拟误差均大于观测误差，且均不能完全准确地模拟碳通量年度变化。Yuan 等(2015)对比了三种光能利用率模型(MODIS-GPP、EC-LUE 以及 VPM)，发现各模型在模拟美国农田站点实验中存在很大的不确定性。

为减小模型模拟不确定性，提高区域碳水通量模拟精度，研究者们先后改良了不同生态过程模型(如 LPJ-DGVM、Biome-BGC、BEPS 等)，主要集中在参数优化(参数估计、数据同化)、模型结构调整、模型–模型耦合等方面，并对不同模型模拟性能进行对比分析。针对中国区域，孙艳玲等(2007)依据中国植被与气候间关系调整了 LPJ-DGVM 中的部分生物气候参数，模拟出中国植被类型分布并分析了 20 世纪森林、草地等植被类型的空间变动趋势；Yan 等(2016)利用优化的 MOD_17 模型与 Biome-BGC 模型耦合，用于校正过程模型生理生态参数，并将 GLASS LAI 产品同化到耦合后的模型中，校正模型状态参量，进一步提升了长白山森林通量站点的 GPP 模拟精度；王军邦等(2010)耦合了生态系统过程模型 CEVSA 和生产效率模型 GLO-PEM，在站点尺度上进行了精度验证，并将该耦合模型应用到青海省生产力评估当中。蒸散发模型估算方面，田静等(2012)利用 NOAH 陆面过程模型分析了近 20 年中国地表 ET 时空变化特征，并指出地表温度和降雨变化与 ET 有很好的相关性。

综上，通过模型–模型、模型–数据的双融合策略，发展基于遥感空间连续性与机理时间连续性表达的陆地生态过程综合模拟技术，有望为提高大区域时空连续的碳循环模拟精度提供新途径，并科学阐明陆地生态过程的生物学/非生物学协同控制机理。

2.6　本章小结

本章从陆地生态系统碳通量的研究现状出发，介绍了调查实测法、通量观测法和模型模拟法，以及各类模型的适用性。针对模型的输入数据、模型参数以及模型结构等方面存在的不确定性，对模型敏感性及不确定性分析方法进行了综述，阐述了目前碳通量研究中存在的问题及发展趋势。

第3章　全球碳水通量尺度扩展
遥感模型

尺度扩展(upscaling)模型是模拟区域乃至全球尺度碳水通量的有效方法,本章通过尺度扩展方法,有效集成了遥感空间数据和地面观测数据,构建了全球草地碳水通量尺度扩展遥感模型(FluxScale),将植被碳水通量研究扩展到了全球尺度。

3.1　碳水通量尺度扩展遥感模型的发展及应用

本节利用全球通量站点和遥感数据构建了一套碳水通量尺度扩展遥感模型,用于全球尺度长时间序列植被碳水通量模拟。

3.1.1　尺度扩展方法的发展

全球通量观测网络覆盖了世界上大范围的气候和生物群落类型(Baldocchi et al.,2001),并提供了历史上时间最长、覆盖最广泛、精度最可靠的观测数据。然而,这些观测数据也只代表了观测塔足迹尺度范围内的通量信息(几百米或千米范围之内)(Baldocchi et al.,2001),并且通量塔的构建需要较大的成本投入。因此,通量观测塔不可能也无法覆盖全球范围各类陆地生态系统。为了量化区域或全球尺度的生态通量,则需将通量塔观测范围扩展到区域、大陆乃至全球尺度。陆地生态过程模型以大量的假设、模型参数和输入数据为基础,而往往这些参数的获取有时比较困难,在精度和空间分辨率上也有一定的局限性,导致过程模型在应用方面存在一定的局限性。

近年来,飞速发展的卫星遥感技术为快速估算区域生产力和碳通量提供了新的途径。卫星遥感数据具有覆盖面广、长时间序列和频率快等特点,使得大范围获取研究数据成为可能,且获取途径更加快捷。这相对于传统的通量观测等研究方法有着显著的优势。虽然遥感手段还不能通过测量手段来直接获取生态系统的生产力和蒸散等参数,但由于遥感数据的光谱覆盖广泛,可以通过初始化、驱动或建立验证模型来实现对通量参数的取得,而且还避免了传统方法以点带面的局限性,使得对陆表生产力和蒸散的估算更为精准。其中,植被指数、光合有效辐射、叶面积指数、土地利用和覆盖等卫星遥感产品,均可用于初始化、驱动或建立验证模型,进而快捷地获取陆表生产力和蒸散等通量数据。MODIS NPP/GPP遥感产品(MOD17)(Running et al.,2004)为定期监测全球陆地植被NPP和GPP提供了潜在优势,为区域和全球陆地生态系统模型构建与验证提供了新的数据源。目前,已有很多植被生产力经验模型和陆地生态系统过程模型将遥感数据集作为模型参数，尤其是光能利用率模型，如 CASA、VPM、MODIS、EC-LUE 等。

Running 等(1999)早已提出集成通量观测塔、生态模型与遥感数据，以提高对全球碳通量的估算精度。近年来，基于遥感和通量站数据的尺度扩展方法得到了有效应用(Wylie et al.，2007；Jung et al.，2009；Xiao et al.，2008)。尺度扩展方法将地面通量观测与遥感观测相结合，实现了地面观测结果向区域甚至全球尺度扩展，为研究全球陆地生态系统碳水通量空间格局及其对未来全球变化响应提供了有效途径，并可通过与其他过程机理模型比较分析，来减少碳水通量模拟的不确定性。

3.1.2　尺度扩展方法在碳水通量估算中的应用

在碳水通量估算中，尺度扩展方法包括数据驱动(data-driven)和参数优化(data-assimilation)两种(Xiao et al.，2012)。其中，数据驱动是利用数据挖掘方法挖掘通量观测数据与各种环境变量［如土地覆盖、EVI、光合有效辐射(PAR)、陆地表面温度等］之间的关系，建立预测模型。近 10 年来，应用该方法已将通量观测资料扩展到区域和大陆尺度(Zhang et al.，2007，2010，2011，2014；Papale and Valentini，2003)，甚至全球尺度(Beer et al.，2010；Jung et al.，2010)。而参数优化是基于简单的生态系统模型和参数估算技术，将通量观测用于对模型参数的优化，然后将最优参数或模型扩展应用于估算区域通量，如 Xiao 等(2005b)就是将基于 NEE 和 PAR 观测数据优化的 ε_0 集成到 VPM 模型中，再将 VPM 模型进行尺度扩展估算区域 GPP。此参数优化过程中用到了诸如诊断 Diagnostic 模型(Beer et al.，2010；Xiao et al.，2011)和参数估算方法(如马尔可夫链–蒙特卡罗方法)(Desai et al.，2010)等。

本节采用的尺度扩展方法是上文中的数据驱动方法。近年来，利用通量站数据和遥感环境变量数据，基于数据驱动的尺度扩展方法已被广泛地应用于多个时空尺度的生态系统生产力和通量交换的估算。应用结果表明，尺度扩展方法对于提供高精度的空间估算是有效的。例如，在 NEE 估算方面，Wylie 等(2007)基于 SPOT VEGETATION 数据，估算了北美草原碳通量。Yamaji 等(2008)和 Xiao 等(2008)基于 MODIS 数据，分别估算了日本森林生态系统和美国的碳通量。在 GPP 估算方面，Yang 等(2007)基于 MODIS 系列数据，估算了北美大陆 GPP。Jung 等(2009)和 Beer 等(2010)还在全球尺度上估算了全球陆表 GPP。在 ET 估算方面，Lu 和 Zhuang(2010)及 Jung 等(2010)采用 MODIS 数据，分别估算了全美和全球年蒸散量。除了单参数变量估算外，在综合估算方面，Sun 等(2011)基于 AmeriFlux 数据，对美国碳水通量进行了估算。Jung 等(2011)也在全球范围内，进行了碳水通量的综合估算。上述应用案例均采用了不同的遥感资料和通量站数据，其采用的尺度扩展方法或算法也千差万别。

综上，目前大多数研究都是基于 MODIS、SPOT VEGETATION、AVHRR、中分辨率尺度的 Landsat 数据(Fu et al.，2014)，来估算区域或全球尺度的碳水通量参数。目前，新一代 GIMMS3g 数据是唯一一个覆盖全球且时间跨度最长的数据集(1981～2011 年)，已采用新方法和新数据进行定标和去云。目前还没有研究基于新一代的 AVHRR GIMMS3g 数据进行碳水通量的综合模拟与研究。

3.2　尺度扩展模型模拟全球碳水通量
——以全球草地碳水通量模拟为例

涡度通量观测数据的不断增加成为尺度扩展方法的前提和数据基础。研究表明，遥感参数和生态参数之间存在关联，如 EVI 和 GPP 的强相关性（Rahman，2005）、NDVI 和 NEE 的相关性（Wylie et al.，2003）、NDVI 与 GPP 和生态系统呼吸的显著相关性（Gilmanov et al.，2005），都为遥感估算碳水通量奠定了理论基础，也为利用尺度扩展方法估算碳通量的空间分布提供了可能（Mahadevan et al.，2008）。目前，综合通量观测和遥感数据来估算植被生产力的尺度扩展模型已在区域尺度上得到了广泛应用。在研究使用尺度扩展模型时，大量的机器学习方法被使用，如神经元网络（Papale and Valentini，2003）、回归树（Zhang et al.，2010，2014）、支持向量机（Yang et al.，2007）、逐步线性回归（Phillips and Beeri，2008）和模型树集成（Jung et al.，2009）等。

其中，决策树是应用最广泛的归纳推理算法之一，类似于流程图的树形结构，由节点、分支和叶子组成。该方法不需要先验知识和关于变量间相关的内在理论，可揭示预测因子与多个环境变量之间的非线性关系。决策树的代表算法为 ID3 系列算法（Quinlan，1986），是一种逼近离散值函数的方法，采用信息增益的方法确定决策树的节点。ID3 算法简单，样本识别率高，曾成为当时机器学习领域最有影响的计算机算法。后来，ID4、ID5、IBLE、SLIQ、SPRINT 等算法陆续被提出，对 ID3 算法进行适当改进，其中以 Quinlan（1993）的改进算法 C5.0 最为著名。

当决策树主要解决被预测变量为标称变量或离散变量的分类问题时，称为分类决策树或分类树。为解决被预测变量值为连续数值型的机器学习问题，Quinlan（1992）提出了决策树 M5 模型。该模型能自动建立隐藏在实验数据中的非线性关系，通过一系列局部线性回归模型组合起来形成全局模型，来拟合全局非线性关系。当被预测变量是连续变量时，该决策树被称为回归决策树或回归树。相比简单的回归甚至多元线性回归方法，回归树更加有效，而且比神经元网络方法易于理解（Huang and Townshend，2003）。在 M5 回归树和 C4.5 分类树模型的基础之上，一种命名为 Cubist（www.rulequest.com）的商业软件应运而生，引起了学术界和工程界的关注（Rousu et al.，2003；Shao et al.，2007），并被成功应用到诸多地学遥感研究中，如土地覆盖（Huang and Townshend，2003；Barrett et al.，2014）、不透水层面积（Yang et al.，2003）、生物量（Güneralp et al.，2014）、森林树冠高度（Lefsky，2010）和森林覆盖度（Sexton et al.，2013）等的估算中。

3.2.1　全球草地研究区

采用《世界资源报告（2000—2001）》和全球生态系统试点分析（Pilot Analysis of Global Ecosystems，PAGE）（White et al.，2000）对草地的定义，按照国际地圈生物圈计划（IGBP）分类体系，本章的研究区覆盖纬度范围为 55°N～55°S，包括灌丛（shrublands，占全球陆地面积的 12.7%）、热带稀树草原（savannas，占 13.8%）、草原（grasslands，占 8.3%），不涉及冻原地区。

全球草地主要有热带草地和温带草地两大类型。热带草地大致分布在南北回归线之间，即南北纬 0°～10°，主要为热带稀树草原，广泛分布于中部非洲(特别是东非)、拉丁美洲、澳大利亚北部、东南亚、印度和中国海南省的热带和部分亚热带地区。世界上面积最大的热带稀树草原分布在非洲。温带草地主要分布在南北纬 20°～55°，具有代表性的主要有欧亚大草原［斯太普(Steppe)］、北美大草原［普列利(Prairie)］、南美大草原［潘帕斯(Pampas)］、南非草原［维尔德(Veld)］(任继周等，2011)。按照 Olson 等(2001)全球生态分区数据，将全球草地区进一步细分为四个区，即热带和亚热带(tropical and subtropical)、温带(temperate)、山区(montane)以及荒漠区(deserts and xeric)。

3.2.2 草地碳水通量研究数据

植被生态系统生产力主要受到植被覆盖度和气候条件等因素的限制。在草地的研究发现，植被 NDVI、气象(降雨、温度、PAR)、物候参数能有效反演植被生产力(Zhang et al.，2014，2011)，这些参数在全球尺度上很容易从遥感数据中获得。因此，本节采用的空间数据集主要包括 AVHRR GIMMS NDVI3g、MERRA 气象数据、MCD12Q1 的土地覆盖产品(表 3.1)，站点数据为全球通量观测集成数据集。

表 3.1 主要空间数据集介绍

数据集	传感器	分辨率		年份	参考文献
		时间	空间		
GIMMS NDVI3g	AVHRR	15 天	0.0833°	1982～2011	Pinzon 和 Tucker (2014)
MERRA 气象数据	—	天	0.5°×0.66°	1982～2011	Rienecker 等 (2011)
土地覆盖产品	MODIS (MCD12Q1)	年	500m	2005	Friedl 等 (2010)

1. GIMMS NDVI3g 时序数据集(1982～2011 年)

NDVI(Rouse Jr et al.，1974)是应用最为广泛的光谱植被指数，被定义为近红外波段与可见光红波段数值之差与两个波段数值之和的比值，值域范围为−1～1，0.1～0.9 逐渐增大代表植被绿度增长。作为植被生产力的指示器，NDVI 与叶面积指数(LAI) (Wang et al.，2005)、植被覆盖度和吸收光合有效辐射(Carlson and Ripley，1997)均相关。

1978 年，美国国家海洋和大气管理局(National Oceanic and Atmospheric Administration，NOAA)发射的极轨气象卫星 TIROS-N 上搭载了高分辨率辐射仪(advanced very high resolution radiometer，AVHRR)。AVHRR 的 NDVI 数据记录了自 1981 年以来全球完整的植被信息，是目前记录全球植被生长与变化时间最长的连续时间序列影像。AVHRR NDVI 有 3 个主要数据集，即探路者高级甚高分辨率辐射计陆地数据集(pathfinder AVHRR land data set，PAL)、全球库存建模与制图研究(global inventory modeling and mapping studies，GIMMS)和长期数据记录(long term data record，LTDR)。其中，GIMMS 数据为最常用的 AVHRR NDVI 数据集，采用了 NOAA-9 降轨数据弥补了 1994 年 8 月～1995 年 1 月的时间断层，针对火山爆发产生的气溶胶进行了校正(1982～1984 年和

1991～1993 年两个时间段)(Tucker et al.，2005)，并利用经验模态分解(empirical model decomposition，EMD)模型(Pinzon et al.，2005)对轨道漂移进行了校正，以修正轨道偏移引起的太阳天顶角对 NDVI 的影响。在经过辐射校正和几何粗校正的 NOAA AVHRR 数据的基础上，GIMMS NDVI 数据进一步对每日、每轨图像进行了几何精校正、除坏线、去云等处理，最终形成了 8km 分辨率的 15 天最大值合成 NDVI 产品。

自 NOAA TIROS-N 系列卫星发射以来，GIMMS 数据集陆续采用了不同的 NOAA 卫星平台的 AVHRR 传感器。本章采用 GIMMS NDVI 数据集的新版本，即 GIMMS NDVI3g 数据集(Pinzon and Tucker，2014)。目前，GIMMS3g 数据集是唯一一个覆盖全球且时间跨度最长的数据集(1981～2011 年)，空间分辨率是 0.083°，时间分辨率是逐旬。新一代 GIMMS NDVI3g 数据采用贝叶斯方法和定标后的 SeaWiFS 数据，校正了传感器间的不一致，有针对性地提高了高纬度地区的数据质量(Pinzon and Tucker，2014)，并将校准损失、轨道漂移和火山喷发等各种不良影响最小化。相比旧版本的 GIMMS 数据集，NDVI3g 也应用了一种改进的去云方法(Ivits et al.，2013)。经过了多方的分析和验证后，GIMMS NDVI3g 数据集被认为可以用来做植被长时间序列分析的稳定产品(Pinzon and Tucker，2014；Fensholt and Proud，2012)。Fensholt 和 Proud(2012)通过与全球 MODIS NDVI (MOD13C2 Collection 5)的比较，评估了 GIMMS NDVI3g 的精度，发现对于大部分植被区，两者的线性拟合接近于 1∶1 线。Zeng 等(2013)也认为，GIMMS NDVI3g 监测的植被变化气候特征与 MODIS NDVI 数据的监测结果一致。目前，GIMMS NDVI3g 数据集已广泛用于分析研究植被变化趋势及其对气候和人类影响的响应，如在全球尺度(de Jong et al.，2013；Eastman et al.，2013)和区域尺度(Fensholt et al.，2013；Dardel et al.，2014)。也有研究基于 GIMMS NDVI3g 数据集成功反演了各种植被参数，如物候参数(Ivits et al.，2013；Høgda et al.，2013)和 NPP(Zhu and Southworth，2013)。

2. 全球草地通量观测数据集

通量观测数据为评价生态系统碳水通量及其对环境变化的响应研究提供了有效数据源(Law，2007；Baldocchi，2008；Yu et al.，2006)，也为校准和验证模型估算的 GPP、ET、NEE 等产品提供了准确的地面真实数据。当前，一些区域性和全球性陆地生态系统与大气间 CO_2、H_2O、能量交换的研究和分析工作中，越来越多地使用了通量观测站数据。

本章综合集成了 FLUXNET 的 LaThuile 数据库、其他 FLUXNET 网络数据集(非 LaThuile 数据库，包括 AmeriFlux、CarboEurope、OzFlux 的 L4 数据集)、北美大平原数据集(WorldGrassAgriflux 数据库)(Gilmanov et al.，2010)、中国干旱半干旱区协同观测集成研究网络数据集、中美碳联盟(USCCC)数据集，构建了全球草地通量观测数据集。这些数据库构成了 68 个全球草地通量站有效数据集(部分站点数据在多个数据集都存在，在此不做累加)，时间跨度为 15 年(1996～2010 年)。这些通量站数据的观测参量(NEP、GPP、ET)均由半小时的数据集成为每天，进而集成到每 15 天，以保持与 NDVI 数据在时间尺度上匹配。为了减少通量数据的不确定性，当一天中半小时尺度的实测数据缺失比率高于 20%时，则该天数据不再参与继续计算；如果半月范围内，每日数据缺失比率高于 1/3，则这个半月的数据将不参与模型参数化。本书研究采用这些站点数据作为后续模型发展过程中的训练样本和验证样本。

1）LaThuile 数据库

FLUXNET 综合数据集（LaThuile 数据库）(https://fluxnet.org/data/la-thuile-dataset/)（Agarwal et al.，2010）提供了全球 253 个通量站的通量数据。为方便操作和对不同仪器来源和区域的数据进行比较，还按照标准格式对数据进行统一处理，如质量控制和遗漏插值处理。本章从 LaThuile 数据库中摘录了 31 个草地站点有效数据。

2）其他 FLUXNET 网络数据集（非 LaThuile 数据库）

该数据集包括了其他FLUXNET网络数据集（非LaThuile 数据库）中来自 AmeriFlux、CarboEurope、OzFlux 的 L4 数据集。AmeriFlux 网络数据(https://fluxnet.org/data/)综合了北美和南美的涡度通量观测塔数据(Law，2007)。其中，Level 4 级产品，按照统一方法进行了数据处理，并已广泛用于模型验证、跨站点比较和尺度扩展研究中。本章采用了AmeriFlux 网络数据中目前还没有被 LaThuile 数据库包括的 15 个站点或年内的 Level 4级草地站点数据作为数据补充。同时，CarboEurope 中选取了 3 个草地站点数据，OzFlux中选取了 1 个灌丛草地站点数据，它们均按照 Level 4 级产品的标准处理方法进行了质量控制处理。

3）北美大平原数据集

本章中有 29 个站点数据来自北美大平原数据集（World Grass Agriflux 数据库）(Gilmanov et al.，2010)，其中包括28 个美国站点和 1 个加拿大草地站点。这些通量站点均匀地分布在北美大平原温带草地上，具有很好的空间代表性，跨越了丰富的气候带，是 LaThuile 和 FLUXNET 数据集的有效补充。这些站点数据主要包括 AmeriFlux 和AgriFlux(Svejcar et al.，1997)网络数据和一些非网络数据。这些站点数据均已采用了统一的方法，进行了数据差值等标准化处理(Gilmanov et al.，2005)。

4）中国干旱半干旱区协同观测集成研究网络数据集

本章有 4 个站点数据来自中国干旱半干旱区协同观测集成研究网络数据集。这些站点均匀分布在中国北方温带草地上，代表了广泛的干旱半干旱生态和气候条件。这些站点数据已通过线性插值方法来填补缺失或错误的数据空缺(Liu et al.，2008)。

5）中美碳联盟数据集

本章有 4 个草原站点数据来自中美碳联盟数据集(Xiao et al.，2013；Shao et al.，2013；Chen et al.，2009)。中美碳联盟是由中美两国从事生态系统研究的学者于 2003 年发起的，旨在开展生态系统通量的对比与整合研究，促进多学科、多单位间的科研合作。

3. MERRA 气象数据

本章气象数据采用美国国家航空航天局(NASA)戈达德地球科学数据和信息服务中

心(Goddard Earth Sciences Data and Information Services Center，GESDISC)提供的现代再分析的研究和应用(modern-Era retrospective analysis for research and applications，常简称为 MERRA)(https://disc.gsfc.nasa.gov/datasets)。该数据由 NASA 全球建模与数据同化办公室(Global Modeling and Assimilation Office，GMAO)生产与更新，采用了最先进的大气模型，依托全球资料同化系统和完善的观测数据库，对各种来源的观测资料进行质量控制和同化处理，形成了一套完整的再分析资料数据集。该数据集提供了自 1979 年以来的全球气象资料，空间分辨率为 0.5°×0.66°。其中，降水数据与之前的版本相比已做了很大的改进，以降低降雨数据的不确定性(Rienecker et al.，2011)。

本章采用了 MERRA 气象资料中的天尺度气温、降雨和 PAR 数据。为了与 GIMMS NDVI3g 数据在时空分辨率方面保持一致，采用最近邻算法对 MERRA 数据中的气温、降水和 PAR 数据重采样到 0.083°分辨率，然后在时间尺度上合成到 15 天的数据，最后获得 15 天平均气温和 PAR 数据，以及 15 天总降水量数据。

4. 全球土地覆盖类型数据

本章全球草地覆盖类型数据采用 MODIS 土地覆盖类型年度合成产品(MCD12Q1，IGBP 方案，500m 分辨率)(Friedl et al.，2010)。MCD12Q1 为 Aqua 和 Tera 卫星数据合成的年度土地覆盖分类产品，为陆地 3 级标准产品。根据 IGBP 分类方案，此数据集包含 17 个主要土地覆盖类型。文中所指草地数据中的灌丛草地由 MODIS 的郁闭灌丛(closed shrublands)和稀树灌丛(open shrublands)合并而成，热带稀树草原由树木较多的草原(woody savannas)和稀树草原合并而成，草原即 grasslands 地类。

3.2.3　分类决策树模型

分类回归树(CART)方法对每个子树构造一个成本复杂性指数，然后从完全树开始，构造一系列结构越来越简化的树，从中选择该指数最小的树作为最好的树(赵静娴，2009)。建分类决策树模型主要包括分类树的构建与分类树的剪枝。

1. 分类决策树的构建

分类决策树在构建过程中，从根节点开始递归地将训练样本划分成一组同构节点(分裂)和一组终端节点(叶子)。这种分义将继续下去，直到没有叶子节点可进一步分割；也可以持续到每个节点达到用户指定的最小节点大小，或进一步分裂节点已不能改进精度或达到一个预设的阈值。树中的每个终端节点代表由之前的分裂规则定义的一组特定环境条件。由于分类决策树是通过属性值划分数据集构建得到的，因此在构造中要充分考虑决策属性的选择和划分停止的时间这两个关键问题。

分类决策树构建中，信息增益(information gain)是基于信息论中的信息熵原理，来衡量给定的属性，区分训练样本的能力。在分类决策树中，由标签分类标识各类"信息"。比较每类属性的信息熵，选择朝信息熵最小方向变化的属性，就能使得分类决策树迅速到达叶节点，从而构造出决策树。对于某个数据集，信息熵是对信息混乱程度的度量，其公式可表示为

$$\text{Entropy}(S) = \sum_{i=1}^{k} -p_i \log_2 p_i \tag{3.1}$$

式中，k 为数据集中的类别数；p_i 为 S 中属于类别 i 的实例的比例。信息增益则是指划分前数据集的信息熵与划分后数据子集的信息熵加权和的差，其公式表示为

$$\text{IG}(A,S) = \text{Entropy}(S) - \sum_{i \in \text{Value}(A)}^{n} \frac{|S_i|}{S}\text{Entropy}(S_i) \tag{3.2}$$

式中，A 为候选属性；n 为分支数；S 为样例总数；S_i 为属性 A 取值为 i 的样例数。

2. 分类决策树的剪枝

剪枝是为简化决策树而采取的一种噪声克服技术。分类决策树在生成中，一般采用自上而下不断迭代归类的方法。当迭代的深度不断加强时，分类样本数会不断减少，导致在较深层次划分样本时，算法容易专注于子集的特性而忽略样本的整体情况，造成分类上的噪声。当完整的分类决策树丧失了整体上的代表性而无法进行新数据的分类与预测时，即所谓的过度拟合。过度拟合实质就是过度训练导致模型关注的是样本训练集的局部特性，从而有可能导致模型对新样本数据的预测结果不准确。因此，对分类决策树剪枝，以删除噪声数据而引发的分枝，避免决策树的过度拟合。剪枝分为前剪枝和后剪枝。

前剪枝是指在分类决策树的生成过程中，判断是否还继续扩展分类决策树。当达到下述条件时，分类决策树停止生长。

(1) 最小划分数。当前节点对应的数据子集小于指定的最小划分数时，停止划分。

(2) 划分阈值。当划分所得的值与其父节点的值相差小于指定阈值时，停止划分。

(3) 最大树深度。当划分超过最大树深度时，停止划分。

后剪枝是对已经生成好的树，剪去其中的某个节点和分枝。例如，C4.5 采用树的叶结点在训练集上的错误率，按照置信度区间估计其错误率上限，确定是否剪枝。

3.2.4 回归决策树模型

最具有代表性的回归决策树为 M5 (Quinlan，1992)，其能自动生成分类规则，并对各类建立起局部线性回归模型。以下为 M5 回归决策树模型的规则案例：

if $X1 \le M$ and $X3 \le N$, then $Y = a0 + a1X1 + a2X2 - a3X4 - a4X5$

if $X1 \le M$ and $X3 \ge N$, then $Y = a5 + a6X3 + a7X5$

if $X1 \ge M$, then $Y = a8 + a9X2 - a10X3$

式中，$X1$，…，$X5$ 为自变量；Y 为因变量；$a0$，…，$a10$ 为线性方程的参数。数值型自变量可以按它们间的相似性进行分类。

回归决策树 M5 算法的核心概念描述如下。

(1) 从训练样本集递归产生，建立训练实例的预测变量值与自变量值的相互关系。采用方差 Deviation 诱导作为启发方法，在叶节点赋予常数值。方差 Deviation 公式如下：

$$\text{Deviation} = \left[\sum_{i=1}^{N} y_i^2 - \left(\sum_{i=1}^{N} y_i \right)^2 \bigg/ N \right] \bigg/ N \qquad (3.3)$$

式中，y_i 为第 i 个样本的被预测变量；N 为样本个数。

对于离散属性，每一分枝都表示其上一级父节点属性的可能取值。而对于连续属性，算法将确定分段点，依此分段点形成两个分支。模型树中的每个子树都递归调用该算法。当到达某节点，其样本类属性集合的方差或样本数足够小时，树的构造算法停止，此节点即叶节点。

（2）局部线性模型建立：对于回归树的每个节点中的各个实例，建立多元线性回归模型。在建立局部线性回归模型时，并不会用到所有的自变量，但模型可能包含仅是其子树的所有属性，这是由到达此节点的样本子集通过线性回归产生的。

（3）简化线性模型：在各局部线性模型建立之后，M5 利用贪婪搜索法去除对模型贡献小的自变量，以达到预测误差最小化的目的，同时还可简化模型。

（4）剪枝：M5 采用后剪枝时，从根节点开始，对模型树中的各个非叶节点进行测试。当节点的线性模型的性能不低于节点的子树的性能时，则将此节点变为一个包含线性模型的叶节点。

（5）平滑：为消除基本的剪枝树产生的分段点处存在的不连续性，M5 采用一种平滑（smoothing）过程进行补偿，这样能够有效地提高预测精度。该方法尤其适用于由少量的训练样本产生的模型树。平滑公式为

$$p' = \frac{np + kq}{n + k} \qquad (3.4)$$

式中，p' 为当前节点传递到父节点的预测值；p 为从子节点传递到当前节点的预测值；q 为当前节点的线性模型的预测值；n 为到达子节点的样本数；k 为平滑常数。

为了显著提高整个学习系统的泛化性能和预测精度，Hansen 和 Salamon（1990）开创了集成学习的研究，Schapire（1990）通过构造性方法，提出 Boosting 算法。

AdaBoost（adaptive boosting）是 Boosting 多种变形算法中应用最广泛的一种算法，其聚焦解决分类困难的样本。它允许不断加入新的弱分类器，直到达到某个预定的足够小的误差率为止。在 AdaBoost 算法中，训练样本通过被赋予权重来表明被某分类器选入训练的概率。如果在构造下一个训练样本集中，正确分类的样本被再次选中的概率就会降低；相反，权值就被提高。

假设 x^i 和 y^i 表示原始样本集中 D 样本点自变量和标记。用 $W_k(i)$ 表示第 k 次迭代的全体样本权重分布。AdaBoost 算法流程如下（Duda et al.，2003）：

begin initialize　$D = \left\{ x^1, y^1, \cdots, x^n, y^n \right\}, k_{\max}, w_1(i) = \dfrac{1}{n}, i = 1, \cdots, n$

$k \leftarrow 0$

do $k \leftarrow k+1$

训练使用按照 $W_k(i)$ 采样的 D 的弱学习器 C_k。

E_k←对使用 $W_k(i)$ 的 D 测量的 C_k 的训练误差。

$$W_{k+1}(i) \leftarrow \frac{W_k(i)}{Z_k} \times \begin{cases} e^{-a_k} \text{如果} h_k(x^i) = y^i \text{(正确地被分类)} \\ e^{a_k} \text{如果} h_k(x^i) \neq y^i \text{(不正确地被分类)} \end{cases}$$

until $k=k_{\max}$

return C_k 和 a_k，$k=1$，$\cdots$，$k_{\max}$（带权值分类器的总体）

end

式中，Z_k 为归一化系数；$h_k(x^i)$ 为子分类器 C_k 对任一样本 x^i 的分类值(+1 或–1)。

　　研究发现，集成学习蕴含了巨大潜力和应用前景，成为近 10 年来机器学习领域最主要的研究方向之一。在 C4.5(Quinlan，1993)与 M5(Quinlan，1992)的基础上，Cubist 为了能进一步优化预测模型，引入了集成学习 Boosting-Like 策略，改进模型被称为 Committees 模型。该模型建立时，子模型树被依次递归构建，生成若干个基于规则的子模型，每个子模型都将预测某种情况的目标值。与传统的 Boosting 不同，Committees 模型未使用每个子模型的阶段权重(stage weights)将各个子模型树的预测值进行加权平均，而是将各个子模型树的预测值简单平均来计算最终的预测值。Committees 模型的第一个模型通常是最强的模型，而相继的模型则更注重前面模型的异常值。如果第一个模型估计的预测值过高，下一个模型的预测值就向低的方向调节；反之，下一个模型的预测值就向高的方向调节，依此类推，生成多个子模型树。

　　Lehmann 等(2014)针对南半球三个大洲的热带稀树草原植被区分析得出，由于地区之间的环境差异，仅用一个单一的模型很难更好地定量表示不同大洲的植被生物量和野火以及气候之间的关系。因此，本章针对全球草地，采用集成学习 Boosting-Like 策略的改进模型 Committees 进行建模，这样能训练生成多个回归树子模型，以代表不同地区的环境和生态特征，从而将显著提高整个学习系统的泛化性能，进而更好地预测全球各个大洲的碳水通量。

3.2.5　模　型　构　建

　　构建全球碳水通量尺度扩展遥感模型主要包括三个步骤：①FLUXNET 数据的处理和筛选，GIMMS NDVI3g 和 MERRA 气象数据等栅格数据的预处理；②基于通量站数据、站点位置的 NDVI 以及气象数据等训练样本集，利用回归树 Committee 模型构建尺度扩展遥感模型；③将建立的尺度扩展遥感模型采用同类变量的栅格数据扩展到全球尺度。

1. 数据筛选和预处理

　　本章所采用的通量站数据已由各个通量网络先期进行过质量控制和处理。这些通量站数据均以半小时的数据为单元，本书研究对这 68 个站点数据首先集成为每天，进而集成为 15 天，以保证其与 GIMSS NDVI3g 数据在时间尺度上相匹配。在数据筛选中，如果每个 15 天中有 5 天数据无效或缺失，则这个时期数据将被排除分析，以减少不确定性。

本章将 1982～2011 年覆盖全球的 GIMMS NDVI3g 数据、MERRA 气象数据(降雨、温度、光合有效辐射)、年序日(DOY)、土地覆盖数据,也都按照统一的时空分辨率(15 天,0.0833°)进行时空尺度上的重采样,并按照统一的文件格式进行管理。

2. 尺度扩展遥感模型(FluxScale)构建

本章采用全球 68 个草原站点(涵盖 1996～2010 年)的通量数据作为训练样本和验证样本。其中,GIMMS NDVI3g 数据、气候变量(降雨、温度和 PAR)以及代表物候变量的年序日作为解释变量(自变量),利用回归树 Committee 模型进行建模。为了提高规则树模型精度,本章最终优选的模型是由五个 Committee 模型组成,最后的预测值取五个 Committee 模型预测的平均。针对 NEP、GPP 和 ET 三个变量,分别建立三个模型,将因变量(如 GPP)和一组输入(自)变量建立多元非线性关系,按照信息增益,将样本数据递归划分为均匀的子集,并包含一系列规则,每个规则定义了一组条件及一个多元最小二乘线性回归模型。FluxScale 模型的树结构图范例见图 3.1。

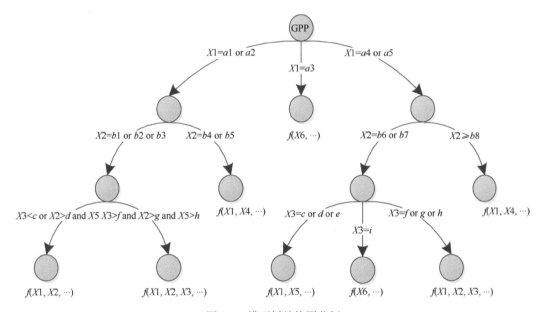

图 3.1 模型树结构图范例

根节点到叶节点的每一条路径,揭示一条决策规则。例如,最下边的叶节点对应的规则可表示为

if $(X3 > f)$ and $(X2 > g)$ and $(X5 > h)$
then GPP = $f(X1,X2,X3,\cdots)$
…
if $(X3 < c)$ or $(X2 > d)$ and $(X5 > e)$
then GPP = $f(X1,X2,\cdots)$
…

决定最优模型之前,本书建立了一系列模型,每次去掉一个或多个自变量,以减少

自变量的数量。为了选择最佳模型，利用平均误差(average error)、相对误差(relative error)、相关系数(correlation coefficient)评估每个模型的预测精度。通过分析每个环境自变量在模型中的使用频率和相关性，选择预测模型的自变量。本书选择精度较高且输入环境自变量数量较低的模型，为此本章设计如下模型评价指标：

$$E = aR + b\frac{N_C - N_S}{N_C} \tag{3.5}$$

式中，N_C 为总的变量数量；N_S 为所选择变量的数量；a 和 b 分别为预测精度和所选因素数量的权值，通过选择不同的 a 和 b 权值对，可调节对所选择的因素数量和预测精度的重视程度。最终选择 E 最大的模型，即自变量较少且预测精度较高的预测模型。

3. 时空尺度扩展生成全球草地碳水通量栅格数据集

基于上述构建的 NEP、GPP、ET 尺度扩展遥感模型，在时空尺度上，通过栅格数据将站点数据的尺度扩展到 1982～2011 年，并反演形成时间尺度为 15 天和空间尺度为 0.0833°的全球草地碳水通量栅格数据集(gobal rangelands carbon-water fluxes datasets)，数据集包括 NEP、GPP、ET 三个参量。

3.2.6　模型验证与精度分析

碳水通量过程是极其复杂的生态过程，模拟的结果不可避免地存在预测误差。此外，模型估算还涉及对信息的空间尺度转换问题，其会使模拟结果产生一定的不确定性。本章拟从以下几方面对全球草地碳水通量尺度扩展遥感模型估算结果进行比较与验证：①与通量站点观测数据比较；②与 MODIS GPP/ET 产品比较；③与其他研究结果比较。另外，本书还采用平均误差(average error)〔式(3.6)〕、相对误差(relative error)〔式(3.7)〕、均方根误差(root mean square error, RMSE)〔式(3.8)〕以及皮尔逊相关系数(Pearson's correlation coefficient)四个统计参数来量化模型估算精度(E_A)。

$$E_A = \frac{1}{N}\sum_{i=1}^{N}|y_i - \hat{y}_i| \tag{3.6}$$

式中，N 为建立预测模型的样本数量；y_i 和 $\hat{y}_i$ 分别为因变量真实值以及预测值。

$$E_R = \frac{E_{A,T}}{E_{A,\mu}} \tag{3.7}$$

式中，E_R 为平均误差与真值的比值；$E_{A,T}$ 为模型的平均误差；$E_{A,\mu}$ 为真值。

RMSE 可以衡量两个数据集之间的实际差别，其公式为

$$RMSE = \sqrt{\frac{1}{n}\sum_{i=1}^{n}(X_i - Y_i)^2} \tag{3.8}$$

式中，X_i 为观测值；Y_i 为估算值。

1. 模型验证

本章采用十折交叉验证(10-fold cross-validation)来验证估算的 NEP、GPP、ET 产品

精度。在交叉验证中，数据被分为两个部分：一部分(训练样本)用于模型发展；另一部分(测试样本)则用于模型验证。十折交叉验证就是将数据集按照大约相同数量的样本随机分为十个部分，每一部分的预测值都依次用于基于剩下九个部分的训练样本的预测结果的验证。

　　验证结果显示，NEP、GPP 和 ET 三个变量产品的预测精度均较高。其中，ET 的预测精度最高($r = 0.91$，RMSE = 0.45)，其次是 GPP($r = 0.88$，RMSE = 1.10)，NEP 预测精度相对较低($r = 0.77$，RMSE = 0.64)。NEP、GPP、ET 产品精度评价统计参数见表 3.2。观测值和预测值散点图见图 3.2，总体来说，预测值和观测值的拟合结果基本分布在 1∶1 线附近。

表 3.2　NEP、GPP、ET 预测值与观测值十折交叉验证精度评价

	NEP/[gC/(m²·d)]	GPP/[gC/(m²·d)]	ET/(mm/d)
平均误差(E_A)	0.46	0.59	0.24
相对误差(E_R)	—	31%	26%
相关系数(r)	0.77	0.88	0.91
RMSE	0.64	1.10	0.45

注：由于 NEP 值可以接近于 0 或为负值，因此这里不采用相对误差(E_R)的概念对 NEP 进行精度评价。

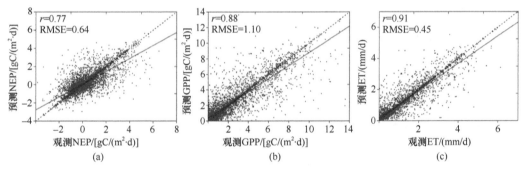

图 3.2　NEP、GPP、ET 预测值与观测值散点图

黑虚线为 1∶1 线；红实线为回归线

　　本章中采用所有观测站点的样本来构建全球草地碳水通量尺度扩展遥感模型。通过加入所有的通量站数据(共有全球 68 个站点，15 年的数据集)，使其适用于更广泛的地理、气候和生态条件，提高了最终模型的精度。分析结果显示，NEP、GPP、ET 这三个参量的估算精度均较高。GPP 和 ET 相关系数最高，r 分别为 0.88 和 0.91，NEP 较低($r = 0.77$)；三个参量的平均误差相对较小，$E_A(E_R)$ 分别为 0.42gC/(m²·d)、0.53gC/(m²·d)(27%)、0.20mm/d(23%)。由此可见，全球草地碳水通量尺度扩展模型的估算结果具有较高的准确性。

2. 与 MODIS 产品结果的比较

　　本章将全球草地碳水通量尺度扩展模型(FluxScale)估算的 NEP、GPP、ET 产品与 MODIS GPP 产品(MOD17)(Zhao et al.，2005)和 MODIS ET 产品(MOD16)(Mu et al.，2011)进行比较。两者的 GPP 和 ET 在量和空间变化梯度的分布总体一致，但部分地区

确实还存在差异。差异较大的区域主要在澳大利亚等灌丛地区，本章估算的澳大利亚灌丛地区 GPP 比 MODIS 的估算值偏高，MODIS 产品的 GPP 在 300gC/(m²·a) 左右，低于本章的估算结果。本章估算北美、南美和南非等灌丛地区的 ET 值比 MODIS 的估算值也偏高，MODIS 产品的 ET 结果多在 200mm/a 左右，低于本章的估算结果（200～400mm/a）。此前相关研究也发现 MODIS 有低估现象，Sjöström 等（2011）基于 LUE 模型和观测数据也认为，MODIS 产品低估了非洲稀树草原生态系统的 GPP。Sun 等（2011）对美国大陆的分析也指出，他们的 GPP 模拟结果比 MODIS 高出 25%～30%。

两个结果通量的频度分布图（图 3.3）显示，GPP 和 ET 的两个估算结果均呈单峰状分布，MODIS 产品的 GPP 和 ET 峰值处结果明显低于本书估算值，且本书估算结果值域范围较广，而 MODIS 的结果比较集中。本书估算的全球草地多年平均 GPP 分布范围为 300～600gC/(m²·a)，峰值在 450gC/(m²·a) 左右；MODIS 估算结果峰值在 250gC/(m²·a) 左右，且以 50～450gC/(m²·a) 最为集中，集中分布的范围明显小于本书模拟分布范围。本书估算的全球草地多年平均 ET 主要分布范围为 300～450mm/a；而 MODIS 估算结果峰值在 200mm/a 左右。

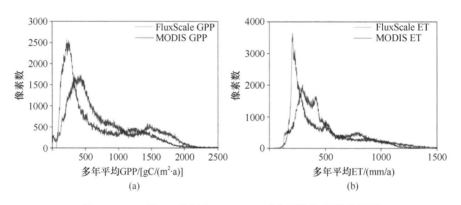

图 3.3 GPP 和 ET 多年（2000～2011 年）平均值频度分布图

从本书估算结果和 MODIS 数据产品 2000～2011 年每一年的 GPP 和 ET 空间分布图上随机采样 3000 个点，分别建立两个数据产品的散点图（图 3.4）。可以看出，本书估算结果和 MODIS 估算值之间尽管存在一定的差异，但是两者的拟合结果总体分布在趋势线附近，尤其在 1∶1 线周围。这两个结果的 GPP 和 ET 具有良好的相关性，相关系数 r 分别为 0.84 和 0.82。

3. 已有研究结果比较

本章将 FluxScale 模型估算值与其他已有研究结果进行了比较。由于各个研究对草地所采用的分类体系和研究区有所不同，因此对两者只能做大致的比较。基于 FluxScale 模型，得到全球草地年均 NEP 在 –300～500gC/(m²·a) 之间变化，其全球多年平均值为 49.71gC/(m²·a)（弱碳汇）。在北半球主要分布着草原和灌丛，NEP 一般在 –200～300gC/(m²·a) 之间变化。

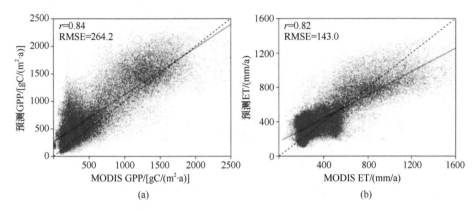

图 3.4　FluxScale 模型估算结果和 MODIS 数据产品的 12 年(2000～2011 年)GPP 和 ET 散点图
黑虚线为 1∶1 线；红实线为回归线

通过对基于通量站点的研究，结果发现，不同研究估算的草地 NEP 在不同区域尽管有很大的变化幅度，但是 NEP 估算范围和浮动范围与本书的结果基本一致。基于全球草地站点数据分析来看，草地碳吸收范围为 70～191gC/(m²·a) (Gilmanov et al., 2010)。其中，欧洲温带草地站点(大多数站点年降水量在 700mm 以上)的碳源汇变化幅度较大，在<−164～655gC/(m²·a) 之间变动(Gilmanov et al., 2010)。美国大平原北部草地 NEP 变动范围为−146～166gC/(m²·a)，大平原西部的两个草地站点 NEP 分别为 22gC/(m²·a) 和 69gC/(m²·a) (Gilmanov et al., 2005)，而美国东南部草地站点 NEP 在−400～800gC/(m²·a) 之间变化(Novick et al., 2004)。中国北方温带草地为弱碳源−68～−37gC/(m²·a) (Wang et al., 2008)、−140～−107gC/(m²·a) (Fu et al., 2009)，或弱碳汇 41gC/(m²·a) (Li et al., 2005)。在中国三个高寒草甸站点的碳汇 NEP 分别为 76.9gC/(m²·a)、149.4gC/(m²·a)、147.6gC/(m²·a) (Zhang et al., 2009)。研究中估算的草地 NEP 范围基本和这些基于通量站点的研究结果一致。

3.3　本 章 小 结

本章在详细阐述了所用尺度扩展遥感模型算法的基础上，发展了遥感数据和通量观测数据驱动的尺度扩展方法，构建了基于机器学习 Boosting-Like 回归树集成法的 FluxScale 模型。依据该模型，集成了高时序 GIMMS NDVI3g 数据、气象资料、土地覆盖数据、全球草地通量观测地面资料，估算了一套覆盖全球时间跨度最长的草地碳水通量数据集(1982～2011 年，半月间隔)，为全球草地碳水通量研究提供了专业的数据支撑。基于通量站点数据和 MODIS 数据产品，对 FluxScale 模型估算结果进行了验证和评价。模型验证结果表明，GPP 和 ET 的估算精度均比较高。估算的 GPP 和 ET 结果与 MODIS 数据产品相关性较高，且在量和空间格局上也基本表现一致。与以往模型相比，FluxScale 模型简便易行，不需要复杂的先验知识和变量间相关的内在理论，所需参数易从遥感数据中获取，模拟结果准确且精度较高，具有较大的应用潜力和拓展空间。

第4章 基于光能利用率模型的碳水通量模拟

光能利用率模型是基于冠层吸收太阳辐射与植被光合作用固碳量之间的关系而建立的模型，其通过植被冠层对太阳辐射的有效利用率来估算植被的生产力。光能利用率是表征植被通过光合作用将所截获/吸收的能量转化为有机干物质效率的指标，是光合作用的重要概念，也是区域及全球尺度通过遥感手段监测植被生产力的理论基础(赵育民等，2007)。

本章将基于光能利用率模型，以中国北部农牧交错带和北美大平原草地为研究区，开展 GPP 的站点和区域模拟。

4.1 中国北部农牧交错带 GPP 模拟

本节开展了中国北部农牧交错带 GPP 模拟分析，对比不同模型结构对光能利用率模型(VPM)精度的影响，构建了优化的光能利用率模型。

4.1.1 研究区简介

选取中国北部农牧交错带(39.0°N～46.8°N，110.5°E～122.8°E)，其位于内蒙古中部、河北北部及北京、天津，包含内蒙古锡林郭勒草原以及内蒙古农牧交错带，区域植被类型分布异质性较高。该地区以温带大陆性季风气候为主，总的特点是春季气温骤升，夏季短促而炎热、降水集中，秋季气温剧降，冬季漫长严寒。年平均气温为–5～10℃；年平均降水量为 35～530mm，东部降水多，由东向西递减。气温和降水的梯度变化，使得该地区成为一个天然的过渡带。从气候来看，由西到东分别属于干旱区、温带半干旱与温带半湿润半干旱区，存在一个明显的降水与湿润度梯度，这是控制植被结构、生产力与土地利用格局的关键自然因素。受温度和水分条件的综合影响，植被带主要呈近经向的空间分异特征，植被类型从西向东依次为荒漠草原带、典型草原带、森林草原带及山地针叶林和阔叶林带(王军邦等，2010)。

研究区植被分布具有较高的景观异质性，且通量站点分布较多，其为植被生产力估算不确定性研究提供了良好的条件。该地区作为湿润气候与干旱气候、农区与牧区之间的过渡地带，随气候变化而发生空间地带摆动，植被(尤其是草原)退化严重、荒漠化扩展(刘军会等，2008)、生态环境脆弱，是我国气候变化的敏感地带。

4.1.2　研　究　数　据

1. 遥感影像数据

本书研究选取的遥感数据包括 2001～2012 年 MODIS 地表反射率产品数据集（MOD09A1）、2005～2007 年 MODIS FPAR 数据集（MOD15A2）、2005～2007 年 GLASS LAI 产品数据集、2001～2012 年 MODIS GPP 产品数据集（MOD17A2）。

1）MOD09A1 地表反射率产品数据集

本书研究使用的 MODIS 数据均来自分布式数据存档中心（Distribute Active Archive Centre，DAAC）(https://ladsweb.nascom.nasa.gov/)。MOD09A1 地表反射率产品数据集的空间分辨率为 500m，时间分辨率为 8 天，包括 620～2155nm 七个波段的反射率、观测天顶角、太阳天顶角、相对方位角及质量控制信息等。本书研究采用 2001～2012 年 MOD09A1 地表反射率产品数据集来计算 NDVI（Rouse Jr et al.，1974）、EVI（Huete et al.，1994）、陆表水指数（land surface water index，LSWI）(Huete et al.，2002) 等植被指数和水体指数，并将它们作为光能利用率模型的输入数据，其计算公式如下：

$$NDVI = \frac{\rho_{nir} - \rho_{red}}{\rho_{nir} + \rho_{red}} \tag{4.1}$$

$$EVI = G \times \frac{\rho_{nir} - \rho_{red}}{\rho_{nir} + (C_1 \times \rho_{red} - C_2 \times \rho_{blue}) + L} \tag{4.2}$$

$$LSWL = \frac{\rho_{nir} - \rho_{swir}}{\rho_{nir} + \rho_{swir}} \tag{4.3}$$

式中，ρ_{nir}、ρ_{swir}、ρ_{red} 和 ρ_{blue} 分别为近红外（841～875nm）、短波红外（1628～1652nm）、红色（620～670nm）和蓝色（459～479nm）波段的反射率；G=2.5；C_1=6；C_2=7.5；L=1。

2）MOD15A2 FPAR 产品数据集

MOD15A2 数据集（Knyazikhin et al.，1998）空间分辨率为 1km、时间分辨率为 8 天，包括 LAI、FPAR 及其质量控制信息等。采用三维冠层辐射传输模型描述冠层的光谱和方向特性，依据给定的生物类型的冠层结构和土壤特征建立查找表，来计算每个像元最可能的 FPAR 和 LAI。如果由于云污染、几何畸变和冰雪等影响算法失效，则采用 NDVI 与 FPAR、LAI 之间的关系来插补缺失数据，但是在这种情况下由于数据质量（NDVI）较低，插补的 FPAR、LAI 也往往不可靠。Wang 等（2004）研究表明，MOD15A2 LAI 和地面观测 LAI 相关性较低，插补的 LAI 在大多数情况下趋于高估。

本书研究采用 2005～2007 年 MODIS FPAR 作为光能利用率模型的输入数据。对于每个站点，提取相应年份站点位置 1km × 1km 中心像元面积范围的数据代表站点的 FPAR 值。

3）GLASS LAI 产品数据集

MODIS FPAR 和 LAI 数据集由于受到云污染、几何畸变等的影响，具有时空数据不完备的特点,因此质量和精度还需进一步提高(Liang et al.,2013)。并且,对缺失数据的插值技术也会带来新的误差和不确定性。为进一步分析 LAI、FPAR 对 GPP 估算模型不确定性的影响,我们引入 GLASS LAI 来估算 FPAR 作为对比研究。

全球地表特征参量(GLASS)产品(Liang et al.,2013;Zhao et al.,2013)是通过北京师范大学全球变化数据处理与分析中心发布的(http://glass-product.bnu.edu.cn/)。其包括叶面积指数、反照率、长波反射率等产品。GLASS LAI 反演算法集成 MODIS、VEGETATION LAI 等时间序列遥感观测数据,采用广义回归神经网络(general regression neural networks,GRNNs)算法估算叶面积指数。研究表明,GLASS 产品具备空间上完整、时间上连续等特点,降低了不确定性和误差,提高了不同植被类型的 LAI 数据精度(Fang et al.,2013;Xiao et al.,2016)。与全球 22 个 LAI 地面测量数据比较,GLASS LAI($R^2=0.77$,RMSE=0.54)比 CYCLOPES LAI($R^2=0.66$,RMSE=0.53)和 MODIS LAI($R^2=0.44$,RMSE=1.13)有更好的精度和准确性,且无明显高估或低估(梁顺林等,2014)。

本书研究采用 2005~2007 年的 GLASS LAI 数据(时间分辨率为 8 天、空间分辨率为 1km)作为光能利用率模型的输入数据。对于每个站点,提取相应年份站点位置 1km × 1km 中心像元面积范围的数据。

4)MOD17A2 GPP 产品数据集

MOD17A2 数据集(Zhao et al.,2005)包括 GPP、NPP 及其质量控制层,空间分辨率为 1km,时间分辨率为 8 天,数据覆盖时间范围为 2000 年至今。MOD17A2 产品根据光能利用率原理来估算 GPP,其综合考虑了日最低温以及饱和水汽压差等对植被生产力的影响(Zhao and Running,2010)。但多项研究表明,MODIS GPP 产品有一定低估。Wang C 等(2013)针对中国北方 10 个农田站点进行研究后得出,MODIS GPP 产品相对于通量观测站点 GPP 整体低估了大约 70%。Sun 等(2011)对北美 GPP 的估算结果比 MODIS GPP 产品高出了 25%~30%。

本书采用 2001~2012 年的 MOD17A2 GPP 数据与光能利用率模型估算的 GPP 结果进行验证对比。

2. 通量站点观测数据

涡度通量观测是估算大气和陆地生态系统之间 CO_2、水和能量交互的微气象测量方法,提供了生态系统水平上持续的碳、水循环观测(Baldocchi and Wilson,2001;Baldocchi,2003)。通量观测技术和仪器的限制、扰动随机的本质,以及数据处理方法等都会给通量观测数据带来随机和系统误差(Richardson et al.,2006;Richardson et al.,2008)。这些误差和不确定性可能会传播到模型发展的参数估计过程中。通量观测技术直接测量的是生态系统和大气之间的净生态系统交换量(NEE),GPP 为生态系统呼吸(Re)和 NEE 的差值。

$$GPP=Re-NEE \qquad\qquad (4.4)$$

本书研究采用中国北方 6 个站点,其中包括 4 个草地站点、1 个农田站点、1 个森林站点(表 4.1)。草地和农田站点的数据来自 La Thuile 2007 数据集(http://fluxnet.

fluxdata.org/data/la-thuile-dataset/），该数据集提供了全球化标准涡度通量观测的相关数据。森林站点的数据来自中美碳联盟观测网络(http://lees.geo.msu.edu/usccc/)。对于每个站点，为匹配 MODIS 的 8 天时间分辨率，将 GPP、温度、光合有效辐射等变量的天数据合成为 8 天的平均数据。为降低数据的误差和不确定性，如果每 8 天数据中有大于 5 天的无效数据，则舍去。合成 8 天的通量站点数据用于光能利用率模型的构建、验证及结果分析。

表 4.1 中国北部农牧交错带通量观测站点相关信息

编号	站点名称	位置(°N，°E)	植被类型	年份	平均温度/℃	年总降水/mm	参考文献
1	CN-Du2	42.05，116.28	草地	2006	3.3	399	Chen 等(2009)
2	CN-Xi1	43.55，116.68	草地	2006	2.0	360	Chen 等(2009)
3	CN-Xi2	43.55，116.67	草地	2006	2.0	360	Chen 等(2009)
4	CN-Xfs	44.13，116.33	草地	2005～2006	2.0	290	Wang 和 Zhou(2012)
5	CN-Du1	42.05，116.67	农田	2005～2006	3.3	399	Chen 等(2009)
6	CN-Bed	39.53，116.25	森林	2006～2007	11.5	569	刘晨峰等(2009)

3. 气象数据

气象数据是 GPP 估算模型的重要驱动数据。不同气象数据集均存在一定的时间和空间不确定性，气象数据的误差会通过模型传播到 GPP 估算中(Zhao et al.，2006)。本书研究采用的气象数据集包括寒区旱区科学数据中心的中国区域高时空分辨率地面气象要素驱动数据集(the China meteorological forcing dataset，CMFD)(http://data.tpdc.ac.cn/zh-hans/data/8028b944-daaa-4511-8769-965612652c49/)和 NASA 的全球高分辨率再分析数据(the modern era retrospective-analysis for research and applications，version 2，MERRA-2)(https://gmao.gsfc.nasa.gov/reanalysis/MERRA-2/)，其主要作为光能利用率模型的驱动数据及用于对比分析多源气象数据对 GPP 估算的影响。

1)中国区域高时空分辨率地面气象要素驱动数据集

寒区旱区科学数据中心的中国区域高时空分辨率地面气象要素驱动数据集(He and Yang，2011)是以国际上现有的 Princeton 再分析资料、GLDAS 资料、GEWEX-SRB 辐射资料，以及 TRMM 降水资料为背景场，融合了中国气象局常规气象观测数据制作而成的。其时间分辨率为 3h，水平空间分辨率 0.1°，覆盖时间为 1979～2012 年，为中国目前时空分辨率较高且精度较高的气象数据。研究中选取了 2001～2012 年地面气温、地面向下短波辐射和地面降水率三个变量。其中，光合有效辐射(PAR)由向下短波辐射(downward shortwave radiation，SWRad)计算得到：

$$PAR=0.45 \times SWRad \tag{4.5}$$

2)NASA 全球高分辨率再分析数据(MERRA-2)

NASA 戈达德地球科学数据和信息服务中心的全球高分辨率再分析数据(MERRA-2)

提供了自 1979 年以来的全球气象资料，空间分辨率为 0.5°×0.625°(Rienecker et al.，2011)。其采用了最先进的大气模型，依托全球资料同化系统和完善的观测数据库，对各种来源的观测资料进行质量控制和同化处理，形成了一套完整的再分析资料集。MERRA-2 相对于上一代 MERRA 数据，在模型和同化系统上有了进一步改进，降低了不确定性(Molod et al.，2015)。

3)气象数据对比验证

图 4.1 和图 4.2，分别采用通量观测数据在站点上验证了空间数据集 CMFD 和 MERRA-2 的温度和 PAR 的精度。如图 4.1 所示，对于草地、农田和森林站点，T_{CMFD} 和 $T_{MERRA-2}$ 与站点实测温度 T_{EC} 站点相关性较高(R^2 最低为 0.97)，散点基本在 1∶1 线上，T_{CMFD} 精度稍高于 $T_{MERRA-2}$。PAR 数据的精度随数据集和植被类型不同而变化(图 4.2)。农田和草地的 PAR_{CMFD} 和 $PAR_{MERRA-2}$ 精度较高，与站点实测数据 PAR_{EC} 的相关性 R^2 在 0.79~0.86，且散点在 1∶1 线附近，PAR_{CMFD} 精度稍高于 $PAR_{MERRA-2}$。对于森林站点，PAR_{CMFD} 与 PAR_{EC} 的相关性为 $R^2=0.55$，$PAR_{MERRA-2}$ 与 PAR_{EC} 的相关性为 $R^2=0.78$，但是从散点分布来看，PAR_{CMFD} 和 $PAR_{MERRA-2}$ 比站点实测数据 PAR_{EC} 稍高。这可能是空气污染或气溶胶等的影响，导致空间数据或站点数据存在一定的误差。Cai 等(2014)利用 11 个通量观测站点、92 个辐射观测站点和 727 个气象站点观测得到的 PAR 数据验证了 MERRA、ECMWF、NCEP 三套再分析数据的 PAR 在中国的精度，同样得出再分析数据对 PAR 有一定的高估，其中 MERRA 数据相对于通量观测站点、辐射观测站点、气象站点的误差分别为 62.20%±25.48%、20.28%±16.06%、14.32%±11.74%。

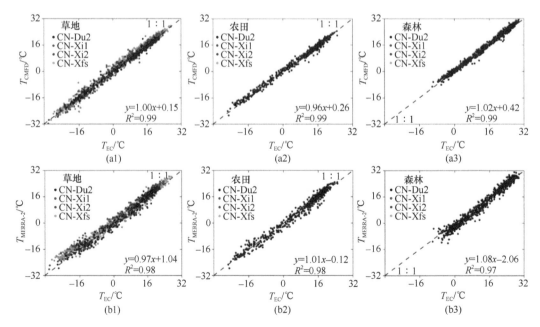

图 4.1　中国北部农牧交错带 CMFD 和 MERRA-2 温度与通量观测站点温度(T_{EC})的散点图

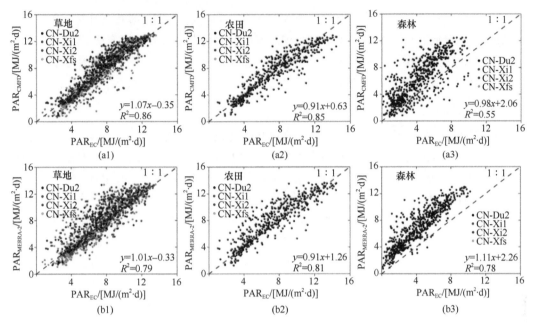

图 4.2　中国北部农牧交错带 CMFD 和 MERRA-2 光合有效辐射（PAR）
与通量观测站点 PAR_{EC} 的散点图

4. 土地覆盖数据

土地覆盖数据用于区域 GPP 模型的估算及分析不同土地利用数据对 GPP 估算的影响。研究中用到的土地覆盖数据包括 GlobeLand30-2010、MODIS 土地覆盖数据（MCD12Q1）和 GLC2000。

1）GlobeLand30-2010

GlobeLand30-2010 数据（http://www.globallandcover.com/）覆盖南北纬 80°的陆地范围，空间分辨率为 30m，包括耕地、森林、草地、灌木地、湿地、水体、苔原、人造地表、裸地、冰川和永久积雪等地表覆盖类型（陈军等，2014）。其整合优化了多源遥感影像（Landsat TM、HJ-1、BJ-1 等），并对缺失数据进行有效插补，采用 MODIS NDVI 对物候和季节进行了校正，结合 DEM、生态分区等辅助资料对地表覆盖进行了精细提取，所得数据精度较高，其得到了广泛的应用。通过选取 9 类超过 15 万个检验样本对全球数据进行精度评价，得到 GlobeLand30-2010 整体分类精度达 80%以上。

2）MCD12Q1

MCD12Q1 土地覆盖产品数据（Friedl et al.，2002），空间分辨率为 500m。该数据利用高精度训练样本进行监督分类生成，其中包含 5 种不同的地表分类方案：国际地圈生物圈计划（IGBP）全球植被分类方案、马里兰大学植被分类方案、MODIS 提取叶面积指数/光合有效辐射分量（LAI/FPAR）方案、MODIS 提取 NPP 方案、植被功能型（PFT）分类方案。研究选取 2006 年 MCD12Q1 土地覆盖数据集（Collection 5），采用 IGBP 全球植被分类方案，包括水体、常绿针叶林、常绿阔叶林、落叶针叶林、落叶阔叶林、混交林、郁闭灌丛、开放灌丛、木质稀树草原、稀树草原、草地、永久湿地、农田、城市、农田/自然植被、冰雪、裸地。研究表明，MODIS Collection 5 土地覆盖产品在全球的验证分类精度为 75%(Friedl et al.，2010)。

3)GLC2000

GLC2000 来自欧盟联合研究中心(JRC)(http://forobs.jrc.ec.europa.eu/products/glc2000/glc2000.php)，由各国参与者主要利用 SPOT VEGETATION 卫星数据联合制作(Giri et al.，2005)，空间分辨率为 1km，采用联合国粮食及农业组织(FAO)的土地覆盖分类系统(LCCS)。研究采用了中国区域的分类数据，包含常绿阔叶林、落叶阔叶林、常绿针叶林、落叶针叶林、疏林地、灌丛、高山亚高山草甸草地、草坡草地、草原、高山亚高山草地、荒漠草地、滨海湿地、草甸草地、沼泽、农田、裸岩、碎石、沙漠、河流、湖泊、冰川、城镇，共 22 类。对于中国区域的分类数据，通过与国家发布的统计数据比较分析得到，分类所得的主要类型与统计数据基本一致，精度分别为林地(88.39%)、草地(97.68%)、农田(70.29%)、水域(55.78%)、未利用地(95.16%)(徐文婷等，2005)。

4)土地覆盖数据对比

这些土地覆盖数据有不同的分类体系，如森林在 GlobeLand30-2010 并没有子类；但是在 MODIS 使用的 IGBP 分类体系中则包含常绿针叶林、常绿阔叶林、落叶针叶林、落叶阔叶林、混交林 5 类；在 GLC2000 中国区则有落叶针叶林、常绿针叶林、常绿阔叶林、落叶阔叶林，没有混交林。分类体系及分类数据源的不一致会对分类结果带来很大的不确定性，会通过影响最大光能利用率传播到 GPP 估算结果中。本书研究将三种土地覆盖数据进行了重新分类合并，提取出草地、农田和森林三类。

为对比不同来源土地覆盖数据及不同分辨率土地覆盖数据的差异，采用面积最大方法将 30m 的 GlobeLand30 采样到 500m 和 1km，将 500m 的 MCD12Q1 采样到 1km。如图 4.3 所示，研究区主要植被类型为草地，占总面积的 48.73%~78.92%；其次为农田，占总面积的 14.77%~27.39%；森林所占比例最少，为 2.20%~13.89%。对于同种土地覆盖产品，不同分辨率数据差别不大，如 30m、500m、1km 的 GlobeLand30 数据；500m、1km 的 MCD12Q1 数据。

但是，同一分辨率的不同土地覆盖产品却有显著差别(如 1km)，尤其是在中间草地、农田和森林交错的地带。对于三种植被的总和，面积比例分别为 1km GlobeLand30(92.33%)、1km MCD12Q1(95.90%)、1km GLC2000(90.01%)，相差不大。但由于不同土地覆盖数据对三种植被的误分，三种植被类型各自的比例和空间分布相差很大。草地为研究区主要植被类型，在 1km MCD12Q1 中比例最高(78.92%)，其次为 1km GlobeLand30(58.39%)和 1km GLC2000(48.73%)；农田在 1km GlobeLand30(26.45%)和 1km GLC2000(27.39%)中的比例高于 1km MCD12Q1(14.77%)；森林在 1km MCD12Q1 中只占了 2.20%，但是在 GlobeLand30 和 1km GLC2000 中分别占了 7.49%和 13.89%。总体上，与 1km GlobeLand30 和 1km GLC2000 相比，1km MCD12Q1 中

的农田和森林有些分成了草地 (尤其是中部交错地带)。因此, 土地覆盖数据的分类误差不可忽略。

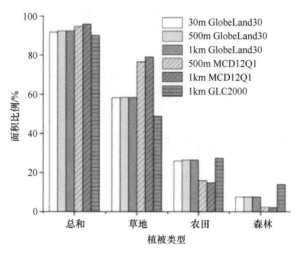

图 4.3　中国北部农牧交错带土地覆盖类型图

4.1.3　光能利用率模型构建及不同模型结构对比

1. 光能利用率模型介绍

光能利用率模型 (VPM) 是基于冠层吸收太阳辐射与植被光合作用固碳量之间的关系而建立的光能利用率理论模型, 其通过植被冠层对太阳辐射的有效利用率来估算植被的生产力。

$$\text{GPP}=\varepsilon_{\max}\times\text{FPAR}\times\text{PAR}\times W_{\text{S}}\times T_{\text{S}} \tag{4.6}$$

式中, $\varepsilon_{\max}$ 为最大光能利用率 (gC/MJ), 是植被在理想条件下对光合有效辐射的利用率 (Zhu et al., 2006); FPAR 为光合有效辐射吸收比例; PAR 为光合有效辐射; T_{S}、W_{S} 分别为温度、水分对植被进行光合作用的限制因子。

VPM 模型 (Xiao et al., 2004a) 将植被冠层分成光合有效成分 (PAV) 以及非光合有效成分 (NPV) 两类, 进而对植被冠层吸收光合有效辐射的比例进行区分 (FPAR$_{\text{canopy}}$ 包含 FPAR$_{\text{PAV}}$ 和 FPAR$_{\text{NPV}}$), 其中只有 FPAR$_{\text{PAV}}$ 参与光合作用。

$$\text{FPAR}_{\text{canopy}}=\text{FPAR}_{\text{NPV}}+\text{FPAR}_{\text{PAV}} \tag{4.7}$$

FPAR$_{\text{PAV}}$ 通常由增强型植被指数 (EVI) 的线性表达来表示。

$$\text{FPAR}_{\text{PAV}}=\alpha\times\text{EVI} \tag{4.8}$$

式中, α 设置为 1。

W_{S} 表示水分对植被光合作用的限制作用, 由遥感陆地表面水分指数 (LSWI) 获取:

$$W_{\text{S\_VPM1}}=\frac{1+\text{LSWI}}{1+\text{LSWI}_{\max}} \tag{4.9}$$

式中, LSWI$_{\max}$ 为单个像元植被生长季内 LSWI 的最大值。

T_S 表示温度对植被光合作用的限制作用,采用陆地生态系统模型(TEM)中温度限制因子的算法(Tian et al.,1999;Xiao et al.,2009):

$$T_{S\_TEM} = \frac{(T - T_{min})(T - T_{max})}{(T - T_{min})(T - T_{max}) - (T - T_{opt})^2} \tag{4.10}$$

式中,T 为平均气温(℃);T_{opt} 为植被生长的最适温度,该温度下植被光合作用的速率最高,这里为每个像元生长季 EVI 最大时所对应的温度;T_{min}、T_{max} 分别为 GPP 的最小、最大限温,低于最小限温或者高于最大限温,植被都不进行光合作用;T_{S_TEM}=0;T_{min} 设置为 0℃;T_{max} 计算为 T_{opt}+(T_{opt}−T_{min})。

2. 光能利用率模型中不同结构的对比

光能利用率模型中不同的 FPAR、W_S 和 T_S 结构会影响模型的精度。本书研究在 VPM 模型的基础上,对比了以下模型结构,并评价了它们对模型精度的影响。

1)FPAR

在光能利用率模型中,对 FPAR 有不同的表示方法,如 NDVI、EVI 及其线性表达式等。研究表明,不同植被指数对植被 GPP 模拟结果不同(Huete et al.,2002;Zhou et al.,2014)。

除 VPM 模型中 EVI 的表示方法外,FPAR 也可以通过 LAI 计算得到:

$$FPAR_{GLASS} = 1 - e^{-K \times LAI_{GLASS}} \tag{4.11}$$

式中,K 为消光系数,此处设为 0.5。

2)W_S 水分限制因子

水分是植被生长的重要因素,在干旱半干旱区,植被光合作用对水分变化响应比较敏感。He 等(2014)为表示植被对短期水分变化的快速响应,对 VPM 模型中水分限制因子进行了改进:

$$W_{S\_VPM\ 2} = 0.5 + LSWI \tag{4.12}$$

在 MODIS GPP 模型中,W_S 通过饱和水汽压差(vapor pressure deficit,VPD)计算得到:

$$W_{S\_MODIS} = \frac{VPD_{max} - VPD}{VPD_{max} - VPD_{min}} \tag{4.13}$$

式中,VPD_{max} 和 VPD_{min} 分别为饱和水汽压差的最大值和最小值,通过 MOD17 查找表可知,草地为 53hPa 和 6.5hPa,农田为 43hPa 和 6.5hPa。当 VPD>VPD_{max} 时,W_S 为 0;当 VPD<VPD_{min} 时,W_S 为 1。

3)T_S 温度限制因子

在很多光能利用率模型中(如 VPM、GLO-PEM、DCFM 等),温度限制因子采用陆地生态系统模型(TEM)中温度限制因子的算法。CASA 模型(Potter et al.,1993)中的温度限制因子与 TEM 中的不同,其由两部分组成:

$$T_{S\_CASA} = T_{S1} \times T_{S2} \tag{4.14}$$

T_{S1} 反映在低温和高温时植物内的生化作用对光合作用的限制而降低植被生产力：

$$T_{S1} = 0.8 + 0.02 \times T_{opt} - 0.0005 T_{opt}^2 \tag{4.15}$$

T_{S2} 表示环境从最适温度向高温和低温变化时植物光能利用率逐渐变小的趋势：

$$T_{S2} = \frac{1.1814 \times \left\{ 1 + \exp\left[0.3 \times \left(T - T_{opt} - 10 \right) \right] \right\}}{1 + \exp\left[0.2 \times \left(T_{opt} - 10 - T \right) \right]} \tag{4.16}$$

式中，T_{opt} 为植被生长的最适温度，为每个像元生长季 EVI 最大时所对应的温度。如果 T_S 大于 1，则设为 1；如果 T_S 小于 0，则设为 0。

与 TEM 中的 T_S 相比，CASA 模型中的 T_S 计算只需要最适温度 (T_{opt})，不需要植被进行光合作用的最高温度 (T_{max}) 和最低温度 (T_{min})，是否采用较少的参数能降低模型计算中参数带来的不确定性，值得验证。

本书研究以 VPM 模型为基础，分别改变 FPAR、W_S 和 T_S 的不同结构，采用通量站点观测数据，对三种主要植被类型进行参数化建模，来分析不同模型结构对植被 GPP 估算精度的影响。

选取判定系数 (R^2)、均方根误差（RMSE）、相对不确定性（relative uncertainty，RU）等常用指标来衡量模型估算的精度，其中，R^2 越大，RMSE 越小，说明模型模拟值与实测值越接近。

$$\text{RMSE} = \sqrt{\frac{\sum_{i=1}^{n} \left(y_i - \hat{y}_i \right)^2}{n}} \tag{4.17}$$

相对不确定性（RU）定义为 2 倍标准差（SD）与平均值（mean）的比值，具体公式如下：

$$\text{RU}(\%) = \frac{2 \times \text{SD}}{\text{mean}} \times 100 \tag{4.18}$$

如表 4.2 所示，森林采用 EVI 来表示 FPAR 得到的 GPP 估算结果精度最优（R^2 均大于等于 0.83），GLASS LAI 计算 FPAR 得到的 GPP 估算结果最差（R^2 均小于等于 0.73）；草地采用 EVI 来表示 FPAR 得到的 GPP 估算结果精度最优（最优 R^2 为 0.78），GLASS LAI 计算 FPAR 得到的 GPP 估算结果最差（最优 R^2 为 0.70）；而农田的 GPP 估算结果精度从高到低依次为 GLASS LAI > MODIS FPAR > EVI（最优 R^2 分别为 0.79、0.78 和 0.77），但精度相差不大（R^2 相差 0.03）。因此，对于不同植被类型，用不同参量来估算 FPAR，得到的 GPP 估算模型精度不同，研究中要结合实际情况，选取合适的 FPAR 结构表达式。

用 0.5+LSWI 代替 VPM 模型中的 $(1+\text{LSWI})/(1+\text{LSWI}_{max})$ 来表达水分限制因子 W_S，草地 GPP 估算精度有很大提升，农田 GPP 估算精度也有较大提升，但是森林 GPP 估算精度则有一定下降。另外，使用 MODIS 模型中的 W_S 得到的 GPP 估算精度优于 VPM 模型中的 $(1+\text{LSWI})/(1+\text{LSWI}_{max})$，但是比 0.5+LSWI 效果差。因此，对于农田和草地植被，0.5+LSWI 来表示水分胁迫比较合适，因为这类植被对短期水分变化响应比较敏感；而对于森林，生长比较稳定，对水分变化响应较慢，采用 $(1+\text{LSWI})/(1+\text{LSWI}_{max})$ 表示

表 4.2 中国北部农牧交错带不同模型结构下模型参数及 GPP 估算精度对比

编号	模型结构			草地						农田						森林					
	FPAR	W_S	T_S	LUE_{max}	斜率	截距	R^2	RMSE	N	LUE_{max}	斜率	截距	R^2	RMSE	N	LUE_{max}	斜率	截距	R^2	RMSE	N
1	$FPAR_{PAV}$	W_{S_VPM1}	T_{S_TEM}	0.95	0.73	0.16	0.67	0.59	156	1.33	0.67	0.61	0.71	1.17	63	3.95	0.96	-0.19	0.85	1.42	76
2			T_{S_CASA}	0.96	0.73	0.15	0.67	0.59	156	1.34	0.69	0.59	0.72	1.14	63	4.01	0.99	-0.49	0.85	1.54	76
3		W_{S_VPM2}	T_{S_TEM}	1.92	0.86	0.01	0.78	0.50	156	2.23	0.73	0.49	0.76	1.06	63	5.23	0.97	-0.36	0.83	1.55	76
4			T_{S_CASA}	1.94	0.86	0.00	0.77	0.51	156	2.25	0.75	0.47	0.77	1.04	63	5.29	0.99	-0.61	0.83	1.68	76
5		W_{S_MODIS}	T_{S_TEM}	0.93	0.73	0.18	0.69	0.57	156	1.25	0.63	0.69	0.67	1.24	63	—	—	—	—	—	—
6			T_{S_CASA}	0.95	0.74	0.17	0.69	0.56	156	1.22	0.62	0.65	0.69	1.21	63	—	—	—	—	—	—
7	$FPAR_{MODIS}$	W_{S_VPM1}	T_{S_TEM}	0.70	0.78	0.06	0.69	0.54	136	0.95	0.72	0.47	0.73	1.08	57	2.81	0.91	-0.19	0.77	1.81	68
8			T_{S_CASA}	0.71	0.79	0.05	0.68	0.55	136	0.95	0.72	0.45	0.74	1.06	57	2.84	0.93	-0.47	0.77	1.92	68
9		W_{S_VPM2}	T_{S_TEM}	1.44	0.88	-0.06	0.76	0.49	136	1.63	0.77	0.37	0.77	0.98	57	3.78	0.92	-0.34	0.77	1.88	68
10			T_{S_CASA}	1.45	0.87	-0.07	0.75	0.51	136	1.63	0.78	0.35	0.78	0.97	57	3.81	0.94	-0.57	0.76	2.00	68
11		W_{S_MODIS}	T_{S_TEM}	0.68	0.79	0.07	0.70	0.52	136	0.89	0.68	0.54	0.70	1.14	57	—	—	—	—	—	—
12			T_{S_CASA}	0.69	0.79	0.06	0.70	0.53	136	0.90	0.69	0.52	0.71	1.11	57	—	—	—	—	—	—
13	$FPAR_{GLASS}$	W_{S_VPM1}	T_{S_TEM}	0.71	0.69	0.16	0.61	0.65	156	1.01	0.71	0.55	0.74	1.10	63	2.83	0.93	-0.58	0.73	2.12	76
14			T_{S_CASA}	0.72	0.70	0.14	0.61	0.66	156	1.02	0.72	0.53	0.75	1.08	63	2.85	0.94	-0.77	0.73	2.20	76
15		W_{S_VPM2}	T_{S_TEM}	1.40	0.81	0.01	0.71	0.58	156	1.68	0.76	0.43	0.78	1.00	63	3.66	0.92	-0.68	0.71	2.26	76
16			T_{S_CASA}	1.42	0.81	0.00	0.70	0.59	156	1.69	0.78	0.41	0.79	0.98	63	3.68	0.93	-0.84	0.71	2.33	76
17		W_{S_MODIS}	T_{S_TEM}	0.68	0.68	0.17	0.61	0.65	156	0.95	0.67	0.63	0.71	1.17	63	—	—	—	—	—	—
18			T_{S_CASA}	0.7	0.81	0.00	0.70	0.65	156	0.96	0.68	0.60	0.72	1.14	63	—	—	—	—	—	—

注：LUE_{max} 为光能利用率最大值，单位为 gC/MJ；RMSE 单位为 gC/（m²·d）；N 为样本数，单位为个。

水分胁迫比较适宜。用 MODIS GPP 模型中的水分限制因子(VPD 的表达式)代替 VPM 模型中原始的$(1+LSWI)/(1+LSWI_{max})$，草地 GPP 估算精度略微上升，农田 GPP 估算精度下降，因此 VPD 并不能很好地反映农田和草地的可利用水分。

采用 CASA 模型里面的 T_S 代替 VPM 模型中的 T_S，草地 GPP 估算精度有较小下降，农田 GPP 估算精度有较小上升，而森林 GPP 估算精度则几乎没有变化。总体来说，CASA 模型里面的 T_S 并没有明显提高 GPP 估算精度，较少的参数量化并不一定能提高模型精度，主要在于结构本身的合理性以及参数估算的精度。

基于表 4.2 不同结构对 GPP 估算结果的对比，研究选取相对较优的模型结构(表 4.3)进行进一步验证、区域建模及分析。

表 4.3 中国北部农牧交错带不同植被类型模型结构优选

类型	FPAR	W_S	T_S	斜率	截距	R^2	RMSE	N
草地	FPAR$_{PAV}$	W_{S_VPM2}	T_{S_TEM}	0.86	0.01	0.78	0.50	156
农田	FPAR$_{PAV}$	W_{S_VPM2}	T_{S_TEM}	0.73	0.49	0.76	1.06	63
森林	FPAR$_{PAV}$	W_{S_VPM1}	T_{S_TEM}	0.96	−0.19	0.85	1.42	76

注：RMSE 单位为 gC/(m²·d)。

3. 优选模型精度验证

对于草地，GPP 估算 R^2 为 0.78，RMSE 为 0.50gC/(m²·d)，大部分点在 1∶1 线附近均匀分布 [图 4.4(a1)]。在时间上，Xi2 站点生长季顶峰出现一定低估，Xfs 站点 2005 年生长季后期估算值较高，其他草地站点估算较好 [图 4.4(a2)]。另外，Xi2 站点在 2006 年生长季开始前、Xfs 站点在非生长季的 GPP 实测数据明显偏高，可能是站点数据观测和处理的误差导致的，这也在某种程度上降低了 GPP 估算的精度。

对于农田，GPP 估算 R^2 为 0.76，RMSE 为 1.06gC/(m²·d) [图 4.4(b1)]，但有一定"低值高估，高值低估"的现象。在时间上，2005 年生长季顶峰被低估，生长季的其他时间也出现一定低估，但整体对 GPP 的估算趋势基本与站点实测 GPP 吻合，高低值变化匹配较好 [图 4.4(b2)]。

对于森林，GPP 估算 R^2 为 0.85，RMSE 为 1.42gC/(m²·d)，整体散点图非常接近 1∶1 线 [图 4.4(c1)]，为三种植被类型中估算最准确的。在时间上，2006 年生长季前期出现一定低估，生长季顶峰估算较为准确；2007 年 GPP 估算数据无论是均值，还是季节性变化，都与站点实测数据吻合较好 [图 4.4(c2)]。

图 4.5 为中国北部农牧交错带不同站点及年份模型估算 GPP 与站点实测 GPP 的散点图，三种植被类型均分布在 1∶1 线附近，且估算 GPP 的标准差与实测数据的标准差相差不大。对于草地，Xfs 站点 GPP 均值最接近 1∶1 线，其余三个站点 GPP 均值分布在 1∶1 线上下；对于农田，Du1 站点两年的 GPP 均值都非常接近 1∶1 线；对于森林，Bed 站点 2006 年的 GPP 平均值低于 1∶1 线，估算的 GPP 略低于实测值。总体来说，草地、农田和森林估算的 GPP 与实测值非常接近。

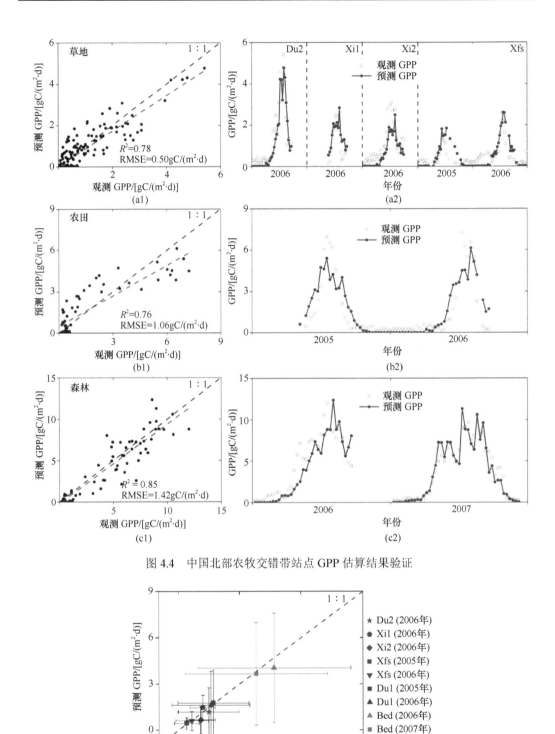

图 4.4　中国北部农牧交错带站点 GPP 估算结果验证

图 4.5　中国北部农牧交错带不同站点及年份模型预测 GPP 与站点实测 GPP 对比

为进一步分析模型精度，研究进行了交叉验证，即对于草地，每次留下一个站点用于验证，其他五个站点用于模型的构建。对于农田和林地，由于只有一个站点的数据，每次留下一年的数据用于验证，另外一年的数据用于模型构建。交叉验证结果可得（表 4.4），三类植被验证精度 R^2 在 $0.66\sim0.92$ 之间，模型估算精度较高。

表 4.4　中国北部农牧交错带 GPP 估算结果交叉验证

植被类型	站点	LUE$_{max}$	斜率	截距	R^2	RMSE	N
草地	Du2	1.77	0.85	−0.15	0.91	0.60	33
	Xi1	1.99	0.67	0.74	0.68	0.57	16
	Xi2	1.82	0.66	−0.09	0.80	0.62	34
	Xfs	2.07	1.18	−0.05	0.66	0.46	73
农田	Du1（2005 年）	2.22	0.70	0.57	0.74	1.08	31
	Du1（2006 年）	2.26	0.78	0.42	0.77	1.04	32
森林	Bed（2006 年）	3.88	0.91	−0.30	0.79	1.84	33
	Bed（2007 年）	4.03	1.02	−0.16	0.92	1.00	43

注：LUE$_{max}$ 单位为 gC/MJ；RMSE 单位为 gC/(m^2·d)。

4.2　多源多尺度数据对 GPP 模拟的不确定性分析

本节在最优模型结构的基础上，选取适当的敏感性分析算法，评价模型参量对 GPP 估算不确定性的贡献，确定对模型模拟结果不确定性影响较大的输入参量，并探讨了不同数据源及尺度效应对 GPP 模拟的不确定性。

4.2.1　优选模型的输入参量敏感性分析

敏感性分析用于碳循环模型模拟中，可以寻找对模型结果不确定性影响较大的数据或参数，进而改进模型结构、简化模型等。敏感性分析用于量化不同模型数据和参数的不确定性（误差）对植被生产力模拟结果不确定性的贡献。若在一定范围内引起模型输出结果变化幅度大，则说明该数据或参数敏感性较强；反之，则敏感性不强。敏感性分析方法包括局部灵敏度分析和全局灵敏度分析。局部灵敏度分析只检验单个参数对模型模拟的影响，而全局灵敏度分析则检验多个参数及其相互作用对模型模拟的影响。常用的敏感性分析方法有：Sobol、Morris、FAST、OAT 等。本节选用 Sobol 全局敏感性分析方法，因为它不仅可以得到单个参量对模型的影响，还可以得到参量之间的交互作用对模型的影响。

1. Sobol 敏感性分析方法

Sobol 敏感性分析是较为常用的一种敏感性分析方法。在 Sobol 敏感性分析方法中，假设输入变量是独立的，那么模型输出结果的总变化就可以拆分成输入变量及其相互作用的贡献。在本节研究中，Sobol 敏感性分析方法用来评价模型输入参量（PAR、T、EVI 和 LSWI）对 GPP 估算［式(4.19)］不确定性的影响：

$$GPP=f(PAR \times T \times EVI \times LSWI) \tag{4.19}$$

Sobol 敏感性分析方法基于方差技术，模型输出总方差(V)可以拆分成每个单独模型输入变量或参数的作用以及它们的交互作用。

$$V = \sum_i V_i + \sum_i \sum_{j>i} V_{ij} + \sum_i \sum_{j>i} \sum_{k>j} V_{ijk} + \cdots + V_{1,2,\cdots,n} \tag{4.20}$$

式中，V_i 为第 i 个模型输入变量对 V 的解释程度；V_{ij} 为第 i 个模型输入变量和第 j 个模型输入变量对 V 的共同解释程度；$V_{1,2,\cdots,n}$ 为 $1\sim n$ 的模型输入变量对 V 的共同解释程度，n 为模型输入变量个数。相应地，一阶敏感性指数为 $S_i=V_i/V$，高阶敏感性指数为 $S_{ij}=V_{ij}/V$；$S_{ijk}=V_{ijk}/V$，$\cdots$；$S_{1,2,\cdots,n}=V_{1,2,\cdots,n}/V$。

2. 优选模型的输入参量 Sobol 敏感性分析

研究中利用不确定性和敏感性分析软件 Simlab2.2，采用 Sobol 敏感性分析方法，对模型输入变量 PAR、T、EVI、LSWI 进行敏感性分析，主要有以下三个步骤。

(1)定义模型输入变量，确定其概率分布函数(PDFs)和范围。

通过查阅文献(Li et al.，2012)可得，光能利用率模型中变量概率分布函数为均匀分布和 Beta 分布时，模拟得到的 GPP 分布与实际情况较为接近。另外，本节研究对研究区内输入参量（PAR、T、EVI、LSWI）进行了统计，最终假设变量 PAR、T、EVI、LSWI 为均匀分布，得到三类主要植被的参数分布范围(表 4.5)。

表 4.5 主要植被类型模型变量的分布范围

因子	单位	分布范围		
		草地	农田	森林
PAR	MJ/m^2	5～120	5～120	5～120
T	℃	0～32	0～32	0～32
EVI	—	0.05～0.6	0.1～0.8	0.1～1
LSWI	—	−0.1～0.8	0.01～0.8	−0.1～0.8

(2)依据变量的概率密度分布函数产生参数的系列样本。

(3)变量和模型输出结果的不确定性分析和敏感性分析。

通过 Sobol 敏感性分析可以看出(表 4.6)，对于三种植被，PAR 对 GPP 的敏感度最高，一阶敏感度分别为草地(0.288)、农田(0.325)、森林(0.321)；其次为 EVI，一阶敏感度为草地(0.241)、农田(0.230)、森林(0.252)；T 的敏感度低于 PAR 和 EVI；LSWI 的敏感度最低。因此，对 GPP 估算不确定的贡献程度依次为 PAR>EVI>T>LSWI。对于三种植被，四个变量的总敏感度均明显高于一阶敏感度，则变量之间的交互作用对 GPP 估算不确定的影响不可忽略。

表 4.6 主要植被类型模型变量的敏感性指数

植被类型	敏感度	PAR	T	EVI	LSWI
草地	一阶敏感度	0.288	0.136	0.241	0.097
	总敏感度	0.450	0.257	0.393	0.172
农田	一阶敏感度	0.325	0.153	0.230	0.074
	总敏感度	0.478	0.275	0.365	0.128
森林	一阶敏感度	0.321	0.141	0.252	0.043
	总敏感度	0.474	0.252	0.398	0.081

4.2.2 区域尺度 GPP 估算及不确定性分析

1. 区域 GPP 估算方案

为分析不同来源气象数据和土地覆盖数据，以及不同空间分辨对 GPP 估算的影响，本节研究选取 2 种气象数据(CMFD、MERRA-2)、3 种土地覆盖数据(GlobeLand30-2010、MCD12Q1、GLC2000)，2 种空间分辨率(500m、1000m)，设计 10 种方案(表 4.7)对空间 GPP 进行估算，并对比估算结果差异及分析估算结果不确定性。其中，"方案 0"为参考方案，其他方案依据参考方案依次修改不同因素(分辨率、气象数据、土地覆盖数据)。

表 4.7 中国北部农牧交错带 10 种空间 GPP 估算方案

修改因素	方案	分辨率	气象数据	土地覆盖数据
	方案 0	500m	CMFD	GlobeLand30-2010
修改一个因素	方案 1	1000m		
	方案 2	—	MERRA-2	
	方案 3	—	—	MCD12Q1
修改两个因素	方案 4	1000m	MERRA-2	—
	方案 5	1000m	—	MCD12Q1
	方案 6	1000m	—	GLC2000
	方案 7	—	MERRA-2	MCD12Q1
修改三个因素	方案 8	1000m	MERRA-2	MCD12Q1
	方案 9	1000m	MERRA-2	GLC2000

注："—"表示在"方案 0"基础上不做修改。

2. 区域 GPP 估算结果及不确定性

研究对比了参考方案(500m 分辨率，CMFD 气象数据，GlobeLand30 土地覆盖数据)和 MOD17A2 GPP 产品 2001~2012 年年均 GPP(图 4.6)。在整体趋势上，参考方案 GPP 和 MOD17A2 GPP 产品基本一致：西北部草地 GPP 最低，并向东南逐渐升高；中部森林 GPP 最高；东南部农田介于两者之间。但是在数值上，草地、农田、森林的参考方案 GPP

均高于 MOD17A2 GPP。尤其是森林，参考方案 GPP 估算值多在 800～1400gC/(m²·a) 之间，而 MOD17A2 GPP 则多在 400～800gC/(m²·a) 之间。之前也有研究表明，MODIS GPP 存在明显的低估。Li 等(2013)采用 EC-LUE 模型对中国 2000～2009 年的 GPP 进行了估算，其估算值普遍高于 MODIS GPP；张建财等(2015)采用 LPJ 模型对中亚的 NPP 进行了估算，其结果也高于 MODIS NPP。Sun 等(2011)对北美 GPP 的估算结果也比 MODIS 高出 25%～30%。Wang X 等(2013)针对中国北方 10 个农田站点研究中，得出 MODIS GPP 产品低估了大约 70%。

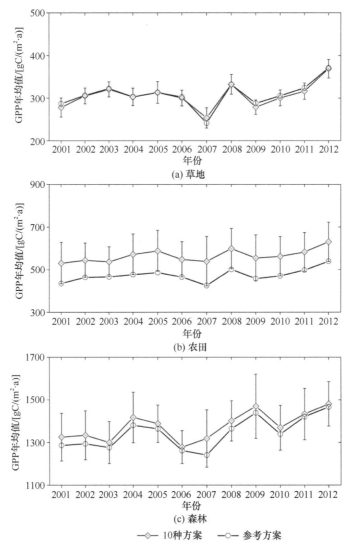

图 4.6　2001～2012 年中国北部农牧交错带参考方案 GPP 年均值与 10 种方案年均值对比(误差棒为标准差)

　　尽管本节研究与 MODIS GPP 均采用了光能利用率模型，但 GPP 估算结果存在较大差异，主要有以下几点原因。首先，模型结构不同。本节研究采用了基于 VPM 模型的优化模型，其 FPAR 估算方法、水分限制因子和温度限制因子的结构均与 MODIS GPP 光能利用率模型不同。其次，本节研究参考方案采用的气象数据产品 CMFD 是专门针对中国研制的，在中国区域具有较高的精度(He and Yang，2011)，且具有较高的分辨率(0.1°×0.1°)；而 MOD17A2 GPP 则采用 GMAO/NASA 气象数据产品，其为针对全球研制的且分辨率较低(0.5°×0.67°)，这都影响了 GPP 估算的精度。另外，本节研究结合研究区站点实测数据对模型进行了参数化，而 MOD17A2 GPP 中的参数则采用查找表方法。尽管本研究中采用的 GlobeLand30-2010 具有较高的精度(陈军等，2014)，但是对森林这一大类并没有进一步区分，这也影响了 GPP 估算的精度。

2001～2012 年参考方案(500m 分辨率，CMFD 气象数据，GlobeLand30-2010 土地覆盖数据)GPP 在时空上表现出一定的年际变化。草地、农田和森林参考方案 GPP 的最低值均出现在 2007 年，依次为 241.5gC/(m^2·a)、424.2gC/(m^2·a)、1241.1gC/(m^2·a)(图 4.6)，主要是由于 2007 年当地降水较少，发生了干旱事件(春风等，2013；杭玉玲等，2014)。对于 10 种方案均值，草地和农田的最低值均出现在 2007 年［分别为 253.4gC/(m^2·a)、538.7gC/(m^2·a)］，森林最低值出现在 2006 年［1278.1gC/(m^2·a)］。草地和森林参考方案 GPP 年均值与 10 种方案年均值相差不大；而对于农田，参考方案 GPP 年均值则低于 10 种方案年均值，约比 10 种方案年均值低一半的标准差，这可能是由于 GlobeLand30 相对于其他两种土地覆盖数据在西南部农田分类差异较大。误差棒(标准差)表示 10 种方案对 GPP 年均值估算的不确定性，农田和森林较高，草地较低。

如图 4.7，从三种植被的 GPP 年总量可以看出，2001～2012 年草地 GPP 年总量均值最大(123.25TgC/a)，其次为农田(75.53TgC/a)，森林最小(54.87TgC/a)。草地 GPP 总量年际变化较大(102.20～148.50TgC/a)，主要是因为草地生态系统脆弱，极易受到外界水分和温度等条件的影响。而农田由于人类的作用则年际变化较小(70.43～84.52TgC/a)，森林比较稳定(51.53～59.33TgC/a)。标准差表示 10 种方案对 GPP 总量估算的不确定性，森林的标准差相对较大(31.07～36.66TgC/a)，其次为草地(23.81～32.02TgC/a)，农田标准差最小(8.01～13.28TgC/a)。森林的不确定性主要由土地覆盖数据中森林分类的误差较大引起的(图 4.7)。

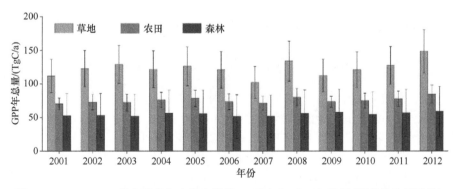

图 4.7　2001～2012 年中国北部农牧交错带 10 种方案 GPP 年总量(误差棒为标准差)

进一步分析了 10 种方案生长季(4 月中旬～10 月中旬)每 8 天的 GPP 均值和相对不确定性(RU)的变化情况(图 4.8)。农田 GPP 的 RU 最大，达到 20%～60%，这可能是农田土地覆盖数据的分类误差导致的，也可能是灌溉、施肥等人为影响造成的。草地 GPP 的 RU 随 GPP 的大小而发生变化，生长季初期较低，随着植被的生长，RU 呈升高趋势，生长季顶峰 RU 达到最大。这主要是由于草地生态系统脆弱，极易受到气候等条件变化的影响。森林 RU 在生长季初期较高，到生长季顶峰反而降低。这是由于森林在生长季初期不稳定，容易受到气候等条件的干扰；而随着到达生长季顶峰，森林生长逐渐稳定，对水分、温度等的变化响应不敏感，RU 降低。

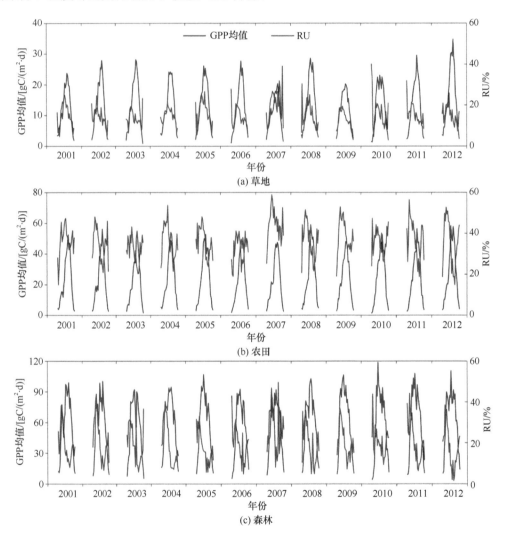

图 4.8　2001～2012 年中国北部农牧交错带 10 种方案生长季(4 月中旬～10 月中旬)
每 8 天 GPP 均值及相对不确定性(RU)

4.2.3　数据源及分辨率对 GPP 估算的不确定性

以参考方案(表 4.7)为基础，分析改变不同因素(分辨率、气象数据、土地利用数据)对 GPP 估算结果的不确定性。首先，通过与参考方案作差，得出不同方案相对于参考方案在空间上的变动。对于改变一个因素,改变气象数据对 GPP 估算的影响最小,改变分辨率只对空间异质性较高的地区影响较大(河北北部草地、农田、森林交错地带),而改变土地覆盖数据对整体 GPP 估算均有一定影响,但是影响较大的区域依然位于中部农–林–草交错地带。对于改变两个因素,方案 6(分辨率为 1000m,土地利用数据为 GLC2000)对 GPP 估算的影响最大,但是方案 5(分辨率为 1000m,土地利用数据为 MCD12Q1)的影响却相对较小,这归因于 GLC2000 与 MCD12Q1 的分类精度不同。改变三个因素,即方案 8 和方案 9 分别为在方案 5 和方案 6 的基础上改变气象数据,两者的差值图相对于方案 5 和方案 6 的差值图并没有较大差别,这是因为改变气象数据相对于改变土地覆盖数据对 GPP 估算结果的影响较小。

为量化改变不同要素对 GPP 估算结果的影响程度,研究进一步以参考方案(表 4.7)为基础,设定大小(magnitude)、空间(spatial)、时间(temporal)三个方面的量化指标,分析改变不同因素对 GPP 不确定性的影响(Jung et al.,2007)。

"大小"指标是量化不同方案平均值与参考方案之间的差异占参考方案的百分比[式(4.21)];"空间"指标是在 2001~2012 年平均值的空间分布图的基础上,量化空间上不同方案不能被参考方案相关系数解释的百分比[式(4.22)];"时间"指标是在时间纵向维度上,量化不同方案年际变化不能被参考方案相关系数解释的百分比[式(4.23)],其平均效应则是对上面的结果求像元区域平均值。

$$\text{EFFECT}_{\text{Magnitude}} = \frac{\sum_{i=1}^{n}\left|\overline{\text{AR}_i} - \overline{\text{REF}_i}\right|}{\sum_{i=1}^{n}\overline{\text{REF}_i}} \times 100 \tag{4.21}$$

$$\text{EFFECT}_{\text{Spatial}} = 100 - \left(\frac{\sum_{i=1}^{n}\left(\overline{\text{AR}_i} - \overline{\overline{\text{AR}}}\right)\left(\overline{\text{REF}_i} - \overline{\overline{\text{REF}}}\right)}{\sqrt{\sum_{i=1}^{n}\left(\overline{\text{AR}_i} - \overline{\overline{\text{AR}}}\right)^2 \times \sum_{i}^{n}\left(\overline{\text{REF}_i} - \overline{\overline{\text{REF}}}\right)^2}}\right)^2 \times 100 \tag{4.22}$$

$$\text{EFFECT}_{\text{Temporal}}(i) = 100 - \left(\frac{\sum_{y=2001}^{2012}\left(\text{AR}_y - \overline{\text{AR}_i}\right)\left(\text{REF}_y - \overline{\text{REF}_i}\right)}{\sqrt{\sum_{y=2001}^{2012}\left(\text{AR}_y - \overline{\text{AR}_i}\right)^2 \times \sum_{y=2001}^{2012}\left(\text{REF}_y - \overline{\text{REF}_i}\right)^2}}\right)^2 \times 100 \tag{4.23}$$

式中,i 为像元索引;n 为有效的像元个数;y 为年;REF 为参考方案;AR 为相对于参考方案变化的其他九种方案;$\overline{\text{AR}}$、$\overline{\text{REF}}$ 分别为对应参量的年均值;$\overline{\overline{\text{AR}}}$、$\overline{\overline{\text{REF}}}$ 分别为对应参量平均值基础上计算的某个区域的空间平均值。

如图 4.9 所示,对于光能利用率模型,不同数据源和分辨率数据对 GPP 估算结果存在较大不确定性。在"大小"上,改变气象数据对 GPP 估算结果影响最小;在"空间"上,改变植被覆盖数据对 GPP 估算结果影响最大,改变空间分辨率对 GPP 估算结果影响较小;在"时间"上,改变空间分辨率和改变气象数据对 GPP 估算结果影响相当。综合可以得出,在植被 GPP 估算过程中,对结果不确定性影响最大的为土地覆盖数据,其次为空间分辨率,气象数据影响最小。

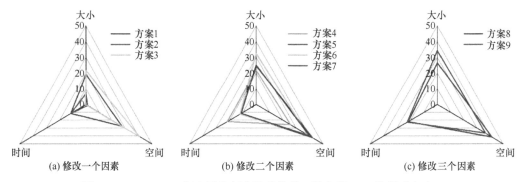

图 4.9　2001～2012 年中国北部农牧交错带 9 种方案 GPP 估算"大小、
空间、时间"三个方面相对于参考方案变化的评价

在"大小"上，尽管 PAR 的敏感性比较高(表 4.6)，但是总体气象数据对 GPP 估算结果影响较小。主要有以下两点原因：首先，研究中所选的气象数据精度相对较高，差异较小(图 4.1 和图 4.2)，温度与站点实测温度相关性很高(R^2 最小为 0.97)，PAR 与站点实测 PAR 相关性较高(R^2 为 0.79～0.86，森林站点除外)。其次，研究区范围较小，气象数据空间变化范围较小，这也在一定程度上降低了对 GPP 估算的影响。

在"空间"上，改变植被覆盖数据，对 GPP 估算结果影响最大，主要是不同土地覆盖数据的分类体系和分类精度不同所导致的，因而提高土地覆盖数据的精度，对提高 GPP 估算的精度具有重要意义。

在"时间"上，改变空间分辨率和改变气象数据对 GPP 估算结果影响相当，而改变土地覆盖数据对 GPP 估算结果影响不大，这主要是因为研究中缺少多个时间序列土地覆盖数据的产品，只采用了每个土地覆盖产品的一期土地覆盖数据做对比研究。

对比图 4.9 可以得出，相对于改变一个因素，改变两个因素对 GPP 估算结果带来的影响明显增大；但是改变三个因素相对于改变两个因素对 GPP 估算结果的影响却无明显变化。

4.3　北美大平原草地 GPP 模拟及草地功能类型
对模拟结果的不确定性分析

C3 植物和 C4 植物由于其生理生态结构及光合作用机理不同，有着不同的光合作用途径。C4 植物光合作用比 C3 植物光合作用增加了一套固碳反应，使得植物能够在干旱的环境下提高光合作用的水分利用效率。C3、C4 植被功能类型影响着光能利用率等参数的取值，进而影响着区域尺度 GPP 估算精度(Yuan et al.，2015)。目前，对 C3、C4 草地植被生产力的研究多集中于站点尺度，而在区域尺度，由于缺少高精度 C3、C4 植被功能类型图，多假设草地全部为 C3 或 C4，或者假设 C3 和 C4 草地各占一定比例。然而，由于 C4 草地的光合作用能力比 C3 草地强，这种假设会造成对 C4 草地 GPP 的低估或者对 C3 草地 GPP 的高估。以往研究中光能利用率模型估算植被生产力只限于草地的大类，并未按 C3、C4 功能划分草地类型，从站点尺度和区域尺度分析了不区分 C3、C4 草地在 GPP 估算过程中产生的不确定性及误差，为 C3、C4 草地植被生产力估算的后续研究提供了参考。

本节开展了北美大平原草地 GPP 的模拟分析，探讨在区分 C3、C4 草地功能类型和不区分 C3、C4 草地功能类型情况下，不同光能利用率模型（VPM、EC-LUE、MODIS）在站点尺度和区域尺度 GPP 估算精度。

4.3.1　研究区简介

北美大平原北起北冰洋沿岸的马更些河三角洲，南抵美、墨边境的格兰德河，西达落基山脉，东与劳伦琴低高原、内陆低平原毗邻。北美大平原南北纵贯美国 10 个州和加拿大草原 3 省及西北地区，总面积约 320 万 km^2（世界国家地理地图编委会，2013）。研究区如图 4.10 所示，其为北美大平原的美国部分，面积约为 190 万 km^2。北美大平原大部分属温带和亚热带干旱气候，主要为干旱半干旱区，自然景观以草原为主。其生态系统脆弱，极易受到气候等因素的影响，对全球变化响应敏感。降水从西部到东部呈上升趋势（320～900mm），是控制区域草地生产力的主要因子（Sala et al.，1988；Smart et al.，2005）。周期性的干旱也对草地的生长产生了一定的影响。

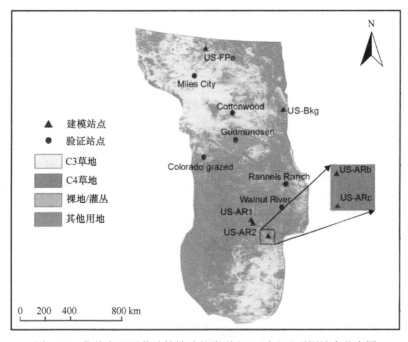

图 4.10　北美大平原草地植被功能类型（2006 年）及观测站点分布图

从北部到南部，北美大平原呈三条明显的条带（strips）：高草、混合草地和矮草（Suttie et al.，2005）。高草主要有大须芒草、小须芒草、印度草、柳枝稷等 C4 植物；矮草有格兰马草、野牛草和蓝茎冰草；中间的混合草地除高草和矮草的物种外，还有针茅属和冰草属等物种（Barnes et al.，1995）。从草地功能类型上看，南部 30°N～42°N，主要物种为 C4 草地，而 42°N 以北的地区则以 C3 草地为主（Tieszen et al.，1997；Wang X et al.，2013）。由于 C3、C4 草地光合作用机理不同，所以它们的最大光能利用率不同，进而植被生产力表现出一定差异。

C3 植物光合作用途径、C4 植物光合作用途径和景天酸代谢光合作用途径(crassulacean acid metabolism，CAM)是植物进行光合作用的三种不同方式。陆表植被大部分(85%)是 C3 植物，C4 植物约占 5%，而景天酸代谢途径的植物非常少。尽管 C4 植物在全球中所占比例较低，但其生产力非常高，约占全球植被初级生产力的 25%(Still et al.，2003；Sage，2004)。C3、C4 植物的生理结构、形态不同，其对环境因子的响应也不相同。与 C3 植物相比，C4 植物光合作用增加了一套固碳反应，具有低 CO_2 补偿点、高光合饱和点、高净光合速率等特点(牛书丽等，2004)。C4 植物在高温干旱的环境下能够保持较高的净光合速率和水分利用效率，以及氮的利用效率(Gibson，2009)。因此，相比于 C3 植物，C4 植物一般生长在高温、水分较少的地区。C4 植物的缺点是，光合作用每固定一个碳需要消耗额外的能量(李博等，2005)。

4.3.2 研 究 数 据

1. 遥感影像数据

研究选取遥感数据包括 2000～2009 年的 MODIS 反射率数据集(MOD09A1)、MODIS FPAR 数据集(MOD15A2)、MODIS GPP 数据集(MOD17A2)。

2. 通量站点观测数据

通量站点数据采用了 FLUXNET2015、LaThuile2007 的 6 个草地站点来进行模型参数化和校正，其中 C4 草地站点 4 个(US-AR1、US-AR2、US-ARb、US-ARc)、C3 草地站点 2 个(US-FPe 和 US-Bkg)(表 4.8)。另外，采用 6 个来自 WorldGrassAgriflux 数据库(Gilmanov et al.，2010)的草地通量观测站点的 GPP 数据，对模型估算得到的空间上的 GPP 进行验证(表 4.9)，这些站点均匀地分布在研究区，且包含了 C3、C4 不同的草地类型，是 FLUXNET2015、LaThuile2007 站点的有效补充。

表 4.8 北美大平原用于模型参数化和校正的草地通量观测站点

站点编号	站点名称	位置(°N，°W)	年份	平均温度/℃	年总降水量/mm	草地物种	植被功能类型	参考文献
US-AR1	ARM USDA UNL OSU Woodward Switchgrass 1	36.4267，99.4200	2009～2012	14.3	586	柳枝稷等	C4 为主	Billesbach 和 Bradford (2016)
US-AR2	ARM USDA UNL OSU Woodward Switchgrass 2	36.6358，99.5975	2009～2012	14.3	586	柳枝稷等	C4 为主	Billesbach 和 Bradford (2016)
US-ARb	ARM Southern Great Plains burn site-Lamont	35.5497，98.0402	2005～2006	14.9	860	大须芒、小须芒和其他高草等	C4 为主	Fischer 等 (2012)
US-ARc	ARM Southern Great Plains control site-Lamont	35.5465，98.0400	2005～2006	14.9	860	大须芒、小须芒和其他高草等	C4 为主	Fischer 等 (2012)
US-Bkg	SD-Brookings	44.3453，96.8362	2004～2006	6.0	586		C3 为主	Gilmanov 等 (2010)
US-FPe	MT-Fort Peck	48.3077，105.1019	2000～2006	5.5	335	粗穗冰草、冰草、针茅和格兰马草等	C3 为主	Gilmanov 等 (2005)

表4.9　北美大平原用于模型验证的草地通量观测站点

站点名称	位置(°N，°W)	年份	平均温度/℃	年总降水量/mm	植被类型	主要研究人员
Miles City	46.300，105.967	2001	7.9	343	混合草地	M. Haferkamp
Cottonwood	43.950，101.847	2005、2007~2008	7.7	447	混合草地	T. Meyers
Gudmundsen	42.069，101.407	2005~2007	7.9	560	混合草地	D.Billesbach
Colorado grazed	40.725，104.301	2003~2004	9.2	332	高草	Hanan 和 Niall
Rannel Ranch	39.139，96.523	2002~2003	12.9	840	高草	C. Owensby
Walnut River	37.521，96.855	2001~2004	13.1	1030	高草	R. Coulter

资料来源：改编自 Gilmanov 等(2010)。

3. 气象数据

气象数据采用 NASA 提供的全球高分辨率再分析数据 MERRA-2(https://gmao.gsfc. nasa.gov/reanalysis/MERRA-2/)，包括温度、PAR、短波辐射、比湿(specific humidity)、气压、潜热通量、显热通量等。

在站点上验证空间数据 MERRA-2 的温度和光合有效辐射(PAR)的精度(图 4.11 和图 4.12)。MERRA-2 温度数据在六个研究站点均与实测数据有很高的相关性，R^2 均在 0.96 及以上，且散点分布非常接近 1∶1 线。而对于 PAR 数据(图 4.12)，MERRA-2 与站点实测值的相关性 R^2 在 0.80~0.84，除 US-Bkg 有 MERRA-2 数据略微偏高以外，散点均分布在 1∶1 线上下。因此，MERRA-2 空间数据的温度和 PAR 在北美大平原草地区域具有较高的精度，可以用来作为光能利用率模型的气象驱动数据。

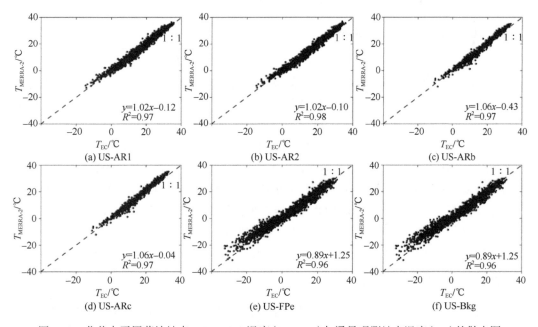

图 4.11　北美大平原草地站点 MERRA-2 温度($T_{\text{MERRA-2}}$)与通量观测站点温度(T_{EC})的散点图

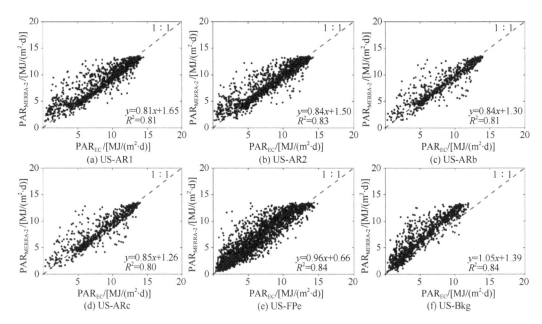

图 4.12　北美大平原草地站点 MERRA-2 光合有效辐射（$PAR_{MERRA-2}$）
与通量观测站点光合有效辐射（PAR_{EC}）的散点图

4. 土地覆盖数据

土地覆盖数据主要用于不同植被功能的植被生产力估算，本章研究采用两种土地覆盖数据，分别为美国国家土地地表覆盖数据集（national land cover database，NLCD）和 C3、C4 植被功能类型分布图（Wang C et al.，2013）。

1）NLCD 土地地表覆盖数据集

NLCD 土地地表覆盖数据集（https://www.mrlc.gov/）空间分辨率为 30m，主要采用 Landsat 数据，基于回归树分类方法，将美国的土地覆盖类型分为 12 类。除去阿拉斯加地区特有的类别（矮灌丛、莎草、地衣和苔藓）外，其他地区的土地覆盖类型分为 9 类，分别为：水体（开放水体、永久冰/雪）、城市（开放空间、低强度开发空间、中强度开发空间、高强度开发空间）、裸地、森林（落叶林、常绿林和混交林）、灌丛、草地、牧草、农用地、湿地（木本湿地、自然草本湿地）。早期，该数据集每隔十年发布一次，1992 年发布 NLCD 1992；后来，每隔五年更新一次，陆续发布 NLCD 2001、NLCD 2006、NLCD 2011。

本章研究采用了 2006 年 NLCD 土地地表覆盖数据集（NLCD 2006）（Fry et al.，2011）的数据。选取其草本植被，包括草地（grassland/herbaceous）、牧草（pasture/hay）、灌丛（shrub/scrub）以及可能会出现草地的裸地（barren land）区域来进行草地 GPP 估算。

2）C3、C4 植被功能类型分布图

北美大平原草地可分为 C3、C4 草地两大类。根据其对气候的响应不同，Wang C 等（2013）采用基于物候参数的回归树分类方法，以 NLCD 2006 为基础数据，选取其草本植被区（草地、牧草、灌丛和裸地），采用 2001～2009 年 MODIS 地表反射率数据

（MOD09A1）数据，将北美大平原 C3、C4 草地进行区分，得到 2001～2009 年草地植被功能类型图（图 4.13），经验证，分类精度高达 90% 以上。

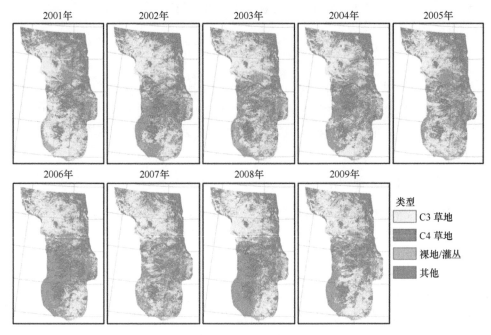

图 4.13　2001～2009 年北美大平原 C3、C4 草地分布图［改自 Wang C 等（2013）］

统计得到，研究区总面积约为 190 万 km^2。2001～2009 年，研究区 C3 草地面积变化范围为 66.58 万～79.15 万 km^2，C4 草地面积变化范围为 39.10 万～55.92 万 km^2（图 4.14）。C3 草地面积占研究区总面积的 35.0%～41.6%，C4 草地面积占研究区总面积的 20.5%～29.4%。

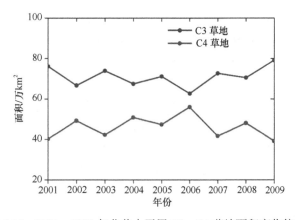

图 4.14　2001～2009 年北美大平原 C3、C4 草地面积变化统计

本章研究采用 2001～2009 年的植被功能类型数据，对不同功能类型草地 GPP 进行估算及不确定性分析，打破以往研究中光能利用率模型估算植被生产力只局限于草地的大类，并未按 C3、C4 植被功能类型草地区分的限制。并且，在实际中植被覆盖类型是

随时间发生变化的，以往 GPP 估算研究中大多对不同年份采用一期固定的土地覆盖数据，本章研究采用 2001~2009 年逐年连续时间序列的 C3、C4 草地功能类型数据，也在一定程度上降低了 GPP 估算误差，提高了 GPP 估算精度。

4.3.3　典型光能利用率模型介绍

光能利用率模型是基于冠层吸收太阳辐射与植被光合作用固碳量之间的关系而建立的光能利用率理论模型。综合考虑温度和水分等条件对潜在光能利用率的限制作用，利用光合有效辐射、光合有效辐射吸收率、植被指数以及光能利用率等参量来估算植被生产力。

1. MODIS GPP 光能利用率模型

MODIS GPP（MOD17）算法为典型的光能利用率模型，其综合考虑了日最低温以及饱和水汽压差等对植被生产力的影响，该算法公式如下（Zhao and Running，2010）：

$$GPP = \varepsilon_{max} \times FPAR \times PAR \times W_S \times T_S \tag{4.24}$$

式中，ε_{max} 为最大光能利用率；PAR 为光合有效辐射；FPAR 为光合有效辐射吸收比率（MOD15）；T_S 和 W_S 为温度和水分对植被生产力的限制因子。

在 MODIS 模型中，T_S 为日最低温度对植被光合作用的限制：

$$T_S = \frac{TMIN - TMIN_{min}}{TMIN_{max} - TMIN_{min}} \tag{4.25}$$

式中，TMIN 为日最低温度；$TMIN_{min}$ 为植被生长最低温度的最小值，根据 MOD17 查找表取−8℃；$TMIN_{max}$ 为植被生长最低温度的最大值，根据 MOD17 查找表取 12.02℃（Zhao and Running，2010）。当 TMIN<$TMIN_{min}$ 时，T_S 为 0；当 TMIN>$TMIN_{max}$ 时，T_S 为 1。

图 4.15 为 MERRA-2 空间获取的 TMIN 日最低温度与站点实测数据获取的日最低温度对比。对于六个站点，R^2 均在 0.91 以上，且散点非常接近 1∶1 线，具有较高的精度。

MODIS 模型采用日间高饱和水汽压差（VPD）的函数表达水分对植被光合作用的限制 W_S：

$$W_S = f(VPD) = \frac{VPD_{max} - VPD_{daytime}}{VPD_{max} - VPD_{min}} \tag{4.26}$$

式中，$VPD_{daytime}$ 为日间饱和水汽压差，这里定义 PAR>0 时 VPD 的均值为日间平均饱和水汽压差；VPD_{max} 和 VPD_{min} 分别为饱和水汽压差的最大值和最小值，采用 MOD17 查找表可知二者分别为 53hPa 和 6.5hPa。当 $VPD_{daytime}$>VPD_{max} 时，W_S 为 0；当 $VPD_{daytime}$<VPD_{min} 时，W_S 为 1。

饱和水汽压差（VPD）是一定气温下的饱和水汽压和实际水汽压的差值，是反映空气湿度的参数，其计算公式如下（Wallace and Hobbs，2008）：

$$VPD = e_s(T) - e_a \tag{4.27}$$

式中，$e_s(T)$ 为温度 T 下的饱和水汽压；e_a 为实际水汽压（hPa）。

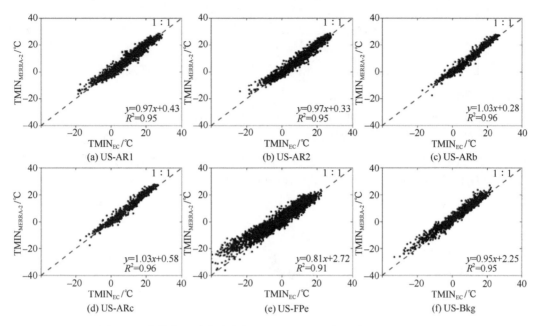

图 4.15　北美大平原草地站点 MERRA-2 日最低温度（$\text{TMIN}_{\text{MERRA-2}}$）
与通量观测站点日最低温度（TMIN_{EC}）的散点图

饱和水汽压为与温度相关的参数，其计算方式如下（Lowe and Ficke，1974；Krüger，2001）：

$$e_s(T) = a_0 + T \times \left[a_1 + T \times \left(a_2 + T \times \left\{ a_3 + T \times \left[a_4 + T \times (a_5 + T \times a_6) \right] \right\} \right) \right] \quad (4.28)$$

式中，T 为气温或蒸发面温度（℃）；$e_s(T)$ 的单位为 hPa，其他相应参数见表 4.10（Lowe and Ficke，1974）。

表 4.10　饱和水汽压计算参数

参数	水	冰
a_0	6.107799961	6.109177956
a_1	$4.436518521 \times 10^{-1}$	$5.034698970 \times 10^{-1}$
a_2	$1.428945805 \times 10^{-2}$	$1.886013408 \times 10^{-2}$
a_3	$2.650648471 \times 10^{-4}$	$4.176223716 \times 10^{-4}$
a_4	$3.031240396 \times 10^{-6}$	$5.824720280 \times 10^{-6}$
a_5	$2.034080948 \times 10^{-8}$	$4.838803174 \times 10^{-8}$
a_6	$6.136820929 \times 10^{-11}$	$1.838826904 \times 10^{-10}$

实际水汽压（e_a）可以通过气压和水的体积混合比计算得来（Krüger，2001）：

$$e_a = \text{PS} \times x_{\text{H}_2\text{O}} \quad (4.29)$$

式中，PS 为气压（hPa）；$x_{\text{H}_2\text{O}}$ 为水的体积混合比（volume mixing ratio of water）。

水的体积混合比（$x_{\text{H}_2\text{O}}$）可以通过比湿［单位质量空气（干空气加上水汽）中水汽的质量所占的比例］计算得到（Reinvee et al.，2013）：

$$SH = \frac{x_{H_2O} \times M_{H_2O}}{x_{H_2O} \times M_{H_2O} + (1 - x_{H_2O}) \times M_{dry}} \tag{4.30}$$

式中，SH 为比湿（kg/kg）；M_{H_2O} 为水的摩尔质量，M_{H_2O}=18.01534g/mol；M_{dry} 为干空气的摩尔质量，M_{dry}=28.9644g/mol。

如图 4.16 所示，以研究区的六个站点实测 VPD 为基础，对日间 VPD 进行精度验证。六个站点的 VPD 精度 R^2 均在 0.79 以上，最高的为 US-AR2 站点（R^2=0.90），并且六个站点的散点图均分布在 1∶1 线附近，表明反演结果与实际值接近，并无明显偏差。因此，估算的日间 VPD 可以作为模型驱动数据进一步估算 GPP。

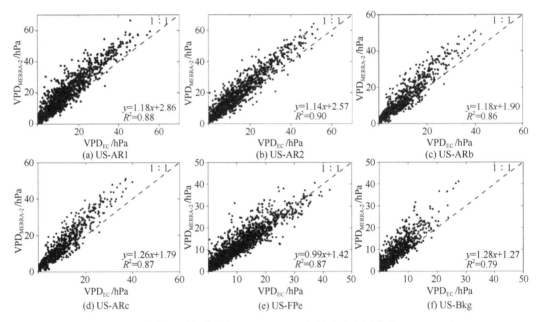

图 4.16　北美大平原草地站点 MERRA-2 日间饱和水汽压差（$VPD_{MERRA-2}$）
与通量观测站点日间饱和水汽压差（VPD_{EC}）的散点图

2. EC-LUE 光能利用率模型

EC-LUE 模型是由 Yuan 等（2007）发展而来的基于涡度相关观测的 GPP 估算模型。其主要由 NDVI、PAR、气温、波文比（由潜热通量和显热通量计算而来）作为驱动变量，计算公式如下：

$$GPP = \varepsilon_{max} \times FPAR \times PAR \times f_S \tag{4.31}$$

式中，f_S 为各种环境胁迫对光能利用的限制作用；FPAR 与 NDVI 之间存在线性关系，如式（4.32）所示：

$$FPAR = a \times NDVI + b \tag{4.32}$$

式中，a 和 b 为经验常数，分别取 1.24 和–0.168（Sims et al.，2005）。

EC-LUE 模型用蒸散系数（EF）表示水分条件对实际光能利用率的限制作用。

$$W_S = EF = \frac{LE}{LE + H} \tag{4.33}$$

式中，LE 和 H 分别为潜热通量和感热通量 $[MJ/(m^2 \cdot d)]$，可以很好地反映生态系统的水分利用情况。LE 相当于生态系统的蒸散量，当生态系统内可利用水分较多时，EF 较高；而当生态系统内可利用水分较少时，EF 较低。蒸散系数已经被应用到许多水分利用条件的评价中(Zhang et al., 2004)。

EC-LUE 模型中采用的温度限制函数与 VPM 模型相同，均采用 TEM 中的 T_S。与 MODIS GPP 模型不同的是，对于水分和温度对植被光合作用的影响，EC-LUE 模型认为二者对潜在光能利用率的限制作用符合生态学的最小因子法则，即胁迫最为强烈的限制因子决定环境对植被光合作用的影响，其公式如下：

$$f_S = \min(W_S \times T_S) \tag{4.34}$$

如图 4.17 和图 4.18 所示，分别在站点尺度评价了空间数据 MERRA-2 的 LE 和 LE+H 的精度。对于 LE，不同站点精度变化较大，R^2 变化范围为 0.50～0.74。其中，US-AR1 (R^2=0.57) 和 US-AR2 (R^2=0.50) 站点的 R^2 较低，但数值并无明显偏高或者偏低；US-Bkg 站点 MERRA-2 数据在高值区域较低。对于 LE+H，MERRA-2 与站点实测数据相比，R^2 变化范围为 0.75～0.82，不同站点散点分布在 1∶1 线上下，无明显高估或低估现象。综上，LE+H 整体空间数据相对于实测数据误差较小，但 LE 有一定的误差，这可能会引入 GPP 模型估算过程中，影响水分限制因子和综合限制因子(水分和温度)的估算精度，进而影响 GPP 的空间估算结果。

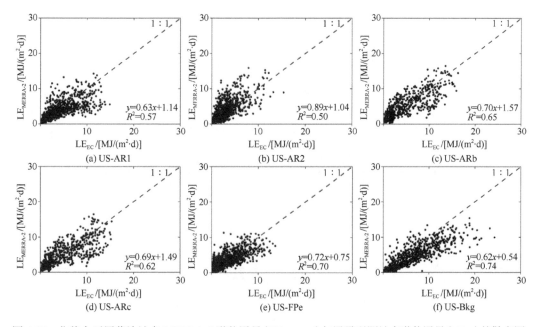

图 4.17　北美大平原草地站点 MERRA-2 潜热通量($LE_{MERRA-2}$)与通量观测站点潜热通量(LE_{EC})的散点图

4.3.4　站点尺度不同功能类型草地 GPP 估算及不确定性

本章研究选取判定系数(R^2)和均方根误差(RMSE)来衡量模型估算的精度，分析了区分和不区分 C3、C4 草地功能类型情况下，VPM、EC-LUE、MODIS 三个光能利用率模型的参数(LUE$_{max}$)变化、模型估算 GPP 与站点实测 GPP 的拟合情况，以及模型估算 GPP 与站点实测 GPP 季节性动态变化匹配情况。

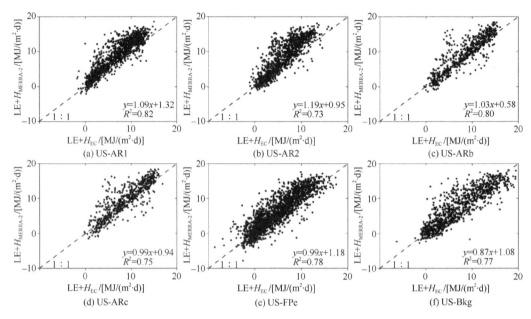

图 4.18　北美大平原草地站点 MERRA-2 潜热通量与显热通量之和与
通量观测站点潜热通量与显热通量之和的散点图

1. C3、C4 草地光能利用率模型参数及光合作用能力

表 4.11 为不同光能利用率模型(MODIS、EC-LUE、VPM)的参数(LUE$_{max}$)及模型精度。EC-LUE 模型中，C4 草地的 LUE$_{max}$ 为 1.45gC/MJ，C3 草地的 LUEmax 为 1.10gC/MJ，不区分草地功能类型 LUE$_{max}$ 为 1.34gC/MJ；VPM 模型中，C4 草地的 LUE$_{max}$ 为

表 4.11　北美大平原草地站点 GPP 估算模型参数及精度

模型	植被功能型	LUE$_{max}$	斜率	截距	R^2	RMSE	N
	C4 草地	1.26	0.60	1.22	0.72	1.67	503
MODIS	C3 草地	1.07	0.62	0.29	0.55	1.39	369
	草地	1.21	0.62	0.81	0.65	1.57	872
	C4 草地	1.45	0.82	0.41	0.83	1.23	503
EC-LUE	C3 草地	1.10	0.73	0.10	0.64	1.26	363
	草地	1.34	0.79	0.29	0.76	1.30	866
	C4 草地	1.48	0.68	0.98	0.77	1.50	503
VPM	C3 草地	1.24	0.55	0.38	0.47	1.51	363
	草地	1.42	0.65	0.70	0.67	1.52	866

注：LUE$_{max}$ 单位为 gC/MJ；RMSE 单位为 gC/(m²·d)。

1.48gC/MJ，C3 草地的最大光能利用率为 1.24gC/MJ，不区分草地功能类型 LUE$_{max}$ 为 1.42gC/MJ；MODIS 模型中，C4 草地的 LUE$_{max}$ 为 1.26gC/MJ，C3 草地的 LUE$_{max}$ 为 1.07gC/MJ，不区分草地功能类型 LUE$_{max}$ 为 1.21gC/MJ。因此，对于同一个模型，C4 草地的 LUE$_{max}$ 明显高于 C3 草地，且采用不同的模型估算得到的最大光能利用率（LUE$_{max}$）不同。

最大光能利用率（LUE$_{max}$）是光能利用率模型的一个重要的参数，它决定了最优环境条件下光合作用的速率，进而决定植被生产力（Suyker and Verma，2012；Yuan et al.，2015）。如果不加区分 C3、C4 草地而采用同一草地参数，会造成对 C3 草地 GPP 的高估和对 C4 草地 GPP 的低估。对于 EC-LUE 模型，C3 草地的 LUE$_{max}$ 与 C4 草地相差较大，可以得出 EC-LUE 模型中 LUE$_{max}$ 对不同植被功能类型响应较敏感，相对更能区分 C3 和 C4 草地。

对于不同模型，即使同一草地功能类型（C3 或 C4），所得到的 LUEmax 也不相同，这主要是不同模型采用的水分、温度及 FPAR 等结构不同。因此，结合站点实测数据对不同模型进行参数化，对于提高模型精度、降低模型不确定性非常重要。

2. C3、C4 草地模型估算 GPP 与站点实测 GPP 拟合优度

三个模型（MODIS、EC-LUE、VPM）对 GPP 估算的精度有一定差异，EC-LUE 模型对 GPP 估算的精度最高，其次为 VPM 模型，MODIS 模型对 GPP 估算的精度最低（表 4.11、图 4.19）。EC-LUE 模型中，采用 C3 和 C4 草地分别建模［图 4.19（b3）］［R^2=0.780，RMSE=1.18gC/（m^2·d）］相对于不区分草地功能类型建模［图 4.19（b4）］［R^2=0.760，RMSE=1.30gC/（m^2·d）］的精度有所提高；采用 C3 和 C4 草地分别建模，VPM 模型 R^2 由 0.665 提高到 0.672，RMSE 由 1.52gC/（m^2·d）下降到 1.43gC/（m^2·d）［图 4.19（c3）、图 4.19（c4）］；采用 C3 和 C4 草地分别建模，MODIS 模型 R^2 由 0.645 提高到 0.651，RMSE 由 1.57gC/（m^2·d）下降到 1.56gC/（m^2·d），精度相对提升较少［图 4.19（a3）、图 4.19（a4）］。综上，区分 C3 和 C4 草地功能类型在一定程度上提高了 GPP 模拟精度。

另外，不同模型对 C4 草地 GPP 的模拟精度均高于 C3。EC-LUE 模型对 C4 和 C3 草地 GPP 的估算精度分别为 R^2=0.830 和 R^2=0.640，VPM 模型对 C4 和 C3 草地 GPP 的估算精度分别为 R^2=0.765 和 R^2=0.465，MODIS 模型对 C4 和 C3 草地 GPP 的估算精度分别为 R^2=0.720 和 R^2=0.545。这可能是由于 C4 草地在高温干旱的环境下能够保持较高的净光合速率和水分利用效率，以及氮的利用效率（Gibson，2009），因此 GPP 受气候条件变化影响波动较小，而 C3 草地受气候条件变化影响波动较大。另外，可能受限于 C3 草地站点的数量和站点数据质量，更多的站点数据可以降低模型误差，减少不确定性，提高模型精度。

3. C3、C4 草地模型估算 GPP 与站点实测 GPP 季节动态变化对比

图 4.20 为 C4 草地站点估算 GPP 与实测 GPP 的时间序列图，其中红色和蓝色曲线分别为采用 C4 站点、采用 C3 和 C4 站点建模得到的 GPP 估算结果。从总体来看，三个模型（VPM、EC-LUE、MODIS）估算 GPP 均与实测值变化一致，可以代表 GPP 的动

态变化，但在某些站点会出现"低值高估，高值低估"的情况，尤其是高值低估的现象比较明显。对于 MODIS 和 VPM 模型，在 US-AR1（2012 年）、US-AR2（2010 年）以及 US-ARb 和 US-ARc 站点均出现一定低估；EC-LUE 模型除在 US-AR1（2012 年）、US-AR2（2010 年）有轻微低估以外，在其他站点均能很好地捕捉生长季的最高值。因此，对于 C4 草地，只采用 C4 站点建模相对于采用 C3 和 C4 草地建模明显提高了估算 GPP 的值，减弱了"高值低估"的现象，使得估算值与实测值更加匹配，进而提高了 GPP 估算精度。

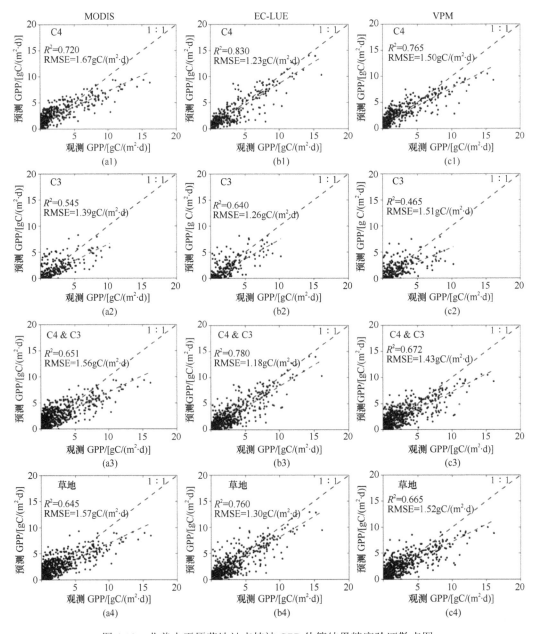

图 4.19　北美大平原草地站点植被 GPP 估算结果精度验证散点图

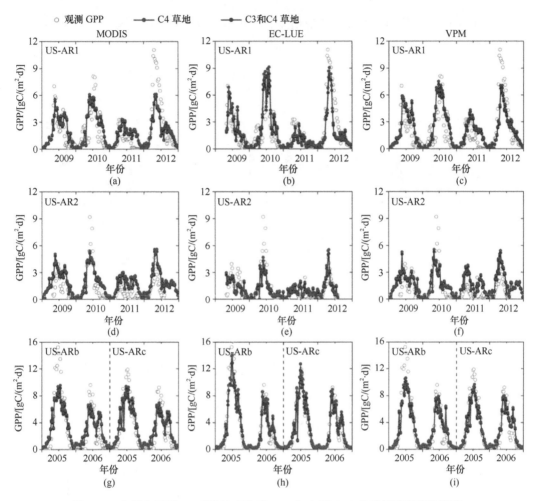

图 4.20　北美大平原 C4 草地站点估算 GPP 与实测 GPP 的时间序列变化情况
红色为只采用 C4 草地站点建模得到的 GPP 估算结果；蓝色为采用 C4 和 C3 草地站点共同建模得到的结果

　　图 4.21 为 C3 草地站点估算 GPP 与实测 GPP 的时间序列图，红色曲线为采用 C3 站点建模的 GPP 估算结果，蓝色曲线为采用 C3 和 C4 站点建模得到的 GPP 估算结果。可以看出，对于 C3 草地除个别站点年份 GPP 有一定低估外［US-Fpe（2005 年）/US-Bkg（2006 年）］，并无明显低估现象。采用 C3 和 C4 站点综合建模，高估了一些站点年份的峰值 GPP，而采用 C3 站点建模可以很好地与实测 GPP 匹配，尤其是 EC-LUE 模型。

　　综上，对于 C4 草地，采用 C3 和 C4 站点建模，由于 LUE$_{max}$ 的低估，C4 草地 GPP 也会被低估；而对于 C3 草地，采用 C3 和 C4 站点建模，由于 LUE$_{max}$ 的高估，整体 C3 草地 GPP 估算偏高。这种现象尤其对于 EC-LUE 表现明显，主要是由于 EC-LUE 模型中 LUE$_{max}$ 对 C3 和 C4 草地类型响应较敏感，相对更能区分 C3 和 C4 草地。

4.3.5　区域尺度不同功能类型草地 GPP 估算及不确定性

　　将 4.2.2 节建立的 GPP 估算模型扩展到区域尺度，验证空间上 GPP 估算精度，并分

析区域尺度 GPP 在区分 C3、C4 草地功能类型和不区分 C3、C4 草地功能类型情况下的
不确定性。

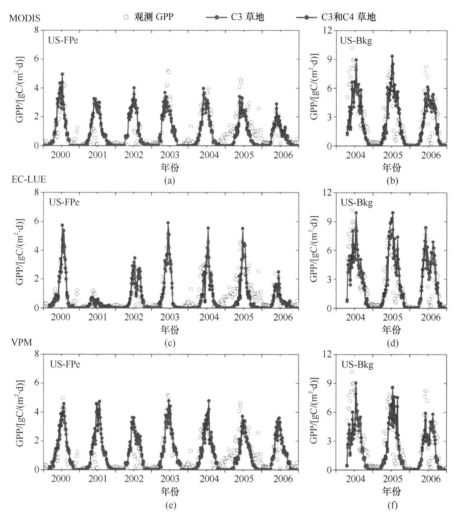

图 4.21　北美大平原 C3 草地站点估算 GPP 与实测 GPP 的时间序列变化情况

红色为只采用 C3 草地站点建模得到的 GPP 估算结果；蓝色为采用 C3 和 C4 草地站点共同建模得到的结果

1. 空间上 C3、C4 草地 GPP 估算结果精度验证

采用 6 个来自 WorldGrassAgriflux 数据库草地站点验证空间上 GPP 估算结果的精度
（图 4.22）。MOD17A2 数据产品对 GPP 有明显的低估，本章研究中三个模型（MODIS、
EC-LUE、VPM）对 GPP 估算的精度较高。在区分 C3、C4 草地功能类型情况下（图 4.22 (a)～
图 4.22 (c)），三个模型的精度明显提高，MODIS 模型 R^2 从 0.74 提高到 0.76，RMSE 由
1.22gC/(m²·d) 降低到 1.17gC/(m²·d)；EC-LUE 模型 R^2 从 0.67 提高到 0.68，RMSE 由
1.44gC/(m²·d) 降低到 1.43gC/(m²·d)；VPM 模型 R^2 从 0.79 提高到 0.81，RMSE 由
1.14gC/(m²·d) 降低到 1.07gC/(m²·d)。与前面站点建模不同的是，空间 GPP 提取的点验

证结果得到 VPM 模型的精度最高（$R^2=0.81$，RMSE=1.07gC/（m²·d）），其次为 MODIS 模型（$R^2=0.76$，RMSE=1.17gC/（m²·d）），EC-LUE 模型最低（$R^2=0.68$，RMSE=1.43gC/（m²·d）），这可能是 EC-LUE 模型采用的空间数据 MERRA-2 的 LE 误差较大，导致水分限制因子（W_S）计算偏差较大，最终影响到 GPP 的估算结果。

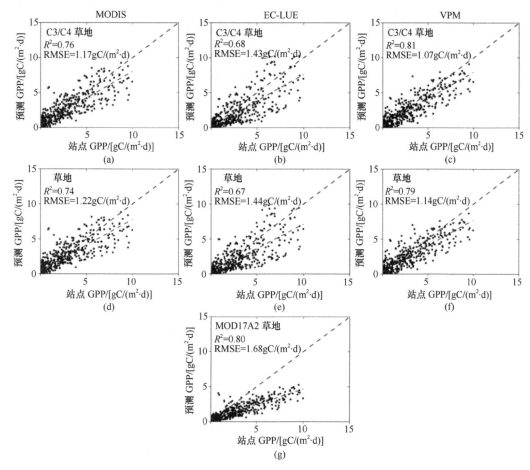

图 4.22　北美大平原草地空间 GPP 估算结果精度验证

(a)～(c) 为区分 C3、C4 草地情况下的验证结果；(d)～(f) 为不区分 C3、C4 草地情况下的验证结果；
(g) 为 MOD17A2 GPP 产品的验证结果

2. 空间上 C3、C4 草地 GPP 估算结果及不确定性

从 2001～2009 年平均 GPP 空间分布上看，GPP 自西向东呈明显阶梯增长趋势，这与北美大平原地区降水自西向东逐渐增加相关（图 4.23）。西侧 GPP 低值区为 200～400gC/（m²·a），中部为 600～800gC/（m²·a），东部高值区可达到 800～1200gC/（m²·a）。MOD17A2 数据集 GPP 多在 800gC/（m²·a）以下，低于本节研究三个模型的估算值，多项研究表明，MOD17A2 产品对 GPP 有着不同程度的低估（Zhang et al.，2007；Xiao et al.，2011；Dong et al.，2015）。

如图 4.23（g）～图 4.23（i），不区分 C3、C4 草地功能类型对区域 GPP 会造成一定程度的高估或者低估，高估地区主要集中在北部和东南部的 C3 草地区。西南地区由于不同年份有一定 C3 和 C4 草地交替出现的情况（图 4.23），因此 2001～2009 年 GPP 均值并未表现出特定的高估或者低估的情况。在三个模型中，不区分 C3、C4 草地功能类型，EC-LUE 模型 GPP 估算结果与区分 C3、C4 草地功能类型表现出最大的差异，尤其是东部 C3 草地，不区分 C3、C4 草地对东部 C3 草地明显高估 150～200gC/(m²·a)，对东部 C4 草地低估大致 100gC/(m²·a)，这主要是由于 EC-LUE 模型的最大光能利用率对 C3（LUE$_{max}$= 1.10gC/MJ）和 C4（LUE$_{max}$=1.45gC/MJ）草地功能类型较敏感。

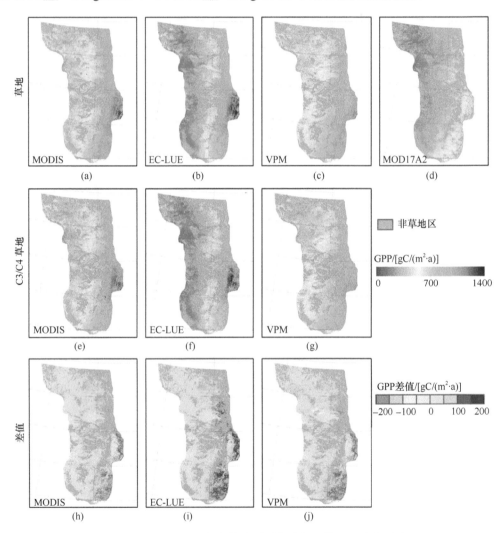

图 4.23　2001～2009 年北美大平原草地年平均 GPP 空间分布

(a)~(c) 为不区分 C3、C4 植被功能类型的三种模型估算的 GPP；(d) 为 MOD17A2 数据集产品；(e)~(g) 为区分 C3、C4 植被功能类型的三种模型估算 GPP；(h)~(j) 为不区分 C3、C4 植被功能类型 GPP 与区分 C3、C4 植被功能类型情况下 GPP 的差值

由于 C3、C4 草地分布是随着时间发生变化的，每年的气候条件也不相同，本章研究进一步分析了不同模型区分与不区分 C3、C4 草地功能类型情况下 GPP 逐年空间变化情况。图 4.24 为不区分 C3、C4 草地与区分 C3、C4 草地年均 GPP 的差值，可以看出，

其差值不仅随不同模型而发生变化，而且随年际发生变化。EC-LUE 模型的差值最大，其次为 VPM 模型，MODIS 模型差异最小。差异最大的区域为东部及东南部 GPP 较高的地区，北部差异较小，西南部呈现或正或负的差异。

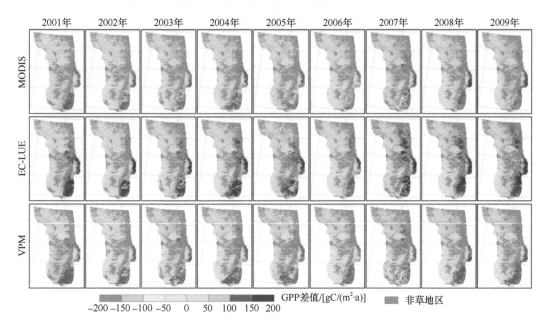

图 4.24　2001～2009 年北美大平原不区分与区分 C3、C4 草地功能类型年均 GPP 的差值

3. 区域均值和总量上 C3、C4 草地 GPP 估算结果不确定性

不区分 C3、C4 草地功能类型会造成空间上 GPP 估算结果的差异，本节进一步分析了不区分 C3、C4 草地功能类型对北美大平原草地 GPP 均值和总量的影响。

图 4.24 为北美大平原不区分与区分 C3、C4 草地功能类型情况下草地区域 GPP 均值变化情况。对于三个模型，无论区分与不区分 C3、C4 草地功能类型，GPP 最小值均出现在 2002 年，其次为 2006 年、2009 年、2008 年，这与发生干旱等事件相关(Zhang et al.，2010)。对于 MODIS、EC-LUE、VPM 模型，区分 C3、C4 草地功能类型时 2001～2009 年 GPP 平均值分别为 576.79gC/(m²·a)、421.33gC/(m²·a)、597.50gC/(m²·a)(图 4.25)，不区分 C3、C4 草地功能类型时 GPP 高估了 5.30%、8.23%、5.96%(表 4.12)。从模型方面看，EC-LUE 模型的差值最大，其次为 MODIS 模型，VPM 模型差异最小(图 4.25、表 4.12)。从时间上看，不区分 C3、C4 草地功能类型会造成 GPP 估算的差异随年份变化，MODIS 模型差异最小的年份为 2006 年(4.14%)，EC-LUE 差异最小的年份为 2005 年(6.45%)，VPM 差异最小的年份为 2002 年(5.19%)；三个模型差异最大的年份均为 2009 年(MODIS：6.88%；EC-LUE：11.49%；VPM：7.59%)(图 4.25、表 4.12)。

表 4.13 为不区分 C3、C4 草地相对于区分 C3、C4 草地区域 GPP 总量绝对增量。不区分 C3、C4 草地会造成对 C4 草地 GPP 低估、对 C3 草地 GPP 高估、对所有草地(C3 和 C4 草地)GPP 高估。

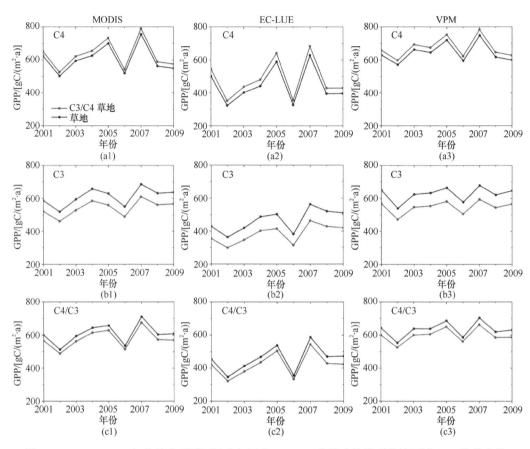

图 4.25　2001～2009 年北美大平原不区分与区分 C3、C4 草地功能类型草地区域 GPP 均值变化

表 4.12　2001～2009 年不区分 C3、C4 草地相对于区分 C3、C4

草地区域 GPP 均值相对增量　　　　　　　　　　　（单位：%）

年份	C4			C3			C4/C3		
	MODIS	EC-LUE	VPM	MODIS	EC-LUE	VPM	MODIS	EC-LUE	VPM
2001	−4.35	−8.07	−4.38	12.48	21.32	14.12	5.78	8.13	7.13
2002	−4.35	−8.06	−4.45	12.48	21.36	14.18	4.81	7.69	5.19
2003	−4.35	−8.06	−4.45	12.48	21.36	14.18	5.73	9.02	6.36
2004	−4.35	−8.06	−4.45	12.48	21.36	14.18	4.8	7.42	5.27
2005	−4.35	−8.06	−4.45	12.48	21.36	14.18	4.65	6.45	5.56
2006	−4.35	−8.06	−4.45	12.48	21.36	14.18	4.14	6.59	4.42
2007	−4.35	−8.06	−4.45	12.48	21.36	14.18	5.32	7.91	6.17
2008	−4.35	−8.06	−4.45	12.48	21.36	14.18	5.49	9.42	5.84
2009	−4.35	−8.06	−4.45	12.48	21.36	14.18	6.88	11.49	7.59
平均值	−4.35	−8.06	−4.44	12.48	21.36	14.17	5.3	8.23	5.96

对于 C4 草地，MODIS 模型低估了 9.7TgC/a（2009 年）到 14.9TgC/a（2005 年），平均低估 12.5TgC/a；EC-LUE 模型低估了 13.6TgC/a（2009 年）到 24.4TgC/a（2005 年），平均低估 17.7TgC/a；VPM 模型低估了 10.9TgC/a（2009 年）到 15.8TgC/a（2005 年），平均低

估 13.7TgC/a。对于 C3 草地，MODIS 模型高估了 38.1TgC/a(2006 年)到 55.6TgC/a(2009 年)，平均高估 47.9TgC/a；EC-LUE 模型高估了 42TgC/a(2006 年)到 71.2TgC/a(2009 年)，平均高估 58.3TgC/a；VPM 模型高估了 44.6TgC/a(2002 年)到 63.6TgC/a(2009 年)，平均高估 55.4TgC/a。对于所有草地，MODIS 模型高估了 25TgC/a(2006 年)到 46TgC/a(2009 年)，平均高估 35.5TgC/a；EC-LUE 模型高估了 26TgC/a(2006 年)到 57.6TgC/a(2009 年)，平均高估 40.6TgC/a；VPM 模型高估了 29.4TgC/a(2006 年)到 52.6TgC/a(2009 年)，平均高估 41.7TgC/a。

表 4.13　2001～2009 年不区分 C3、C4 草地相对于区分 C3、C4
草地区域 GPP 总量绝对增量　　　(单位：TgC/a)

年份	C4			C3			C4/C3		
	MODIS	EC-LUE	VPM	MODIS	EC-LUE	VPM	MODIS	EC-LUE	VPM
2001	−11.3	−17.7	−11.7	49.1	57.5	61.2	37.8	39.8	49.5
2002	−11.1	−13.9	−13.1	38.2	42.5	44.6	27	28.6	31.6
2003	−11.3	−14.9	−13	48.4	54.5	57.3	37.1	39.6	44.3
2004	−14.3	−19.7	−15.2	48.9	57.8	53	34.6	38.2	37.7
2005	−14.9	−24.4	−15.8	49.2	62.9	58.6	34.3	38.5	42.7
2006	−13.1	−16	−15.5	38.1	42	44.9	25	26	29.4
2007	−14.2	−22.9	−14.5	54.8	71.9	61.1	40.7	49.1	46.6
2008	−12.2	−16.7	−13.8	49.2	64.7	54.4	37	48	40.5
2009	−9.7	−13.6	−10.9	55.6	71.2	63.6	46	57.6	52.6
平均值	−12.5	−17.7	−13.7	47.9	58.3	55.4	35.5	40.6	41.7

综合上述研究，区分 C3、C4 草地功能类型对 GPP 估算精度有一定提高，且相比于不区分 C3、C4 草地功能类型，GPP 无论从区域均值，还是从区域总量，均有较大差异。因此，C3、C4 植被功能分类图在光能利用率估算过程中不可缺少，采用单一的草地大类会对 GPP 估算结果造成较大误差。

4.3.6　2001～2009 年北美大平原不同功能类型草地 GPP 变化分析

图 4.26 为在区分 C3、C4 草地功能类型情况下北美大平原草地 GPP 总量。2001～2009 年，采用 MODIS 模型估算的 C4 草地 GPP 为 222.13～343.16TgC/a(平均 285.91TgC/a)，C3 草地 GPP 为 305.30～445.98TgC/a(平均 384.26TgC/a)，C3、C4 草地 GPP 为 561.96～764.54TgC/a(平均 670.16TgC/a)。采用 EC-LUE 模型估算的 C4 草地 GPP 为 168.18～302.87TgC/a(平均 219.96TgC/a)，C3 草地 GPP 为 196.70～336.64TgC/a(平均 273.02TgC/a)，C3、C4 草地 GPP 为 371.78～620.38TgC/a(平均 492.98TgC/a)。采用 VPM 模型估算的 C4 草地 GPP 为 262.03～355.89TgC/a(平均 245.20TgC/a)，C3 草地 GPP 为 314.58～431.25TgC/a(平均 448.08TgC/a)，C3、C4 草地 GPP 为 608.17～769.00TgC/a(平均 693.28TgC/a)。

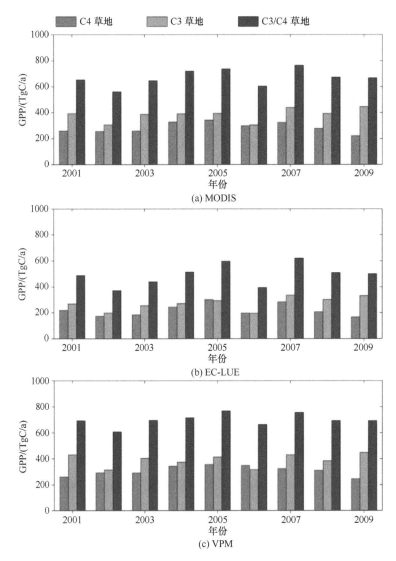

图 4.26　2001～2009 年区分 C3、C4 草地功能类型北美大平原草地 GPP 总量

在区分 C3、C4 草地情况下，采用 MODIS、EC-LUE、VPM 三个模型，对 2001～2009 年北美大平原草地 GPP 总量进行了估算。其中，VPM 估算结果(平均 693.28TgC/a) 与 MODIS 估算结果(平均 670.16TgC/a)相近，但 EC-LUE 估算结果(平均 492.98TgC/a) 却相对较低，大概低估了 27%。因此，不同模型之间的 GPP 估算结果依旧存在较大的不确定性。

4.4　本章小结

本章基于北美大平原的四个 C4 草地站点和两个 C3 草地站点的数据，分别在区分 C3、C4 草地功能类型和不区分 C3、C4 草地功能类型的情况下，建立 MODIS、EC-LUE 和 VPM 光能利用率模型。在站点尺度和区域尺度探讨了不区分 C3 和 C4 草地功能类型对 GPP 估算带来的不确定性。主要得到以下结论：

(1)C3 和 C4 草地最大光能利用率不同。MODIS 模型 C3 草地和 C4 草地的最大光能利用率分别为 1.07gC/MJ、1.26gC/MJ，EC-LUE 模型 C3 草地和 C4 草地的最大光能利用率分别为 1.10gC/MJ、1.45gC/MJ，VPM 模型 C3 草地和 C4 草地的最大光能利用率分别为 1.24gC/MJ、1.48gC/MJ。因此，C4 草地较 C3 草地有更强的光合作用能力，且 EC-LUE 模型中 C3 和 C4 草地的最大光能利用率相差最大，相对其他模型更能区分 C3 和 C4 草地光合作用的差异。

(2)站点尺度 EC-LUE 模型对 GPP 估算的精度最高，其次为 VPM 模型，MODIS 模型最低。区分 C3 和 C4 草地功能类型建模，略微提高了模型的精度。EC-LUE 模型 R^2 从 0.760 提高到 0.780，RMSE 从 1.30gC/(m^2·d) 降低到 1.18gC/(m^2·d)；MODIS 模型 R^2 从 0.645 提高到 0.651，RMSE 从 1.57gC/(m^2·d) 降低到 1.56gC/(m^2·d)；VPM 模型 R^2 从 0.665 提高到 0.672，RMSE 从 1.52gC/(m^2·d) 降低到 1.43gC/(m^2·d)。

(3)采用 6 个来自 WorldGrassAgriflux 数据库草地站点对空间估算的 GPP 进行验证，发现 VPM 模型精度最高，其次为 MODIS 模型，EC-LUE 模型最低，这可能是 LE 误差较大，导致 EC-LUE 模型空间 GPP 估算出现了较大不确定性。区分 C3 和 C4 草地使得三个模型空间 GPP 估算精度有很大提升。

(4)从 GPP 空间分布变化上看，不区分 C3 和 C4 草地功能类型对空间 GPP 造成一定的高估或者低估。高估区域集中在北部和东南部的 C3 草地区，西南地区由于不同年份 C3 和 C4 草地交替出现，2001~2009 年 GPP 均值并未表现出特定的高估或低估。

(5)在区域均值和总量上，不区分 C3 和 C4 草地功能类型会造成北美大平原草地 GPP 高估。2001~2009 年，对于区域均值，MODIS 模型高估 5.30%，EC-LUE 模型高估 8.23%，VPM 模型高估 5.96%；对于区域总量，MODIS 模型高估 35.5TgC/a，EC-LUE 模型高估 40.6TgC/a，VPM 模型高估 41.7TgC/a。

第 5 章 数据–模型融合碳水通量模拟

通量观测和模型模拟是目前研究碳水通量的两种主要方法。通量观测精度较高,但观测范围局限、站点分布不均匀,易受环境影响,难以在区域扩展;模型模拟可实现不同尺度参量估算,但由于理想化假设、模型参数和驱动数据等限制,其模拟结果往往与真实值存在较大偏差。模型–数据融合方法主要通过参数估计和数据同化两种技术集成观测和模型信息,建立两者相互制约调节的优化关系,以提高模型结果与真实值之间的匹配程度。

5.1 LPJ-DGVM 生态过程模型

生态过程模型机理性强,在不同时间尺度上(年、月、日等)刻画了复杂的陆表生态系统过程,包括植被生理过程(如光合、自养和异养呼吸、物质分配等)、动态变化(如竞争、死亡和个体建立、物候)和蒸腾、分解以及营养物质循环(王旭峰等,2009),可提供多种过程参数结果,且能够实现未来植被状况的动态预测。此类代表模型有 LPJ-DGVM(Sitch et al.,2003)、BIOME-BGC(Running et al.,1991)、IBIS(Kucharik et al.,2000)等。服务于生态系统关键参量评估和过程机理研究的动态全球植被模型(dynamic global vegetation model,DGVM)发展较快且较好地集成了生态系统碳水及营养物质循环、植被生长–死亡以及自然或人为扰动等复杂过程,具有实现点–面扩展,丰富可获取参数及预测未来碳水格局变化趋势等优势(王旭峰等,2009;Cramer et al.,2001)。

5.1.1 模型介绍与参数筛选

LPJ-DGVM 是在 BIOME 系列模型基础上联合研发的植被动态模型,其模拟过程主要分为碳循环和水循环两部分,涉及光合生物化学反应、冠层能量平衡、产物分配以及土壤水分平衡等关键过程,同时考虑植物自然死亡及火灾因素,从植被生理过程出发,模拟植物–土壤–大气间的物质交换。与 BIOME 系列模型不同的是,LPJ 模型也包括对植被结构、动态,植被功能种群间竞争和土壤生物地球化学的清晰描述。

1. 碳循环过程

LPJ-DGVM 碳循环主要包括光合作用、自养呼吸和异养呼吸三方面的模拟(表 5.1)。其中,光合作用部分采用 Haxeltine 提出的光合模型(Haxeltine and Prentice,1996)[式(5.1)];自养呼吸可分为维持呼吸和生长呼吸,维持呼吸表达式如式(5.5),是 cn、T 和 φ 及组织生物量的函数,生长呼吸为 0.25×(GPP–全年维持呼吸量);异养呼吸是土壤向大气释放 CO_2 的主要方式之一,主要是指土壤有机质的矿质化过程,影响因子包括土壤水分和温度。

表 5.1　LPJ-DGVM 模型碳循环主要过程介绍(Sitch et al.，2003)

主要过程	主要公式	参数解释
光合作用	$A_{nd} = I_d\left(\dfrac{c_1}{c_2}\right)\left[c_2 - (2\theta-1) - 2(c_2 - \theta s)\sigma_c\right]$ (5.1) $\sigma_c = \left[1 - \dfrac{c_2 - s}{c_2 - \theta s}\right]^{0.5}\quad s = \left(\dfrac{24}{h}\right)a$ (5.2) $c_1 = \alpha \times \text{ftemp} \times \dfrac{p_i - \Gamma_*}{p_i + 2\Gamma_*}$ (5.3) $c_2 = \dfrac{p_i - \Gamma_*}{p_i + k_c(1 + p_{O_2}/k_o)}$ (5.4)	A_{nd} 为日光合同化速率；I_d 为吸收的光合有效辐射；θ 为光能和 Rubisco 酶的协同控制因子；h 为日长；a 为吸收 CO_2 的内禀量子效率；Γ_* 为 CO_2 补偿点；p_i 为细胞间 CO_2 偏压；p_{O_2} 为环境 O_2 偏压；ftemp 为温度控制因子；α、k_c、k_o 为常数
自养呼吸	$R = r \times \dfrac{c}{cn} \times \varphi \times g(T)$ (5.5) $g(T) = \exp\left[308.56 \times \left(\dfrac{1}{56.02} - \dfrac{1}{T + 46.02}\right)\right]$ (5.6)	R 为植物维持呼吸速率；c 为植被碳含量；cn 为植被碳氮比；r 为植被在 10℃时的维持呼吸速率；φ 为植被物候状态；T 为温度
异养呼吸	$\dfrac{dC}{dt} = -kC$ (5.7) $k = \dfrac{k_{10} \times g(T) \times f(w_1)}{\text{period}}$ (5.8)	k 为分解速率；C 为碳库的大小；t 为某一时刻；T 为土壤温度；w_1 为第一层土壤湿度；$f(w_1)$ 为土壤湿度对分解速率的影响函数；kC 为被分解的碳；k_{10} 为土壤有机物 10℃时的分解速率；period 为某一时间段

2. 水循环过程

LPJ-DGVM 水循环过程可划分为四部分进行模拟（表 5.2）：潜在 ET、实际 ET、土壤含水量以及径流量的计算。潜在 ET 是温度和净辐射的函数［式(5.9)］；实际 ET

表 5.2　LPJ-DGVM 模型水循环主要过程介绍(Sitch et al.，2003)

主要过程	主要公式	参数解释
潜在 ET	$E_{pot} = s/(s+\gamma) \times R_n \times \lambda$ (5.9) $s = 2.503 \times 10^6 \times \exp\left(17.269 \times \dfrac{T}{237.3 + T}\right)/(273.3 + T)^2$ (5.10)	s 为饱和水汽压随温度增加的速率；γ 为干湿计常数；R_n 为净辐射；λ 为汽化潜热；T 为温度
实际 ET — 植被截留量	$E_I = E_{pot} \times \alpha \times \omega$ (5.11) $\omega = \text{Min}\left[S_I/(E_{pot} \times \alpha), 1\right]$ (5.12) $S_I = P_r \times \text{LAI} \times i \times \text{fv}$ (5.13)	S_I 为最大冠层储水量；i 为截留系数；fv 为植被覆盖度；LAI 为叶面积指数；α 为经验系数；ω 为含水量
实际 ET — 植被蒸腾量	$E_T = \text{Min}(S, D)$ (5.14) $S = E_{max} \times W_r$ (5.15) $D = (1-\omega)E_{pot} \times \alpha_m/(1 + g_m/g_{pot})$ (5.16)	W_r 为系数；E_{max} 为最大日蒸腾量；α_m、g_m 为经验系数；g_{pot} 为最优冠层导度
实际 ET — 土壤蒸发量	$E_s = E_{pot} \times \alpha \times W_{r20}(1-\text{fv})$ (5.17)	W_{r20} 为表层 20cm 土壤相对含水量
实际 ET — 土壤含水量	$\Delta\omega_1 = (pr_t + M - \beta_1 \times E_T - E_s - P_1 - R_1)/(\omega_{max} \times d_1)$ (5.18) $\Delta\omega_2 = (P_1 - \beta_2 \times E_T - P_2 - R_2)/(\omega_{max} \times d_2)$ (5.19)	pr_t 为减去植被截流后的降水量值；M 为融雪量；β_1、β_2 为土壤中以蒸腾方式散发的水分占总蒸腾量的比例；P_1、P_2 为下渗量；R_1 为地表径流；R_2 为地下径流；ω_{max} 为土壤最大含水量；d_1、d_2 为深度
径流量	若模型中计算所得土壤含水量大于 ω_{max}，则有径流产生，反之，则无径流产生	

包括植被蒸腾量、土壤蒸发量和植被截留量，其中植被蒸腾量由环境水分需求函数(D)和水分供应量(S)共同决定。此外，LPJ 模型将土壤划分为两层，厚度分别为 0.5m(上层)和 1m(下层)。土壤水分根据每天的融雪量、下渗量、蒸发、降水以及地表径流而进行日更新。

3. 模型参数筛选

本章根据已有研究(Zaehle et al.，2005；Sun et al.，2011)，在不同的参数作用模块共选取了 22 个可调植被理化参数，涉及光合作用(photosynthesis，P)、呼吸作用(respiration，R)、水平衡(water balance，W)、异速生长(allometry，A)、死亡(mortality，M)、建立(establishment，E)以及土壤和凋落物分解(soil and litter decomposition，S)共七个作用领域。参数选取及取值范围确定主要参考已有文献记录(表 5.3)，缺省值为 LPJ_v3.1 公开采用的默认数值，均统一为均匀分布。

表 5.3   LPJ-DGVM 植被理化参数表

序号	参数	缺省值	范围	描述	参考文献
1	θ^P	0.7	[0.2, 0.996]	光合协同限制参数；eq.14	Collatz 等(1990)
2	α_a^P	0.5	[0.3, 0.7]	叶和冠层的尺度转换比	Haxeltine 和 Prentice (1996)
3	$\lambda_{max, C3}^P$	0.8	[0.6, 0.8]	C3 植物的最优 c_i/c_a(除 C3 草之外)	Haxeltine 和 Prentice (1996)
4	$\lambda_{max, C4}^P$	0.4	[0.31, 0.4]	热带草本植物(C4)的最优 c_i/c_a	Collatz 等(1992)
5	α_{C3}^P	0.08	[0.02, 0.125]	C3 植物固有 CO_2 吸收量子效率	Farquhar 等(1980)
6	α_{C4}^P	0.053	[0.03, 0.054]	C4 植物固有 CO_2 吸收量子效率	Collatz 等(1992)
7	a_{C3}^P	0.015	[0.01, 0.021]	C3 植物叶片呼吸所占羧化能力比值	Farquhar 等(1980)
8	a_{C4}^P	0.02	[0.0205, 0.0495]	C4 植物叶片呼吸所占羧化能力比值	Collatz 等(1992)
9	k_{beer}^P	0.5	[0.4, 0.7]	消光系数	Larcher (1995)
10	r_{growth}^R	0.25	[0.15, 0.4]	单位 NPP 中生长呼吸所占比例；eq.25	Sprugel 等(1995)
11	g_m^W	3.26	[2.5, 18.5]	最大冠层导度；eq.12	Magnani (1998)
12	α_m^W	1.391	[1.1, 1.5]	水需求公式中的蒸散参数；eq.12	Monteith (1995)
13	k_{allom1}^A	100	[75, 125]	常量参数；eq.4	Zaehle 等(2005)
14	k_{allom2}^A	40	[30, 50]	常量参数；eq.3	Huang 等(1992)
15	k_{allom3}^A	0.67	[0.5, 0.8]	常量参数；eq.3	Huang 等(1992)
16	$k_{la:sa}^A$	4000	[2000, 8000]	叶与边材横截面积之比；eq.1	Waring 等(1982)
17	k_{rp}^A	1.6	[1.33, 1.6]	常量参数；eq.4	Enquist 等(2002)
18	k_{mort1}^M	0.05	[0.005, 0.1]	渐进最大死亡率；eq.32	Zaehle 等(2005)
19	k_{mort2}^M	0.5	[0.2, 0.5]	生长效率死亡比例因子；eq.32	Zaehle 等(2005)
20	est_{max}^E	0.12	[0.05, 0.48]	新植株最大成活率；eq.38	Zaehle 等(2005)
21	f_{air}^S	0.7	[0.5, 0.9]	凋落物分解产生 CO_2 占排入大气 CO_2 总量比值	Jenkinson 等(1990)
22	f_{inter}^S	0.98	[0.85, 0.99]	凋落物分解进入慢性土壤碳库的比例	Foley (1995)

注：表中标注的公式均来源于文献(Sitch et al.，2003)。

5.1.2　数据源介绍

1. 模型驱动数据

LPJ 模型驱动数据包括气象数据(温度、降水量、云量和湿度天数)、土壤质地数据和 CO_2 数据。本章研究选用英国 East Anglia 大学气候研究中心(Climate Research Unit, CRU)所提供的 1901~2015 年每月平均温度、降水、云量和湿度天数数据,空间分辨率为 0.5°×0.5°。该数据集覆盖时间周期长、水平垂直分辨率较高,在全球温室效应不同区域尤其是干旱–半干旱区等领域应用广泛。

现代 CO_2 数据利用冰芯与大气观测和夏威夷气象观测站共同提供的全球平均 CO_2 浓度数据,覆盖时间范围为 1901~2015 年。土壤质地数据采用联合国粮食及农业组织(Food and Agriculture Organization of the United Nations,FAO)提供的 1°×1°的数据资料(重采样为 0.5°×0.5°)。

LPJ-DGVM 模型最初模拟前,假设模拟区域为"裸地"(无任何植物生物量存在),并且需要积分 1000 年直到植被覆盖和土壤碳库达到平衡。前期积分期间(公元 901~1900 年),理论上应该用近似不变的气候资料驱使模型,但由于许多地方的火灾仅发生在干旱年,重复单年气候资料或者使用一段时间气候平均值来作为驱动数据可能会导致异常值的产生。因此,这个阶段的模型需要具有年际变化的气候资料场(包括年均温度、降水以及云量等),故循环使用 1901~1930 年 CRU 资料以及工业化以前的大气 CO_2 浓度反复驱动 LPJ-DGVM 以达到平衡状态,作为后期运行的初始值。模型达到平衡后(1901~2015 年),采用连续的气候数据以及观测的大气 CO_2 浓度完成本章研究的实验。

2. 遥感参数 LAI

目前,国内外已有很多研究证明了将 MODIS LAI 产品同化到过程模型,可以一定程度上优化模型模拟结果(Zhao et al.,2013;Zhang et al.,2016;Demarty et al.,2007)。然而,MODIS LAI 产品缺乏充足的稳定性,时间序列不连续且空间数据不完整。例如,Zhao 等(2013)采用 Savizky-Golay 滤波来降低 MODIS LAI 产品由于云雪覆盖、传感器误差等带来的作物生长阶段的 LAI 不连续现象,但是滤波方法还会带来新的误差,导致 LAI 出现低值现象。

本章所使用的遥感数据是由北京师范大学"全球陆表特征参量产品生成与应用"项目中研发的 GLASS LAI 产品(Xiao et al.,2014,2016)。该产品利用广义回归神经网络法(general regression neural networks,GRNNs)集成时间序列 MODIS 和 CYCLOPES 观测信息,同时融入地面观测和地表反射率数据,以生成更长时间序列、更高时空分辨率以及更高精度的 LAI 产品(Xiao et al.,2016;Liang et al.,2013)。该产品已广泛应用于全球、洲际和区域的大气、植被覆盖、水体等方面的动态监测,可为全球生态环境演变规律、环境监测以及资源开发等提供很好的科学依据、技术和数据支持。本章使用的 GLASS LAI 数据跨度为 2000~2015 年,空间分辨率为 1km,时间分辨率 8 天,投影方式为正弦投影。为了与模型驱动的 CRU 气候数据分辨率保持一致,本章研究将 LAI 产品重采样为 0.5°×0.5°。

3. 涡度通量观测数据

本章共采用了中国地区 7 个站点的涡度通量观测数据，包括 3 个草地站点、1 个温带常绿针叶林、1 个温带常绿阔叶林以及 2 个温带夏绿阔叶林(表 5.4)。其中，草地和常绿森林站点(共 5 个)数据来自国际通量观测研究网络 FLUXNET2015(http://fluxnet.fluxdata.org/)，该数据集详细记录了每个站点碳、水通量以及相关生物气候变量等 200 多条变量信息，并提供了不同处理算法下的参量结果。两个温带夏绿阔叶林站点来自 LaThuile 数据集。

表 5.4　中国地区涡度通量观测站点概况

编号	站点名称	纬度/(°N)	经度/(°E)	IGBP	PFT	年份	参考文献
1	CN-Dan	30.50	91.07	GRA	TeH	2004~2005	Shi 等(2006)
2	CN-HaM	37.37	101.18	GRA	TeH	2003~2005	Kato 等(2006)
3	CN-Cng	44.59	123.51	GRA	TeH	2007~2010	Dong 等(2011)
4	CN-Qia	26.74	115.06	ENF	TeNE	2003~2005	Huang 等(2013)
5	CN-Din	23.17	112.54	EBF	TeBE	2003~2005	Zhou 等(2011)
6	CN-Hny	29.31	112.51	DBF	TeBS	2006	Wei 等(2012)
7	CN-Anh	33.00	117.00	DBF	TeBS	2005~2006	—

注：IGBP 列表示根据国际地圈生物圈计划划分的站点植被类型，包括常绿针叶林(evergreen needle-leaved forest，ENF)、常绿阔叶林(evergreen broad-leaved forest，EBF)、落叶阔叶林(deciduous broad-leaved forest，DBF)、草地(grassland，GRA)；PFT 列表示根据 LPJ-DGVM 内部定义的植被功能型划分的站点植被类型，本章研究中涉及温带草地(temperate herbaceous，TeH)(主要指 C3 草)、温带常绿针叶林(temperate needle-leaved evergreen，TeNE)、温带常绿阔叶林(temperate broad-leaved evergreen，TeBE)以及温带夏绿阔叶林(temperate broad-leaved summergreen，TeBS)共四种植被功能类型。

5.2　LPJ-DGVM 模型参数优化

LPJ-DGVM 模型高度非线性，机理过程复杂且涉及众多生理生态学参数。目前针对 LPJ-DGVM 模型的研究主要集中在区域敏感性分析、小尺度模型结构优化方面。对于 LPJ 系列模型，部分学者在模型参数敏感性分析方面展开了一系列研究(Zaehle et al.，2005；Jiang et al.，2012)，包括站点及区域参数对生产力、呼吸、植物碳、土壤相关参数等参量的作用程度分析，涉及草地、温带森林、热带森林等多种植被功能类型，并归纳出影响模型不同输出参量的关键参数。由于研究区、研究时段不同，植物对参数的敏感性响应可能会受到影响，需要具体问题具体分析。

LPJ-DGVM 模型内部存在众多参数设定，如与植被生理生态过程相关的参数、土壤参数等。同时，植被理化参数又可分为随植被类型变化的参数和不随植被类型变化的默认常数值。本章主要针对模型中不随植被类型变化的默认常数值，即表 5.3 所筛选出的 22 个参数进行优化分析。

本章以 3 个草地站点、1 个温带常绿针叶林、1 个温带常绿阔叶林和 2 个温带夏绿阔叶林站点为基础，利用 EFAST 算法筛选出对模型中碳水参量模拟具有显著影响的参数，在此基础上，结合站点 GPP、ET 观测数据，利用模拟退火法在关键参数可行域内反复调整数值，直到目标函数达到较为理想的最小值为止，即完成了 LPJ-DGVM 关键参数的优化。

5.2.1　敏感性分析及参数优化算法

1. 扩展的傅里叶幅度分析法

Saltelli 等 (1999) 结合 Sobel 和 FAST 优势所提出 EFAST 是一种基于贝叶斯思想且稳健、高效、所需样本数较少的全局敏感性分析方法。该方法基于方差理论，认为模型输出参数不仅受到模型内部参数的影响，而且与参数间相互作用产生的影响有一定关联。通过分解方差，得到参数独立与相互耦合分别产生的对总方差的贡献率，即敏感性指数 (sensitivity index)。

针对本章研究，设定 Y=LPJ(x)，输入参数为 $X(x_1, x_2, \cdots, x_{22})$。根据已有文献可知，所筛选的 22 个 LPJ-DGVM 植被理化参数各自有其变化范围及分布形式 (图 5.1) (均设为均匀分布)，形成多维参数集输入模型中。

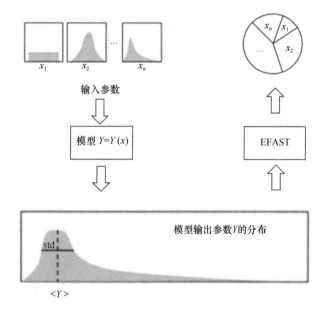

图 5.1　EFAST 方法过程示意图 (Saltelli et al.，1999)

该方法所得到的模型输出参数 Y (本章研究中即碳水通量) 由 22 个参数各自及耦合作用的方差累加而得，具体总方差 $V(Y)$ 公式表达如下：

$$V(Y) = \sum_i V_i + \sum_{i \neq j} V_{ij} + \sum_{i \neq j \neq m} V_{ijm} + V_{1,2,\cdots,k} \tag{5.20}$$

式中，$V(Y)$ 为模型结果 Y 的总方差；V_i 为 22 个参数 X 的方差；$V_{ij} \sim V_{1,2,\cdots,k}$ 为各参数相互作用的方差。

$$V_i = V[E(Y/x_i)] \tag{5.21}$$

式中，$E(Y/x_i)$ 为 Y 对 x_i 的条件期望；$V[E(Y/x_i)]$ 为 Y 对 x_i 的条件期望的方差。

$$V_{ij}=V[E(Y/x_i, x_j)]-V_i-V_j \tag{5.22}$$

式中，$E(Y/x_i, x_j)$ 为 Y 对 x_i、x_j 的条件期望；$V[E(Y/x_i, x_j)]$ 为 Y 对 x_i、x_j 的条件期望的方差。

条件期望的方差称为主影响，可反映参数 x_i 对模型结果 Y 方差的显著性。通过计算 22 个参数各自及耦合所得方差与总方差 $V(Y)$ 的比值，可以得到敏感性指数，用于综合描述所选参数对模型输出参量的影响程度。其中，一阶敏感性指数（first order sensitivity index，FOSI）可反映每个参数 x_i 对总方差的直接贡献率，定义为

$$S_i=V_i/V \tag{5.23}$$

同理，参数 x_i 的二阶及三阶敏感性指数可定义为

$$S_{ij}=V_{ij}/V, \quad S_{ijm}=V_{ijm}/V \tag{5.24}$$

总敏感性指数（total order sensitivity index，TOSI）用来参数独立和耦合对结果产生的总影响，定义为各阶敏感性指数之和：

$$S_{T,i} = S_i + S_{ij} + S_{ijm} + \cdots + S_{12,\cdots,i,\cdots,k} \tag{5.25}$$

总敏感性指数反映了参数直接贡献率和通过参数间的交互耦合作用间接对模型输出总方差的贡献率之和。若参数间独立无耦合作用，S_{ij}、S_{ijm} 和 $S_{12,\cdots,i,\cdots,k}$ 等项均为 0，$S_{T,i}$ 等于 S_i。由于 LPJ-DGVM 模型的高度非线性，参数之间不可能简单独立作用，而必然存在耦合过程，该模型更适合于采用全局敏感性分析方法 EFAST，以定量地刻画每一个参数单独的影响以及参数间耦合作用产生的影响。

2. 模拟退火法

模拟退火算法（simulated annealing，SA）最早由 Kirkpatrick 等（1983）提出，其出发点是物理中固体物质的退火过程与一般组合优化问题之间的相似性，是一种基于 Monte-Carlo 迭代求解策略的随机寻优算法。模拟退火算法从某一较高初温（初始温度 T）出发，结合 Metropolis 准则（即满足概率突跳特性，可跳出局部最优，进而寻找全局最优），在参数可行域范围中随机寻找促使目标函数最小的参数组合方案。

模拟退火法流程如图 5.2 所示。

（1）冷却参数表初始化：设置初始温度 T，温度衰减因子 d，搜索步长因子 s，马尔可夫链长度 L（每个 T 值的迭代次数），初始解状态 X 及结束条件 T_{end}。

（2）对 $k=1, 2, \cdots, L$，进行（3）～（5）。

（3）随机扰动产生新解 X'，并计算当前目标函数 $E(X')$。

（4）判断新解是否被接受，判断准则采用 Metropolis 准则：若 $E(X')\leqslant E(X)$，则接受 X'；否则，以概率 $\exp[(E(X)-E(X'))/T]$ 接受 X'。

（5）$T = dT$。

检查是否达到理论最低温，若是，则结束退火过程，否则转为（2）。

模拟退火法从设定的初始状态和初始温度开始，对当前参数解（即当前敏感参数方案）重复迭代，不断产生新解——计算当前目标函数值——判断是否接受当前解，同时 T 值不断衰减，算法终止时的参数方案即参数可行域范围内最优参数方案。

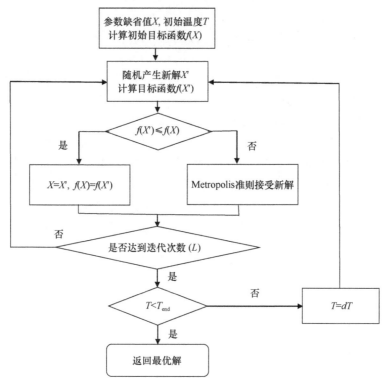

图 5.2 模拟退火法流程图

3. 精度评价

本章选取相关系数(R^2)、标准差(SD)、均方根误差(RMSD)、平均误差(AE)和相对不确定性(RU)共五个统计指标对参数引起的模拟结果不确定性,以及参数优化前后碳水通量模拟精度展开精度评价,其相关公式如下:

$$SD = \sqrt{\frac{\sum_{i=1}^{N}(X_i - \text{mean})^2}{N}} \qquad (5.26)$$

$$RMSD = \sqrt{\sum_{i=1}^{N}\frac{(X_i - Y_i)^2}{N}} \qquad (5.27)$$

$$AE = \frac{\sum_{i=1}^{N}|X_i - Y_i|}{N} \qquad (5.28)$$

$$RU = \frac{2 \times SD}{\text{mean}} \qquad (5.29)$$

式中,X_i 和 Y_i 分别为模型模拟值和通量观测值;N 为模拟值和观测值数量。SD 和 RU 主要用来量化参数引起的不确定性;R^2、RMSD 和 AE 用来量化模型优化前后模拟值和观测值的吻合程度,且 R^2 越高,RMSD 和 AE 越小,模拟值与观测值的吻合度越高。

5.2.2　模型参数不确定性分析

将 LPJ-DGVM 模型中所选出的 22 个可调参数在各自取值范围内随机获得不同的参数组合(共 5000 组),分别代入模式中以分析参数对结果带来的影响,整理绘制出 LPJ-DGVM 模型由参数引起的模式模拟的总初级生产力(GPP)及蒸散发(ET)的不确定性变化图(图 5.3 和图 5.4)(此处不确定性分析仅考虑了 22 个可调参数造成的影响),显示了各站点 GPP 和 ET 5000 组模拟值的原始模拟结果、观测值、5000 组均值、标准差,以及相对不确定性。其中,由于相对不确定性 RU 是两倍标准差除以均值,部分站点(如 CN-Dan、CN-HaM)非生长季模拟的 GPP 为 0(即 5000 组 GPP 模拟值均值为 0),故仅选择生长季部分(5～9 月)进行分析(图 5.3 和图 5.4 蓝色线表示)。

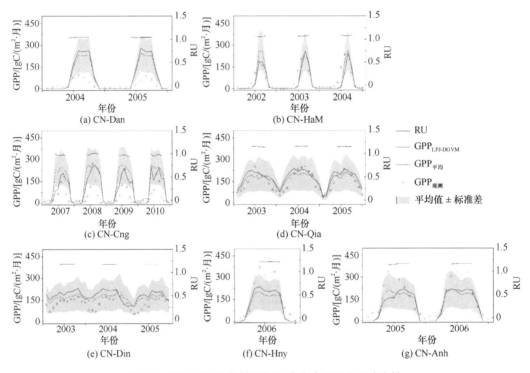

图 5.3　LPJ-DGVM 植被总初级生产力(GPP)不确定性

由图 5.3 可以看出,22 个参数引起的 GPP 变动主要集中在生长季,同时所有站点不确定性 RU 在生长季数值基本保持在 0.9～1.25 之间,且不具有明显的年际变化。CN-Qia、CN-Din 以及 CN-HaM(2003～2004 年)站点 GPP 均值与观测值较为接近,其余均值表现出不同程度的高估或低估,如 CN-Dan、CN-Hny 和 CN-Anh 部分生长季月均值低于观测值,且生长季部分观测值位于模拟值两倍方差范围内。

与 GPP 相同,由参数引起的 ET 变动也主要集中在生长季,但 RU 数值年内表现出明显的月变化,部分站点(如 CN-Cng、CN-Din)变化趋势与 ET 变化趋势相近。除了 CN-Din 以外,大部分站点 ET 均值表现出明显的低估,且观测值位于模拟值两倍方差以内，少部分站点［如 CN-Dan（2004 年）及 CN-Hny 和 CN-Anh］生长季观测值并不位于 5000 组样本模拟结果中，这是因为所选的 22 个参数大部分属于光合作用模块，水作用模块参数较少，可能会对 ET 的校正不明显。此外，ET 模拟的所有站点 RU 基本分布在 0.5 以下，明显低于 GPP 的不确定性，同样也说明相对于 ET 而言，22 个参数对模拟 GPP 的影响更为显著。

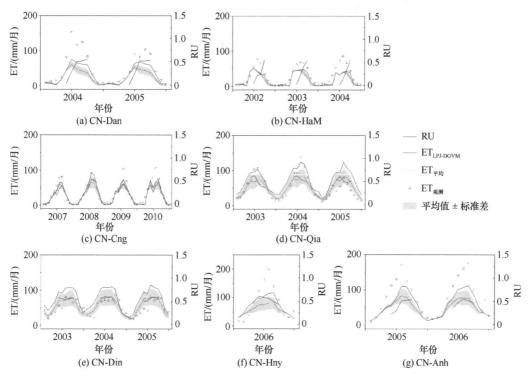

图 5.4　LPJ-DGVM 蒸散发（ET）不确定性

5.2.3　碳水参量模拟的参数敏感性分析

1. 敏感性分析方案设计

本章敏感性分析实验借助敏感性和不确定性分析软件 SimLab2.2 的 FAST 模块实现。SimLab 由 Joint Research Centre of the European Commission 提供，是基于蒙特卡罗设计的非商业软件，其进行敏感性分析的过程包括 4 个步骤：①设定模型参数范围和分布形式；②根据参数分布情况生成样本组合；③估算每个样本组合对应的模型模拟值；④输出不确定性和敏感性分析结果，界面示意图如图 5.5 所示。

SimLab 灵活性较高，可内部输入简单模型公式进行模型内模拟及分析，又可外部连接可执行程序或直接读取外部模型生成的样本组合对应的模拟值结果，根据模拟结果与样本组合文件获取参数敏感性，适合于高度非线性的复杂模型，如 LPJ-DGVM。

本章研究中，使用外部模型程序，结合 SimLab 软件，完成模型参数的敏感性分析（图 5.6）。首先，对 LPJ-DGVM 筛选后的参数按照均匀分布采样，并根据已有文献统计将样本数定为 5000，在此基础上运行外部模型 LPJ-DGVM，并将模拟结果写到本地文件。然后，在 SimLab 软件界面下选择模拟结果，执行蒙特卡罗模拟，获取敏感性分析统计数据。

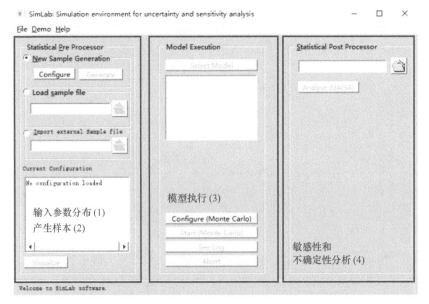

图 5.5　SimLab 软件敏感性分析界面

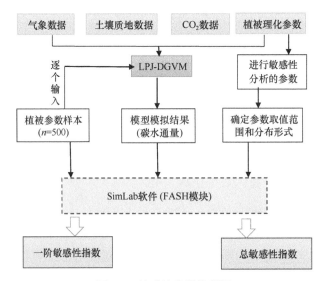

图 5.6　敏感性分析流程图

本章研究将敏感性分析实验分为两大模块：碳相关参量分析和水相关参量分析，选取植被总初级生产力、净初级生产力、异养呼吸及蒸散量、径流五个研究较多的碳水参量作为模型输出，分别计算得到 22 个参数 16 年(2000～2015 年)的年平均值，并输入 SimLab 中进行敏感性分析，获取各参数一阶敏感性指数和总敏感性指数(total order sensitivity index，TOSI)。

2. 碳相关参量敏感性分析

以碳相关参量 GPP、NPP、Rh 作为模型输出结果，分别绘制这三个参数对 22 个植被理化参数的一阶及总敏感性指数分布图，同时将三个草地站点和四个森林站点分开讨论。本章研究将不对敏感指数低于 0.1（即位于图中红色实线以下的点数据）的参数进行分析，默认这部分参数对输出变量的影响较小，可忽略不计。

从图 5.7 可以发现，GPP、NPP 及 Rh 变动影响敏感参数类别较为集中且基本相似（主要集中在与光合过程相关的参数敏感），其一阶及总敏感性指数统计范围基本一致。控制 GPP、NPP 及 Rh 最重要的参数是 $5\text{-}\alpha_{C3}$，其一阶及总敏感性指数大部分位于 0.6 以上。其中，α_{C3} 为 C3 植物固有 CO_2 吸收量子效率，控制着光合作用光响应曲线的初始斜率，代表入射光能量转换的最大效率，即光的利用率。其次影响较大的参数为 $2\text{-}\alpha_a$，即叶和冠层的尺度转换比，主要表示与叶片相关的生态系统水平上同化的光合有效辐射部分，在模型中用于计算植物吸收的光合有效辐射，同温度、日长和冠层导度构成

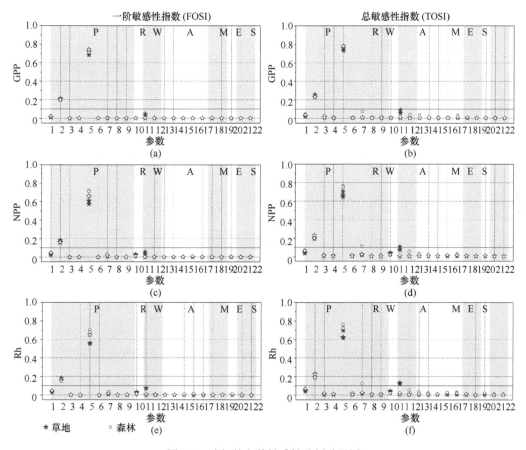

图 5.7　碳相关参数敏感性分析结果图

阴影部分表示不同参数作用领域划分，共包括 7 个作用领域：光合作用（P）、呼吸作用（R）、水平衡（W）、异速生长（A）、死亡（M）、建立（E）以及土壤和凋落物分解（S）。左列表示一阶敏感性指数（FOSI），右列表示总敏感性指数（TOSI）。图中红色实线表示敏感性指数为 0.1，位于实线以下（即敏感性指数小于 0.1）的点数据默认为对结果影响较小，在本章研究中不予考虑。横坐标表示所筛选的参数序号，红色序号表示对模型输出量影响较大的参数

模拟光合作用过程的函数(Zaehle et al.，2005)。二者均控制着光辐射转化为碳的效率，对与光合过程紧密相关的模型输出参数会产生较大的影响。同时，$11-g_m$ 即最大冠层导度，也对碳通量产生一定的影响，但作用效果相对较小。

此外，针对 GPP、NPP、Rh 三个输出参量而言，参数 α_{C3} 及 α_a 的一阶及总敏感性指数数值相差不大，排序一致，说明估算 GPP、NPP 及 Rh 时，文中选取的 22 个植被理化参数间的相互关联较小，参数相对比较独立。$7-a_{C3}$（C3 植物叶片吸收所占羧化能力比值）及 $11-g_m$（最大冠层导度）这两个参数一阶敏感性指数均比总敏感性指数有一定的提升，但提升幅度较小，说明这两个参数对 GPP、NPP 及 Rh 产生作用时，会受到参数间耦合作用的影响。同时，GPP、NPP 和 Rh 这三个参量对于 22 个参数的敏感程度，在草地和森林中没有明显的区分。

3. 水相关参量敏感性分析

本章研究在水文相关参量方面，选取蒸散发(ET)和径流量(Runoff)两个参量作为输出结果，探讨这 22 个参数对它们数值变动的影响程度。

最大冠层导度 $11-g_m$ 及水文参数 $12-\alpha_m$ 均是控制植物水平衡的重要参数。由图 5.8 可以发现，针对输出参量 ET 和 Runoff 年均值而言，两个水文参数 g_m 及 α_m 影响显著，这是因为 g_m 及 α_m 都直接参与计算与植物日蒸散量相关的每日水分需求量函数，以及实际冠层导度的推算。冠层导度是植物生态系统气孔交换的整体指标，不可避免地会对蒸散产生影响。同时，由于日蒸散的大小会影响到每层土壤的水分吸收量，故也会在很大程度上影响着 Runoff 的年均变化。

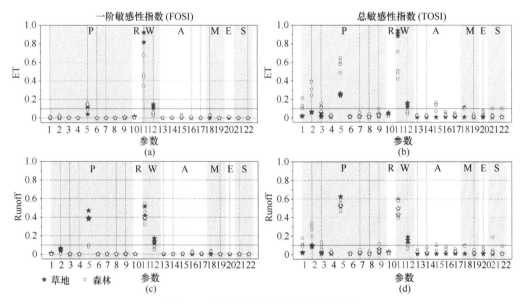

图 5.8　水相关参量敏感性分析结果图

阴影部分表示不同参数作用领域划分，共包括七个作用领域：光合作用(P)、呼吸作用(R)、水平衡(W)、异速生长(A)、死亡(M)、建立(E)以及土壤和凋落物分解(S)。左列表示一阶敏感性指数(FOSI)，右列表示总敏感性指数(TOSI)。图中红色实线表示敏感性指数为 0.1，位于实线以下(即敏感性指数小于 0.1)的点数据默认为对结果影响较小，在本研究中不予考虑。横坐标表示所筛选的参数序号，红色序号表示对模型输出量影响较大的参数此外，在光合作用相关模块的参数方面(如 1-θ、2-α_a、3-$\lambda_{max, C3}$、5-α_{C3})以及部分分配、土壤和凋落物分解模块参数(如 15~22)对四个森林站点的 ET 和 Runoff 作用的总敏感性指数数值明显高于一阶敏感性指数，表现出参数耦合作用不可忽视，但是对于草地而言耦合作用不明显(除了 α_{C3})。此外，可以看出，5-α_{C3} 对 ET 和 Runoff 影响均较大，是因为 α_{C3} 参与了碳循环过程中日光和同化速率的计算，而冠层相关参数的计算(如最优冠层导度 g_{pot})又与每日总的净光合作用值相关，进而影响到水循环过程中植被蒸腾量 E_T 的计算。同时，E_T 的数值大小又进一步影响到两层土壤含水量的变化，因此也会对径流量产生不可忽视的作用效果。

5.2.4　参数优化后的模型性能评价

1. 参数优化方案及优化结果

本章研究利用模型模拟结果与通量观测数据构造目标函数，对 LPJ-DGVM 植被理化参数进行优化。选取所有站点(共 7 个)月数据开展参数优化实验，涉及草地(GRA)、温带常绿针叶林(TeNE)、温带常绿阔叶林(TeBE)、温带夏绿阔叶林(TeBS)共四种植被类型，且假定所选参数不存在时间变异性，实验所得最优参数方案可以推广至站点其他年份。模型模拟结果选取每个站点待分析参量 GPP、ET 月模拟值与对应月通量观测数值构建目标函数 E_1、E_2 进行参数优化，文中采用的目标函数为模拟值与观测值的累积平均误差：

$$E_1 = \left(\sum_{i=1}^{N} \left| \text{GPP}_{\text{LPJ}i} - \text{GPP}_{\text{OBS}i} \right| \right) \tag{5.30}$$

$$E_2 = \left(\sum_{i=1}^{N} \left| \text{ET}_{\text{LPJ}i} - \text{ET}_{\text{OBS}i} \right| \right) \tag{5.31}$$

式中，i 表示月份；$\text{GPP}_{\text{LPJ}i}$ 及 $\text{ET}_{\text{LPJ}i}$ 为模型模拟的 GPP 和 ET；$\text{GPP}_{\text{OBS}i}$ 及 $\text{ET}_{\text{OBS}i}$ 为通量观测的 GPP 和 ET。实验中，模拟退火算法相关参数设定见表 5.5。

表 5.5　模拟退火法参数设定

参数	取值	参数	取值
初始温度	$T\_\text{init}=100℃$	马尔可夫链长度	$L=200$
退火策略	$T_i = d \times T_{i-1}$	搜索步长因子	$S=0.02$
温度衰减因子	$d=0.95$	终止条件	$T_i < 10^{-4}$

由敏感性分析结果可知，与碳水输出参量敏感关系较高的参数主要集中在光合和水平衡模块，由于站点所处地理位置、环境不同，即使是同种植被类型不同站点之间的参数敏感性也会存在差异，除了光合和水平衡模块外，部分异速生长(A)及土壤和凋落物分解(S)模块有少量站点参数敏感指数略高于 0.1，其余输出参量对其他模块参数敏感性基本在 0.1 以下，不予考虑。根据以上分析，结合五个碳水参量重合度较高的敏感性参数，共筛选出 10 个参数分别为：θ、α_a、$\lambda_{max, C3}$、α_{C3}、a_{C3}、g_m、α_m、k_{allom3}、k_{mort1}、f_{air}，

其余均设为 LPJ-DGVM 默认值(表 5.5)。

由于 GRA 和 TeBS 类型站点分别为 3 个和 2 个,此处统计同类型站点均值和标准差,其余两个类型站点仅有 1 个,即统计最优值。所有站点经过模拟退火法达到目标函数最小后的最终优化的结果见表 5.6。

表 5.6　中国站点 LPJ-DGVM 敏感参数优化结果

序号	参数	缺省值	GRA	TeNE	TeBE	TeBS
1	θ	0.7	0.971±0.027	0.994	0.990	0.985±0.006
2	α_a	0.5	0.410±0.024	0.578	0.373	0.604±0.107
3	$\lambda_{\max, C3}$	0.8	0.675±0.002	0.632	0.703	0.735±0.004
4	α_{C3}	0.08	0.051±0.017	0.045	0.063	0.079±0.020
5	a_{C3}	0.015	0.017±0.004	0.012	0.013	0.012±0.001
6	g_m	3.26	2.652±0.185	5.939	4.478	4.431±1.711
7	α_m	1.391	1.346±0.110	1.202	1.122	1.707±0.415
8	k_{allom3}	0.67	0.564±0.081	0.590	0.574	0.793±0.006
9	k_{mort1}	0.05	0.069±0.006	0.069	0.006	0.038±0.029
10	f_{air}	0.07	0.731±0.085	0.758	0.520	0.676±0.086

2. 参数优化前后 GPP 模拟性能分析

图 5.9 表示中国 7 个站点参数优化前后植被 GPP 模拟值与观测值季节性变化曲线。GPP_{LPJ} 表示采用 LPJ 缺省值所模拟的 GPP;$GPP_{LPJ-Adjust}$ 表示利用模拟退火法获取的最优参数化方案模拟的 GPP 数值;GPP_{OBS} 表示通量观测数据。

可以看出,参数优化后的模拟性能得到了非常明显的改善。生长季时期,植物迅速地积累有机物,表现出 GPP 迅速增长到峰值再迅速降低的趋势。这一时期的 GPP 变化十分显著,参数优化效果也十分明显。例如,使用 LPJ 默认参数方案,在 CN-Dan 站点处模拟的结果较真实值而言差异很大,AE 和 RMSD 分别高达 66.52gC/(m²·月) 和 103.73gC/(m²·月),经参数优化后,这两项统计指标分别下降了 83.2%和 85.6%,是 GPP 模拟值改善幅度最大的站点 [图 5.9(a)]。其次,CN-Din 站点 2003～2005 年全年 GPP 模拟数值均改善较大,GPP_{LPJ} 明显全年高估,而调整后的 $GPP_{LPJ-Adjust}$ 和观测值更为接近,同时模拟的 GPP 季节性趋势与观测值吻合较好,R^2 提高了 0.36。两个 TeBS 类型站点(CN-Hny 和 CN-Anh)的峰值处也很大程度上缓解了使用缺省值导致的生长季低估现象。

CN-HaM 和 CN-Qia 站点模拟结果改善不大,两者 R^2 仅提高 0.01,AE 分别降低 14.5%和 24.2%,RMSD 分别降低 3.0%和 20.3%,但参数优化并未改善 CN-HaM 站点生长季延后的现象,可能是因为参数的选取没有涉及温度限制类参数,因此对于生长季起始和终止改善效果不明显,仅在峰值处降低了原有参数高估的现象。参数优化后的 CN-Cng 站点季节性变化趋势未有改善,但生长季减小了 GPP_{LPJ} 高估现象,RMSD 降低了 42.2%。非生长时期,植物积累的有机物较少,GPP 数值较低,此时 GPP_{LPJ} 和 GPP_{OBS} 均表现出较小的数值,其模拟差异也并不明显。

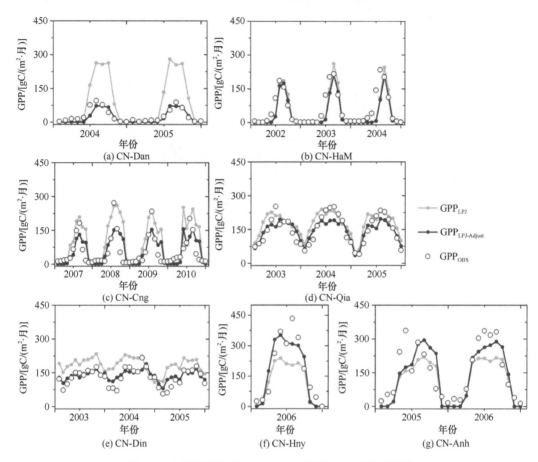

图 5.9　参数优化前后 LPJ-DGVM 模拟 GPP 时序对比图

部分站点相关性虽然改善不大（如 CN-Dan、CN-Qia 等），但几乎所有站点 GPP 的 AE 和 RMSD 都表现出明显的降低（表 5.7）。就 7 个站点整体而言，参数优化后的模型结果相关性整体提高了 0.24，RMSE 降低了近 40%（图 5.10），说明使用优化后的参数化方案更有利于 LPJ 模拟中国地区站点 GPP。

表 5.7　LPJ-DGVM 参数优化前后 GPP 模拟结果精度评价

站点	R^2		AE/[gC/(m²·月)]		RMSD/[gC/(m²·月)]	
	GPP_{LPJ}	$GPP_{LPJ-Adjust}$	GPP_{LPJ}	$GPP_{LPJ-Adjust}$	GPP_{LPJ}	$GPP_{LPJ-Adjust}$
CN-Dan	0.81	0.80	66.52	11.19	103.73	14.96
CN-HaM	0.72	0.74	27.18	23.24	44.39	43.06
CN-Cng	0.56	0.57	53.24	30.17	75.73	43.74
CN-Qia	0.75	0.76	34.87	26.44	42.12	33.56
CN-Din	0.41	0.77	55.28	18.30	61.53	23.45
CN-Hny	0.81	0.84	70.38	47.96	94.97	60.65
CN-Anh	0.75	0.72	55.76	53.20	72.07	66.41

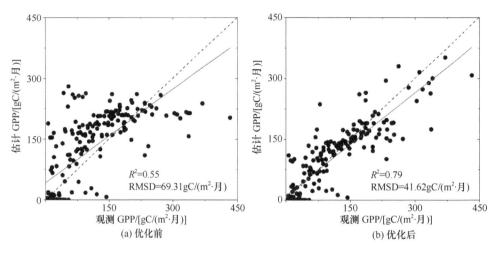

图 5.10　参数优化前后 LPJ-DGVM 模拟 GPP 散点图

3. 参数优化前后 ET 模拟性能分析

图 5.11 表示中国 7 个站点参数优化前后植被蒸散发 ET 模拟值与观测值季节性变化

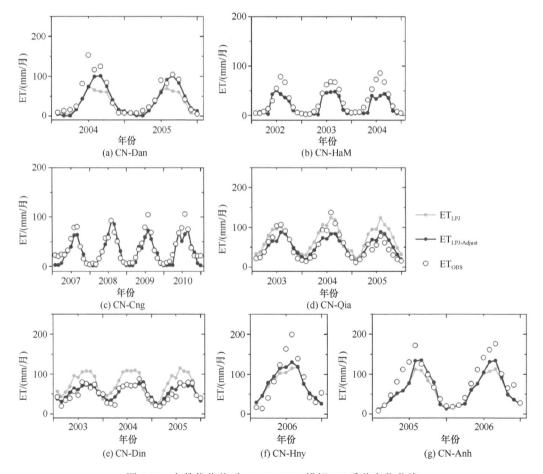

图 5.11　参数优化前后 LPJ-DGVM 模拟 ET 季节变化曲线

曲线。ET_{LPJ} 表示采用 LPJ 缺省值所模拟的 ET；$ET_{LPJ-Adjust}$ 表示利用模拟退火法获取的最优参数化方案模拟的 ET 数值；ET_{OBS} 表示通量观测数据。可以看出，对于 ET 而言，季节性变化趋势的整体调整幅度略低于 GPP，且主要集中在生长季峰值处，如 CN-Dan、CN-Hny 及 CN-Anh 站点，明显改善了默认参数方案估算的 ET 生长季低估现象。对于 CN-Qia 和 CN-Din 两个站点而言，全年 ET 改善效果不错，优化后的模拟结果无论是变化趋势还是数值大小均与观测值更为接近，R^2 分别提升了 0.02 和 0.22，AE 及 RMSD 有明显降低(CN-Qia：分别降低了近 41%和 32%；CN-Din：分别降低了近 72%和 70%(表 5.8)。尽管如此，仍有一些草地站点优化表现不明显(如 CN-HaM 和 CN-Cng)，优化前后季节性变化曲线基本重合，各类统计指标也十分相近，可能由以下原因导致：①所筛选的 10 个敏感性参数偏重光合作用模块，参数优化对 GPP 的影响较大；②所给出的参数变化范围尚未包含符合两个站点 ET 模拟的最优数值；③模拟退火法参数设定，观测数据的样本量及代表年份也会对模拟效果产生一定影响。

表 5.8　LPJ-DGVM 参数优化前后 ET 模拟结果精度评价

站点	R^2		AE/ [gC/(m²·月)]		RMSD/ [gC/(m²·月)]	
	ET_{LPJ}	$ET_{LPJ-Adjust}$	ET_{LPJ}	$ET_{LPJ-Adjust}$	ET_{LPJ}	$ET_{LPJ-Adjust}$
CN-Dan	0.91	0.83	18.43	14.00	27.96	21.35
CN-HaM	0.81	0.82	11.46	11.71	16.37	16.45
CN-Cng	0.84	0.84	9.60	9.55	13.08	13.09
CN-Qia	0.75	0.77	20.15	11.96	24.54	16.62
CN-Din	0.63	0.85	25.13	7.06	28.66	8.64
CN-Hny	0.81	0.82	27.13	25.38	34.97	30.82
CN-Anh	0.92	0.87	23.22	20.11	31.02	26.10

尽管存在部分站点 ET 改善不大的现象，但是整体而言，所有站点 ET 模拟效果有了明显提升，相关性 R^2 提升了 0.19，RMSD 降低了约 26%，说明采用 GPP 和 ET 限制进行优化后的参数方案同样更适用于 LPJ 模拟中国地区站点 ET(图 5.12)。

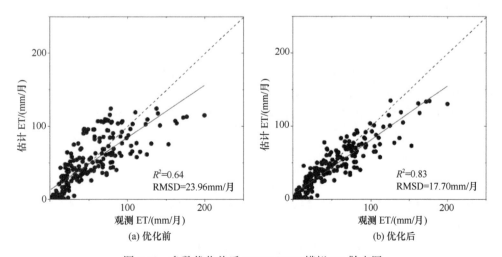

图 5.12　参数优化前后 LPJ-DGVM 模拟 ET 散点图

5.3　基于遥感数据–模型同化的碳通量模拟

经过参数优化的 LPJ-DGVM 虽然已经在很大程度上改善了模型模拟 GPP 和 ET 的精度问题，但部分站点仍然存在估算误差较大的情况。这种现象一方面可能是因为本章研究仅筛选了原模型中未区分植被类型的参数，对于随植被类型而变化的参数尚未进行优化，因此最终的优化结果有可能仍与观测值存在一定差异；另一方面，模拟退火法理论上是获取整个参数可行域上的最优数值，但实际操作中，模型复杂参数众多，再加上用作约束限制的观测数据存在误差以及算法参数的设定（如初始温度、搜索步长等），使得最终得到的优化参数稳定性、唯一性仍有待探讨。

模型在模拟过程中会产生许多中间变量，这些变量的计算不仅与所选的关键参数有关，而且还可能与其他机理过程计算公式有一定联系，单纯的参数优化可能较难改变机理公式的简化、理想化等带来的误差。数据同化技术为模型中间变量的优化提供了一条有效途径，可以在考虑模型和观测误差的基础上，在模型运行过程中不断融入观测数据，使得运行轨迹得到及时调整，进而提高模拟精度。其中，借助于遥感资料及其相关产品的模型–遥感资料同化思路在过程模型中已得到广泛应用。本章在已进行参数优化的 LPJ-DGVM 基础上，借助于集合卡尔曼滤波（ensemble Kalman filter, EnKF）算法，将遥感资料产品 GLASS LAI 数据集融入模型中，并分析同化前后模型模拟结果的差异。

5.3.1　同化方案及算法介绍

1. 模型–遥感资料同化方案

叶面积指数（leaf area index, LAI）定义为单位土地面积上单面植物进行光合作用面积的总和（Watson, 1947），其用来表征植物叶片的疏密程度、生长状况等，是影响植物光合、呼吸、蒸腾以及物质分配等过程的关键参数（刘洋等，2013）。LPJ-DGVM 中，LAI 可通过植被变量来表示：

$$LAI_{ind} = \frac{C_{leaf}SLA}{CA} \tag{5.32}$$

式中，SLA（special leaf area）为比叶面积（m²/gC）；C_{leaf} 为叶片的碳含量（gC）；CA 为冠层面积（m²）；下标 ind 表示平均个体值。

模型模拟过程中，LAI 通过关系式转化为叶投影盖度（foliage projective cover, FPC）参与到各个模块中间变量计算过程中，故设式(5.32)设为观测算子，作为遥感观测 LAI 同模型之间衔接的桥梁。

$$FPC_{ind} = 1 - e^{-0.5LAI} \tag{5.33}$$

LPJ-DGVM 模型中，单个格网总的 FPC 可以通过 FPC_{ind}、冠层面积 CA 以及种群密度 P 来计算：

$$FPC_{total} = CA \times P \times FPC_{ind} \tag{5.34}$$

本章研究采取 GLASS LAI 作为遥感观测资料，借助集合卡尔曼滤波算法将其与模型结果相融合，以达到优化模型模拟轨迹、更为准确地量化碳水通量模拟结果的目的。

2. 集合卡尔曼滤波算法

集合卡尔曼滤波算法(Evensen，1994)结合了集合预报与卡尔曼滤波算法，可通过蒙特卡罗方法计算预报误差协方差而无须预报算子的切线性和伴随模式，其非常适用于复杂非线性高且不连续的动态过程模型(马建文等，2013)。

该算法具有以下几方面优点：①解决了集合卡尔曼滤波算法计算量较大的缺点，避免背景场误差统计值随时间变化；②引入了集合思想，不存在切线性近似问题；③避免了预测误差协方差时的伴随模式；④易实现并行化处理(闫敏，2016)。其基本思路为：根据特征误差分布产生扰动以生成状态变量集合，用以表示变量的可能取值，并认为每个时刻集合的均值为此时该状态变量的最优估计值。每个集合通过模型(LPJ-DGVM)向前积分，预测下一时间集合数值。若在此过程中存在观测数据，则利用观测值对每个集合逐一更新，所有集合均值为该状态变量的最优估计值(图 5.13)。

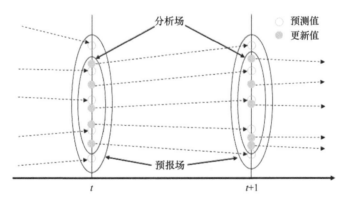

图 5.13　集合卡尔曼滤波算法示意图(马建文等，2013)

EnKF 算法主要涉及两大部分内容：预测和更新。该算法一开始首先假设 N 个集合并进行初始化(加入噪声)，再将集合带入 LPJ-DGVM，得到 FPC 集合(图 5.14)。

预测过程：将 t 时刻所有集合带入 LPJ 模型并向前积分，可得到所有 FPC 在 $t+1$ 时刻相应的预测数值。

$$X_{i,k+1}^{f} = M_{k,k+1}(X_{i,k}^{a}) + w_{i,k} \quad w_{i,k} \sim N(0,\sigma) \tag{5.35}$$

式中，$X_{i,k+1}^{f}$ 和 $X_{i,k}^{a}$ 分别表示 $k+1$ 和 k 时刻第 i 个集合的预测值(上标 f)和状态分析值(上标 a)；M 为模型算子(一般为非线性动态模型)，本章研究中指 LPJ-DGVM；$w_{i,k}$ 为模型误差，且服从均值为 0、方差为 σ 的正态分布。

更新过程：若下一时刻存在观测数据，则每个集合将会根据观测值大小进行调整更新。该过程公式如下。

$$X_{i,k+1}^{a} = X_{i,k+1}^{f} + K_{k+1}[Y_{k+1}^{O} - H_{k+1}(X_{i,k+1}^{f}) + v_{i,k}] \quad v_{i,k} \sim (0,\sigma) \tag{5.36}$$

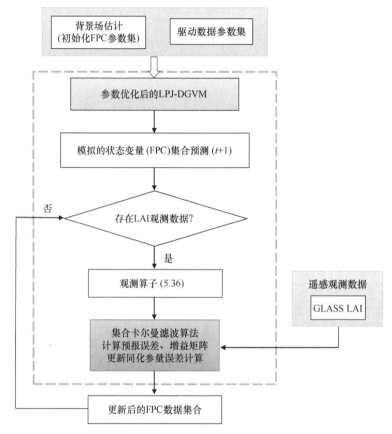

图 5.14　集合卡尔曼滤波算法流程示意图

$$\overline{X}_{k+1}^{a} = \frac{1}{N}\sum_{i=1}^{N}X_{i,k+1}^{a} \tag{5.37}$$

其中，各参数计算如下：

$$K_{k+1} = P_{k+1}^{f}H^{T}(HP_{k+1}^{f}H^{T}+R_k)^{-1} \tag{5.38}$$

$$P_{k+1}^{f}H^{T} = \frac{1}{N-1}\sum_{i=1}^{N}(X_{i,k+1}^{f}-\overline{X}_{k+1}^{f})[H(X_{i,k+1}^{f})-H(\overline{X}_{k+1}^{f})]^{T} \tag{5.39}$$

$$HP_{k+1}^{f}H^{T} = \frac{1}{N-1}\sum_{i=1}^{N}[H(X_{i,k+1}^{f})-H(\overline{X}_{k+1}^{f})][H(X_{i,k+1}^{f})-H(\overline{X}_{k+1}^{f})]^{T} \tag{5.40}$$

式中，K_{k+1} 为 $k+1$ 时刻的增益矩阵；Y_{k+1}^{O} 为观测数据；H_{k+1} 为观测算子，即式 (5.33)；$v_{i,k}$ 为观测误差，服从均值为 0 协方差为 σ 的正态分布；$\overline{X}_{k+1}^{a}$ 为所有集合均值，即状态最优估计值；P_{k+1}^{f} 为状态预测值的误差协方差矩阵。

3. 同化结果精度评价

本章研究选用泰勒图 (Taylor, 2001) 对三种实验结果 (使用 LPJ 模型缺省值模拟的结果、参数优化后的模型模拟结果以及遥感-LPJ 同化后的模拟结果) 进行精度评价分析。

泰勒图以图形化的方式,借助于相关性 r、中心化均方根误差(centered root-mean-square difference,CRMSD)以及标准差 SD 三类统计指标概括了一个或多个模式模拟结果与观测值的匹配程度,这是量化和直观地显示模型模拟性能、进行模型精度评价的有效方式。为了将所有中国站点在同一个泰勒图中进行对比和分析,本章研究采用归一化标准差(normalized standard deviation,NSD)、归一化中心化均方根误差(normalized centered root-mean-square difference,NCRMSD)对模拟结果进行描述(Li et al.,2015),具体公式如下:

$$\text{CRMSD} = \sqrt{\sum_{i=1}^{N}[(X_i - \overline{X_i}) - (Y_i - \overline{Y_i})]^2 / N} \tag{5.41}$$

$$\text{NSD} = \text{SD}_{\text{MODEL}} / \text{SD}_{\text{OBS}} \tag{5.42}$$

$$\text{NCRMSD} = \text{CRMSD} / \text{SD}_{\text{OBS}} \tag{5.43}$$

式中,X_i 和 Y_i 分别为模型模拟值和通量观测值;N 为模拟值和观测值数量。同时,相关性 r、NSD 以及 NCRMSD 并不是独立的,而是满足一定的关系:

$$\text{NCRMSD}^2 = \text{SD}^2 + 1 - 2 \cdot \text{SD} \cdot r \tag{5.44}$$

在泰勒图中,NSD 表示为径向距离,模拟值和观测值的相关性 r 在极化图中表示为角度。观测值用 x 轴上 $r = 1$、NSD = 1 的点表示,距离该点的长度表示 NCRMSD。距离观测值越近的点表示相关性越高,NSD 约接近于 1 且 NCRMSD 越小,即表示和观测值的一致性越高,估算精度越好。

5.3.2　参数同化前后 GPP 模拟性能对比

图 5.15 表示中国 7 个站点三种模拟方案的植被总初级生产力 GPP 季节性变化曲线。其中,$\text{GPP}_{\text{LPJ-DA}}$ 表示同化 GLASS LAI 资料后的模型模拟值。整体可以看出,经过同化后的模拟结果 $\text{GPP}_{\text{LPJ-DA}}$ 相对于 GPP_{LPJ} 和 $\text{GPP}_{\text{LPJ-Adjust}}$ 而言在时序趋势上略有改善,部分站点改善较为明显。例如,经同化后的 GPP 模拟结果在 CN-Cng、CN-Qia 以及两个 TeBS 站点(CN-Hny 和 CN-Anh)的生长季峰值处更加接近于观测值。其中,$\text{GPP}_{\text{LPJ-DA}}$ 在 CN-Qia 模拟结果与观测值吻合度较高,尤其是 2004 年。CN-Din 站点处,同化后的结果与观测值同样吻合较高,同时与 $\text{GPP}_{\text{LPJ-Adjust}}$ 相比,降低了非生长季高估的现象。CN-Dan 及 CN-HaM 两个站点处,参数优化后的结果大大降低了模拟误差,同化后的结果基本改善不大。

计算三种模拟结果与观测值之间的相关性 r、NSD 及 NCRMSD,并绘制在图 5.16 所显示的泰勒图中。图 5.16 中蓝色虚线表示 NSD 位于 0.8~1.2,表示其波动状态较接近于观测值。由图 5.16 可以看出,红色模拟值,即 $\text{GPP}_{\text{LPJ-DA}}$ 与 GPP_{LPJ}、$\text{GPP}_{\text{LPJ-Adjust}}$ 相比,基本都位于两条蓝色虚线之内。GPP_{LPJ}(黑色模拟值)相对较分散,部分站点(如点 3、5,点 1 由于 NSD>2 未显示在图中)误差较高,其相关性从 0.54 变化到 0.90;$\text{GPP}_{\text{LPJ-Adjust}}$(蓝色模拟值)已有明显改善,其中点 1(CN-Dan)、6(CN-Hny)、7(CN-Anh)基本位于 NSD = 1 的虚线上,部分站点如 4(CN-Qia)和 5(CN-Din)相关性提高,但波动程度与观测值的一致性有所降低;$\text{GPP}_{\text{LPJ-DA}}$(红色模拟值)分布较为集中,相关性均高于 0.8,NSD 基本位于 1±0.2 范围内,是三种模拟结果中各项统计指标表现最优的结果。

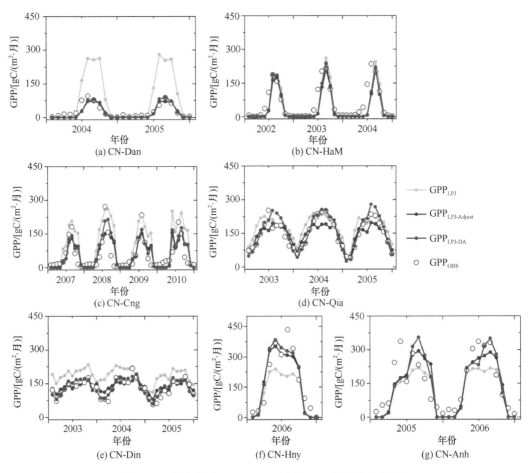

图 5.15　同化前后 LPJ-DGVM 模拟 GPP 季节变化曲线

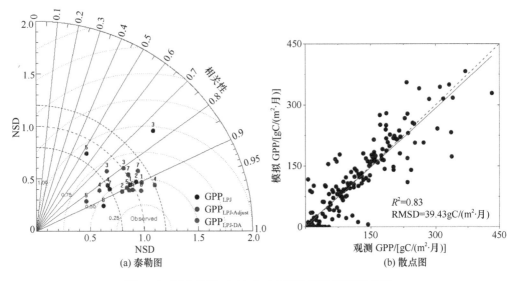

图 5.16　同化前后 LPJ-DGVM 模拟 GPP 精度评价图

此外，根据同化后 LPJ 模拟 GPP 散点图可以看出，同化后数值点的分布更为集中，其线性拟合直线更加接近于 1∶1 线，说明大部分站点模拟结果接近于观测值。从整体上来看，相比于仅进行了参数优化后的模拟结果，同化后的 GPP 相关性 R^2 进一步提高了 0.04，RMSD 降低了 2.19gC/(m²·月)，说明将 GLASS LAI 同化进入 LPJ 模型可以较好地提高 GPP 模拟性能。

5.3.3　参数同化前后 ET 模拟性能对比

图 5.17 表示中国 7 个站点三种模拟方案的 ET 季节性变化曲线。其中，$ET_{LPJ\text{-}DA}$ 表示同化 GLASS LAI 资料后的模型模拟值。由图 5.17 可以看出，同化后的 ET 整体变化不大，部分站点生长季略有改善。例如，CN-Qia、CN-Hny 以及 CN-Anh 三个站点，同化后的结果更加靠近生长季峰值处的观测数据。其余站点与参数优化后的结果更为相近。

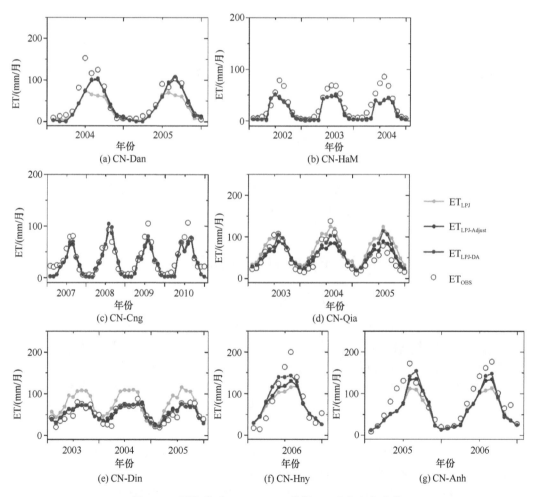

图 5.17　同化前后 LPJ-DGVM 模拟 ET 季节变化曲线

根据泰勒图(图5.18)可以看出,同化后的ET相比于前两种结果,整体相关性虽然提高甚微,但其NSD更加接近于NSD=1的虚线,说明同化后的ET模拟结果波动趋势与观测值更为一致。同时由站点散点图(图5.18)可以看出,其结果与参数优化后结果的散点分布较为相似,其相关性R^2和RMSD虽有一定改善但优化甚微,说明在水循环模拟部分,同化LAI改善效果不大,还需进一步考虑与水循环密切相关的状态变量参数的同化,如土壤湿度等。

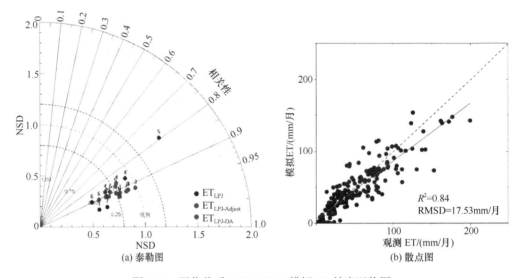

图5.18　同化前后LPJ-DGVM模拟ET精度评价图

5.4　Biome-BGCMuSo模型土壤参数同化的植被碳通量模拟与动态分析

5.4.1　Biome-BGCMuSo模型

Biome-BGCMuSo模型是在Biome-BGC模型的基础上改进而来的,时间尺度为每天,输入数据包括气象数据、站点信息、生理生态参数以及CO_2和氮沉降数据(N-dep)。该模型主要的生态过程包含光合作用、分配、落叶以及碳、氮、水在植被、枯落物和土壤间的循环。其模拟过程分为两个阶段,第一阶段是初始化阶段,该模型在较低土壤碳和氮含量的情况下开始运行,直到达到稳定的状态,由此模拟得到状态变量的初始值;第二阶段是常规模拟阶段,该阶段利用初始化阶段得到的碳、氮的初始值进行模拟。

通常情况下,将初始化阶段的CO_2和N-dep值设置为固定值,即工业革命前的值,但该情况会造成常规模拟过程中较早的几年,CO_2和N-dep的值发生无法预计的剧烈变化,并对植被生长造成影响。为避免这种剧烈变化,Biome-BGCMuSo模型在常规模拟开始之前引入了短暂的模拟。

Biome-BGCMuSo 模型的输入文件包含以下三类。

1）初始化文件

初始化文件包括研究区的基本信息(经纬度、海拔、坡度、坡向等位置信息以及土壤质地组成、土壤有效深度)，输入输出文件的设定等。纬度参数用来判断研究区的基本位置(北半球或者南半球)，海拔信息用来计算大气压力，土壤深度是指植被根部在土壤中所能达到的深度，计算土壤中植被可利用的水分和土壤中的碳、氮储量。土壤参数主要包含砂土、黏土和粉土的百分比，主要用于计算土壤的蓄水能力，见表 5.9。

表 5.9 长白山森林通量站信息

参数	取值	参数	取值
纬度/(°N)	128.096	砂土含量/%	22
海拔/m	738	粉土含量/%	41
反照率	0.2	黏土含量/%	37
土壤深度/m	1.0		

2）气象数据文件

气象数据文件包含日尺度的最高温、最低温、降水、饱和水汽压差、辐射以及日照时数，其中，温度影响生态系统的生理生态过程以及物理反应速率，如光合作用、维持性呼吸与蒸腾作用等。模型中利用日最高温、最低温和平均温来计算白天均温、夜晚均温等。降水用来计算植被截留量以及进入土壤的水量、土壤水势，后者影响气孔导度大小。饱和水汽压差随温度发生变动，当饱和水汽压差较大时，空气中容纳的水蒸气则较多，有利于植被蒸腾作用。但饱和水汽压差过大时，则表示空气干燥，植被为避免水分流失过多则会缩小气孔，进而影响植被的光合作用能力。短波辐射与碳、水循环关系密切，是驱动模型物质流动的能量。有些生理过程(光合作用及蒸散发)只发生在白天，所以 Biome-BGCMuSo 模型中需输入日照时数来计算。

3）生理生态参数文件

生理生态参数文件包含站点植被的生理生态参数，如叶片碳氮比、最大气孔导度、分配比例等。

除了上述三类文件外，CO_2 和 N-dep 等数据作为可选择性文件也是模型的输入数据。Biome-BGCMuSo 模型模拟过程中最重要的模块为碳通量模块、土壤通量模块和物候模块，另外，与 Biome-BGC 相比，Biome-BGCMuSo 模型增加了收割、犁耕、施肥、森林间伐、灌溉等人为管理模块。

1. 碳通量模块

大气中的 CO_2 经植被光合作用进入生态系统，后经呼吸作用释放到大气中，剩余的碳分配到植被各组织、凋落物与土壤各个碳库中。氮主要来源于大气沉降和生物固氮，生态系统中的氮储存在有机质中，也会以无机氮的状态储存在土壤中。模型碳通量模块中植被 GPP 通过 Farquhar 光合酶促反应机理模型计算得来(Farquhar et al., 1980),自养呼吸分为维持性呼吸(MR)和生长性呼吸(GR),维持性呼吸是活立木中氮含量的函数,而生长性呼吸是由碳分配到植被各组分的比例计算得来。GPP 减掉 MR 和 GR 可得到 NPP,而生态系统的碳平衡由 NPP 和异养呼吸(Rh)维持,异养呼吸由一系列分解活动调控,枯落物和土壤的分解过程通过异养呼吸进行,NEE 正是由 NPP 减去 Rh 计算得到。

2. 多层土壤模块

Biome-BGC 模型的土壤模块是单层的水桶型,并未考虑水分在土壤层间向上和向下运动,为提高模型在土壤碳、水通量模拟方面的精度,改进了多层土壤模块。研究中根据长白山森林通量站的特点,将土壤模块设计为三个活跃层,第一层深度为 0~5cm,第二层为 5~20cm,第三层为 20~40cm,研究认为,底层土壤水含量等于田间含水量,且土壤矿化值为固定的很小的值。

土壤中的许多生态过程都依赖土壤温度,如土壤有机质的分解,因此,逐层计算土壤温度十分必要。与 Biome-BGC 模型相比,Biome-BGCMuSo 模型中最重要的改进在于土壤顶层的平均温度不再采用土壤上方空气温度计算,以二十天为尺度依据经验方程计算。Biome-BGCMuSo 模型中提高了两种经验方程计算温度,第一种方法简便易行,假设地表温度和边界层温度为指数关系(Biome-BGC 模型中仅仅考虑线性关系);第二种方法基于 DSSAT 模型和 4M 模型(Sándor et al., 2012)来估算土壤温度。经过实验对比,本章研究中采用 DSSAT/4M 模型估算土壤温度。

土壤水与气孔导度、土壤有机质分解、氮矿化等过程的相互作用使得生态系统的碳和水循环过程密切关联,因此,准确估算土壤水十分重要。Biome-BGC 模型在土壤水文循环中仅仅考虑植被吸水、冠层截留、融化雪水、流出水和裸土的蒸发,新的模型中增加了径流、扩散、渗透等,增强了水分蒸腾过程的模拟。

1) 土壤含水量参数

土壤水分保持曲线涉及四个明显的特征参数:饱和度、田间含水量、永久萎缩点和吸湿水。除了体积土壤含水量(SWC),土壤湿度状态也可用于描述土壤水势(PSI, MPa),Clapp-Hornberger 参数(B)和体积密度(BD)也是重要的土壤水算子。每个活跃层的土壤纹理信息是 Biome-BGCMuSo 模型的输入数据,基于土壤纹理,可在模型内部利用土壤转换函数法计算其他土壤特征参数(SWC、B、BD)。

Biome-BGCMuSo 模型中土壤含水量饱和时的 PSI 由土壤纹理计算得来:

$$\mathrm{PSI}_{sat} = -\left\{ \exp\left[(1.54 - 0.0095 \cdot \mathrm{SAND} + 0.0063 \cdot \mathrm{SILT}) \cdot \ln(10) \cdot 9.8 \cdot 10^{-5} \right] \right\} \quad (5.45)$$

式中,PSI_{sat} 为土壤含水量饱和时的 PSI;SAND 和 SILT 分别为粉土和砂土百分比含量。土壤含水量未饱和时的 PSI 由饱和时的 SWC(SWC_{sat})和 B 函数计算得到:

$$\mathrm{PSI} = \exp\left(\frac{\mathrm{SWC}_{sat}}{\mathrm{SWC}} \cdot \ln(B) \right) \cdot \mathrm{PSI}_{sat} \quad (5.46)$$

2）池塘水和吸湿水

当连续降雨发生时，部分雨水渗透到土壤中，在地表形成池塘水。池塘水可渗透到土壤中，模型中假设池塘水的蒸发量等于土壤潜在蒸发量。土壤含水量在任何情况下都为正值，其理论上的低值即吸湿水，如干燥土壤的含水量。因此，在蒸散发量大和土壤干燥的情况下，顶层土壤水库容量大约等于吸湿水含量。

3）径流

模型中利用半经验方程，基于降水量和土壤保持径流曲线计算径流量，在降水量大于顶层土壤水含量时，固定部分的降水量会由于径流的发生而减少。

4）渗透和扩散

Biome-BGCMuSo 模型中采用两种方法计算土壤水的垂直运动：基于 Richards 方程的方法和"翻斗法"。Richards 方程中利用水力导度和水力扩散系数计算土壤垂直运动：

$$\frac{\partial \theta}{\partial t} = \frac{\partial}{\partial z}\left[D(\theta) \cdot \frac{\partial \theta}{\partial z}\right] + \frac{\partial K}{\partial z} S(\theta) \tag{5.47}$$

式中，D 为水力扩散系数（m²/s）；K 为水力导度（m/s）；S 为水源和水汇（m；降水、蒸发、蒸腾、径流、渗透）；θ 为含水量；t 为时间（s）；z 为垂直方向位置（m）。

Clapp-Hornberger 公式用于计算 D 和 K：

$$K = K_{\text{sat}} \cdot \left(\frac{\theta}{\theta_{\text{sat}}}\right)^{2b+3} \tag{5.48}$$

$$D = \frac{b \cdot K_{\text{sat}} \cdot (-\phi_{\text{sat}})}{\theta_{\text{sat}}} \cdot \left(\frac{\theta}{\theta_{\text{sat}}}\right)^{b+2} \tag{5.49}$$

式中，K_{sat}、ϕ_{sat}、θ_{sat} 分别为水力导度的饱和值、土壤水势和土壤含水量；b 为 Clapp-Hornberger 参数。

5）地下水

排水性较差的森林地区（如北方或者低地森林区域），地下水和洪水在土壤水循环和植被生长过程中有重要作用（Pietsch et al.，2003）。为充分发挥地下水的作用（土壤水饱和度垂直方向的变化），模型中设置了水位深度信息的选项，地下水深度由对土壤中饱和区域的深度的设定来控制。值得注意的是，Pietsch 等（2003）和 Bond-Lamberty 等（2007）提出的地下水改进方法和模型中的方法有所不同，前者计算水位深度是基于改进的 Biom-BGC 模型，在初始化阶段，模型可仅仅利用输入的每天的平均值，在常规模拟阶段，模型可读取由外部定义的每天的地下水信息。

针对外部提供的信息，近地表的地下水信息计算方式如下：假如向上运动的水达到某一土壤层的底部边界，该层即变成"近饱和状态"（饱和值的 99%），其平均土壤水含量会相应增加；假如水位到达某一土壤层的上部边界，那么该层会变成近饱和状态，近饱和状态允许向下运动的水穿过土壤饱和层，甚至穿过土壤底层。由于土壤层颗粒的离散大小和输入的地下水数据构成了净地下水位，使得这种计算方式十分必要。也就是说，地下水位受到横向地下水运动(未知)和水力压力下的相应变化(可推高水位)的影响；同时受到上层土壤的排水性影响。然而，当土壤排水时，可能存在地下水位未变化的情况，或者由于上层排出的水代替了流出生态系统的水，而造成水位降低。模型近饱和状态的改进，能够满足水分流向饱和层，尤其是流向底部层。否则，模型无法模拟水分从上层到已经饱和的下层的向下运动，而使得水分运动受限。

综上所述，地下水位影响土壤水含量，进而影响气孔导度和土壤有机质分解，在土壤水循环模块中具有重要作用。

3. 土壤水分胁迫指数

通常情况下，植被气孔关闭是由相对大气湿度低(VPD 高)、土壤水分不充足(如干旱(Damour et al., 2010))和缺氧条件(如地下水位升高、较高的土壤水含量、大的沉淀时间发生前或后)造成的，Biome-BGC 模型中土壤水分胁迫函数较为简单，并未考虑缺氧的情况。Biome-BGCMuSo 模型中改进了一种较为通用的土壤胁迫指数计算函数，考虑了各种条件的限制(条件 1：干旱；条件 2：近土壤饱和时的缺氧条件)。土壤水分胁迫的开始和结束在对比真实和预先设定的 SWC 特征点后确定，并且计算了新的土壤水分胁迫指数(SMSI)，土壤水状态的特征点可利用相对土壤水含量或者土壤水势计算。

SMSI 由归一化土壤水分含量(NSWC)计算得来(原始模型中由土壤水势计算得到)，NSWC 计算方式如下：

$$NSWC = \frac{SWC - SWC_{WP}}{SWC_{sat} - SWC_{WP}} , \quad if \quad SWC_{WP} < SWC$$

$$NSWC = 0, \quad if \quad SWC_{WP} \geqslant SWC \tag{5.50}$$

式中，SWC 为特定土壤层的土壤含水量(m^3/m^3)；SWC_{WP} 和 SWC_{sat} 分别为土壤水含量的萎缩点和饱和值，参数都可由模型内部计算得到。

SMSI 的计算公式如下：

$$SMSI = \frac{NSWC}{NSWC_{crit1}} , \quad if \quad NSWC < NSWC_{crir1}$$

$$SMSI = 1, \quad if \quad NSWC_{crit1} < NSWC < NSWC_{crir2}$$

$$SMSI = \frac{1 - NSWC}{1 - NSWC_{crit2}} , \quad if \quad NSWC_{crir2} < NSWC \tag{5.51}$$

式中，$NSWC_{crit1}$ 和 $NSWC_{crir2}$ 均为归一化土壤水分曲线的特征点，由土壤水势或者生理生态参数中定义的相对土壤水分含量计算得来。特征点 $NSWC_{crit1}$ 用来控制与干旱相关的限制，$NSWC_{crir2}$ 用来控制过度的水分限制(如缺氧条件下的气孔关闭)。图 5.19 为两个模型中土壤胁迫函数曲线。

4. 物候模块

Biome-BGCMuSo 模型优化了原始模型的物候模块，在原来物候计算方法的基础上，

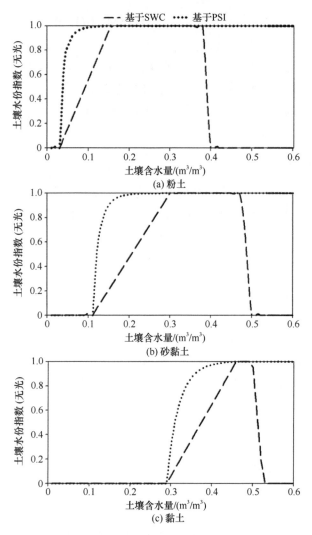

图 5.19　不同土壤类型下土壤水分胁迫函数曲线

图中点线表示原始模型中土壤胁迫基于土壤水势；虚线表示 Biome-BGCMuSo 模型中基于归一化土壤水分含量计算

增加了新的方法，引入了新的物候指数 HSGSI，该指数是生长季指数(GSI)的扩展，结合了最小空气温度(T_{min})、饱和水气压差(VPD)、日照时数(PHTP)和 10 天的热量之和(HTSM10)来估算生长季开始和结束的时间，具体计算公式如下：

$$HSGSI(d) = index_{HTSM_{10}} \left\{ \frac{1}{10} \cdot \sum_{d-9}^{d} \left[index_T(d) \cdot index_{VPD}(d) \cdot index_{PHTP}(d) \right] \right\} \quad (5.52)$$

式中，d 为一年中的某一天；$index_T$、$index_{VPD}$、$index_{PHTP}$ 分别为 T_{min}、VPD 和 PHTP 的指数，根据 Jolly 等(2005)提出的方法设置阈值，确定指数；$HTSM_{10}$ 为基本温度(5℃)条件下每 10 天的平均温度，其计算公式如下：

$$HTSM_{10}(d) = \sum_{d-9}^{d} \left[T_{max}(d) - T_{basic} \right]$$

$$\text{if } T_{\max}(d) \leqslant T_{\text{basic}} : \text{HTSM}_{10}(d) = 0 \tag{5.53}$$

式中, $T_{\max}$ 为某天空气温度的最大值; T_{basic} 为热量和的基本温度; d 为一年中的某一天。

在 Biome-BGC 模型中的计算中, 雪覆盖并未影响植被生长季的开始时间和光合作用, 而 Biome-BGCMuSo 模型中引入了雪盖的限制条件。首先, 生长季开始的时间仅仅是在雪盖小于阈值的条件下计算的; 其次, 这个阈值可限制光合作用, 雪盖的估算基于降水、平均温度和入射短波辐射。

5. 人为管理模块

Biome-BGC 模型主要用于模拟自然状态的生态系统, 较少考虑受到人为干扰的生态系统的模拟, 缺少人为管理模块, 使得模型在农田、草地以及人工林等生态系统的模拟受限。

1) 收割

Biome-BGCMuSo 模型中假设农作物收割后, 根部的残茬仍作为累积生物量的一部分, 部分植物残留可能以枯落物的形式留在田地, 由此改善了土壤质量。产量是从田地里转移的部分, 然而茎和叶的部分可能转移并加以利用, 或继续留在野外田地中。从田地里转移的收割的地上生物量的比例必须作为输入数据来定义。

如果收割后仍有残留, 被砍伐的植被首先进入临时库, 并逐渐进入枯落物库。刈割/收割的生物量到枯落物的周转率可作为模型的生理生态参数。尽管收割活动不可能发生在非生长季, 这个临时库包含了冬眠期间植被的原料(取决于收割的材料的数量和周转速度), 根据生理生态参数(纤维素、木质素的比例), 将植被分成了不同类型的凋落物库。收割部分的植被水分储存在冠层中, 假定为蒸发量。

2) 犁耕

Biome-BGCMuSo 模型中有三种犁耕类型: 浅耕、中耕和深耕。犁耕对土壤质地、温度和水分含量均有影响, 模型中假定由于犁耕, 树桩或植被残茬在同一天转化为临时的犁耕库。固定比例的临时犁耕库(模型的生理生态参数)会在犁耕后特定的某一天进入枯落物库。转变为枯落物的植被被分成不同类型的枯落物库。

Biome-BGCMuSo 模型的一个新特性是地上和地下部分的枯落物分别处理, 用于支持模型在农田相关领域的应用研究(地表残留物的存在影响地表径流和土壤蒸发)。枯落物在生长季和收割结果的综合作用下, 落叶聚积在地表, 在犁耕的情况下, 地上枯落物转变成了地下的枯落物库。借助这样的方式, 量化了地上和地下的枯落物。

3) 施肥

Biome-BGCMuSo 模型中施肥的最大影响为土壤氮素的增加, 模型中定义了一个真实的肥料库, 其中包含在特定施肥日投放到地面的氮肥含量。在施肥后的某一天, 固定比例的肥料进入表层土壤, 进入土壤的部分并不全是由于某一特定比例的土壤被淋滤(取决于使用效率, 可以作为输入参数设置)。肥料硝酸盐含量可由植被直接吸收, 因此,假定它进入土壤矿化氮库。肥料中铵的含量(也可由用户设置)在植被吸收前需先硝化,然后转变为氮库。

4)森林间伐

森林间伐是 Biome-BGCMuSo 模型中的新特性,假定基于疏伐率(树木移除的比例),可以确定叶片、茎和根的生物量库的减少情况,间伐后,由于砍伐而减少的地上生物量可能会留在样地中,茎或叶生物量的输送速率可由用户自行设定。植被转化为粗木屑或枯落物由生理生态参数确定,砍伐的木材转变成枯落物库,对于砍伐的、未移除的库进行不同处理。茎部生物量随即转变为木屑,但是,对于残叶生物量的处理,是一个为了避免碳和氮平衡误差而导致突变的中间周转过程。"砍伐、非转移、非木质生物量凋落物周转率"控制着被砍伐的树木上叶子的状态,同时控制着死亡的粗根转向木屑的周转率。

5)灌溉

植被在灌溉条件下,假设模型中喷洒水到达植被和土壤的状态等同于降水,根据到达土壤的水量(同时考虑冠层截留)和土壤类型的不同,水分可以通过地表径流流失,而其余水分则渗入表层土壤,灌溉水量和时间可在输入数据中设置。

5.4.2　Biome-BGCMuSo 同化框架

本章研究将土壤温湿度同化到模型中,$H = (1\quad 1\quad 1\quad 1)^{\mathrm{T}}$,一旦有观测数据输入,模型模拟即被中断,EnKF 算法将更新模型状态变量,基于更新的状态变量重新初始化和模拟,直到下一次的更新。模型参数的不确定性设为 10%且符合高斯分布(White et al.,2000),顺序同化同时可纠正模型参数的误差。集合大小由随机采样的方式决定,研究中设置 N 为 200,观测数据(土壤温湿度)误差从已有研究中获取。

原始 Biome-BGC 模型中,土壤有机质和枯落物的分解过程主要受土壤温度,土壤水分状态,土壤和枯落物的碳、氮含量影响,而根部的维持性呼吸受土壤温度和根部的碳、氮含量影响。Biome-BGCMuSo 模型中,土壤温湿度的限制作用根据特定土壤层的土壤水含量和土壤温度计算(区别于原始模型中利用整个土壤层的平均土壤温湿度来计算)。

根部的维持性呼吸(MR)计算方式如下:

$$\mathrm{MR} = \sum_{1}^{n_{\mathrm{r}}} \left(N_{\mathrm{root}} \cdot M_{\mathrm{layer}} \cdot \mathrm{mrpern} \cdot Q_{10}^{\frac{T_{\mathrm{soil(layer)}}-20}{10}} \right) \tag{5.54}$$

式中,n_{r} 为土壤层数;N_{root} 为土壤根部的总含氮量;M_{layer} 为某一层中根部所占比重;mrpern 为可调整的生理生态参数;Q_{10} 为温度每发生 10℃的变化呼吸的变化比例;$T_{\mathrm{soil(layer)}}$ 为某一层的土壤温度。数据同化过程中,随着逐日土壤温度的输入,利用式(5.54)可更新根部呼吸值,用于下一步计算生态系统呼吸值。

模型中利用土壤体积含水量、土壤层厚度和水分密度计算土壤含水量,初始化阶段同化观测土壤含水量转化为体积含水量矩阵,反过来可为模拟阶段传递可靠的土壤含水量信息。一旦土壤观测数据同化到模型中,将会改善初始化过程,同时在模型模拟阶段纠正参数误差。本章研究对比了同化前模型模拟结果(Biome-BGC 和 Biome-BGCMuSo 模型)以及同化 Biome-BGCMuSo 模型后的碳、水通量结果,并用站点 2003~2007 年的涡动通量数据进行了验证。

研究中采用决定系数(R^2)[式(5.55)]和均方根误差(RMSE)[式(5.56)]来定量分析模拟结果,另外,采用显著性检验(P 值)来判定结果的真实性差异。相关计算公式如下:

$$R^2 = 1 - \frac{\sum_{i=1}^{t}\left(X_{\text{obs}} - X_{\text{mod}}\right)^2}{\sum_{i=1}^{t}\left(X_{\text{obs}} - \overline{X_{\text{mod}}}\right)^2} \tag{5.55}$$

$$\text{RMSE} = \sqrt{\frac{\sum_{i=1}^{t}\left|X_{\text{obs}} - X_{\text{mod}}\right|_i^2}{t}} \tag{5.56}$$

式中,X_{obs} 为森林通量站的观测值;X_{mod} 为模型模拟值;$\overline{X_{\text{mod}}}$ 为模型模拟值平均值;i 为一年中的某一天;t 表示总天数或者窗口数。

本章研究为了证明长白山森林通量站的气候及生物物理代表性,计算了同化前后碳、水通量的 RMSE 之差,即 ΔRMSE,分析了 ΔRMSE 与站点气候因子(温度、降水、辐射)、生物物理因子(LAI、土壤温温湿度)的相关关系,得出了相应结论,证明了同化算法在该类站点的适用性和可推广性。

5.4.3 模拟结果与分析

本书研究分别模拟了 Biome-BGC、Biome-BGCMuSo 和同化后的 Biome-BGCMuSo 的结果,利用涡动通量数据验证三组结果的可靠性,并展开了对比分析。将 2003~2007 年站点观测的逐日土壤温湿度同化到 Biome-BGCMuSo 模型中,同化窗口为 1 天,集合设置为 200。土壤层深度 5cm、20cm 和 40cm 对应的温度方差分别为 8.03℃、6.75℃和 5.58℃;水分方差分别为 0.112、0.116 和 0.049。

1. 蒸散发模拟结果分析

图 5.20(a)为 Biome-BGC(ET_BGC)、Biome-BGCMuSo(ET_MuSo)和同化后的 Biome-BGCMuSo(ET_DA)模拟 ET 的结果,三组实验模拟的 ET 与涡动通量得到的 ET(ET_EC)季节变化情况较为一致,年均值及各个季节的均值见表 5.10。

与 ET_EC 相比(年均值为 448.52mm),ET_BGC 存在明显的低估现象[图 5.20(c)]($R^2 = 0.68$,RMSE = 1.152mm/d,$P < 0.01$),年均值为 313.04mm,ET_MuSo 模拟结果有明显改善,夏季模拟值的提升最为明显,年均值提升至 381.41mm,夏季的均值由 153.09mm/a 提升至 212.56mm/a,更为接近 ET_EC 的夏季值(304.43mm/a)。植被在缺氧条件下气孔会闭合,而长白山森林通量站夏季通常降水量较大,从而易造成缺氧条件,Biome-BGC 模型并未考虑到这点,另外 Biome-BGC 模型中不考虑土壤的饱和问题,这与

长白山森林通量站冬季或初春底层土壤通常为冻融层的实际情况不符，因此，ET_MuSo 在充分考虑了土壤饱和以及缺氧等情况下的模拟更为合理 ［图 5.20（b）］（$R^2 = 0.72$，RMSE = 0.895mm/d，$P < 0.01$）。

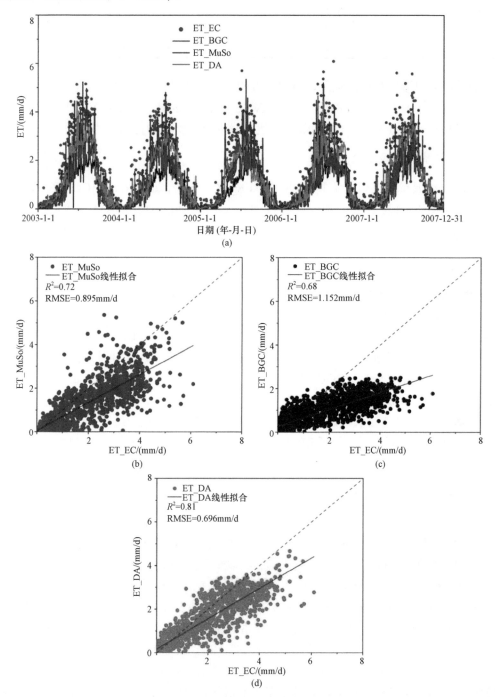

图 5.20　2003～2007 年长白山森林通量站 ET 模拟结果季节变化（a）
及其与涡动通量数据的对比图 ［（b）～（d）］

表 5.10　2003～2007 年长白山森林通量站 ET 年均及季节均值

ET	年均值/mm	春季均值/(mm/a)	夏季均值/(mm/a)	秋季均值/(mm/a)	冬季均值/(mm/a)
EC	448.52	126.13	304.43	111.02	17.58
BGC	313.04	55.78	153.09	91.09	13.08
MuSo	381.41	71.46	212.56	86.72	10.67
DA	450.48	85.05	245.31	106.39	13.74

随着土壤温湿度数据的加入，模型模拟的土壤蒸腾过程得到改善，进而提高了生态系统的蒸散发 [图 5.20(d)]（$R^2 = 0.81$，RMSE $= 0.696$mm/d，$P < 0.01$），同化后 ET_DA 的年均值(450.48mm/a)与 ET_EC 最为接近，且夏季及秋季的提高最为明显。

2. 生态系统呼吸结果分析

利用涡动通量观测值计算得到的 ER(ER_EC)分别验证 Biome-BGC(ER_BGC)、Biome-BGCMuSo(ER_MuSo)和同化后的 Biome-BGCMuSo(ER_DA)模拟的 ER，由图 5.21(a)可知，各组实验模拟结果的季节变化与 ER_EC 一致性较好，从整体上证明了模拟的可靠性。

ER_BGC 经 ER_EC 验证后，存在明显的高估，年均值为 1868.55gC/m^2，ER_EC 年均值仅为 1035.55gC/m^2(表 5.11)，夏季的高估最为明显，ER_BGC 夏季均值为 1004.88gC/($m^2 \cdot a$)，比夏季观测结果高了近一倍。Biome-BGC 模型中土壤有机质的分解受温度、水分、土壤碳氮含量影响，而根部呼吸受土壤温度和碳氮含量影响；Biome-BGCMuSo 模型中，这些变量对土壤有机质分解和根部呼吸的影响分层逐级计算，降低了模拟过程中的不确定性，使得 ER_MuSo 与 ER_BGC 相比 [$R^2 = 0.78$，RMSE $= 3.241$gC/($m^2 \cdot d$)，$P < 0.01$]，模拟结果精度有了极大提高 [$R^2 = 0.81$，RMSE $= 2.499$gC/($m^2 \cdot d$)，$P < 0.01$]。

随着同化过程的加入，ER_DA 在年均值[1467.05gC/($m^2 \cdot a$)]和季节均值[夏季：850.30gC/($m^2 \cdot a$)]上都明显接近了 ER_EC，且与 ER_EC 的相关度更高，误差更小[$R^2 = 0.85$，RMSE $= 1.969$gC/($m^2 \cdot d$)，$P < 0.01$]。

3. 净生态系统交换量结果分析

根据站点观测的涡动通量数据显示，长白山森林通量站在 2003 年和 2004 年冬季平均 NEE 均为正值，分别为 9.76gC/($m^2 \cdot a$)和 2.13gC/($m^2 \cdot a$)，该站点在该段时间内表现为碳汇，意味着即使在温度较低的情况下，森林生态系统的总光合作用仍然超过呼吸作用。三组实验(Biome-BGC、Biome-BGCMuSo 和同化后的 Biome-BGCMuSo)模拟的 NEE 分别表示为：NEE_BGC、NEE_MuSo 和 NEE_DA，与站点观测 NEE(NEE_EC)对比发现，三组实验模拟的 NEE 季节变化和碳源/汇情况与 NEE_EC 整体一致 [图 5.22(a)]。

模拟结果与涡动通量数据的相关性分析表明，NEE_BGC 存在明显的低估[图 5.22(b)]，[$R^2 = 0.64$，RMSE $= 3.340$gC/($m^2 \cdot d$)，$P < 0.01$]，由表 5.12 可知，年均值为 275.01gC/m^2，明显低于 NEE_EC(359.96gC/m^2)，其中冬季的低估最为明显，其均值为 –23.11gC/($m^2 \cdot a$)，而涡动通量的冬季均值为 –3.67gC/($m^2 \cdot a$)，冬季的低估整体上削弱了森林生态系统碳汇的作用。NEE_MuSo 的模拟在引入了多层土壤模块后，模拟效果有了明显改善

［图 5.22（c）］［$R^2 = 0.67$，RMSE $= 1.228$gC/$(m^2 \cdot d)$，$P < 0.05$］，主要是由于 Biome-BGCMuSo 模型对土壤呼吸模拟的改善，进而改善了 NEE。

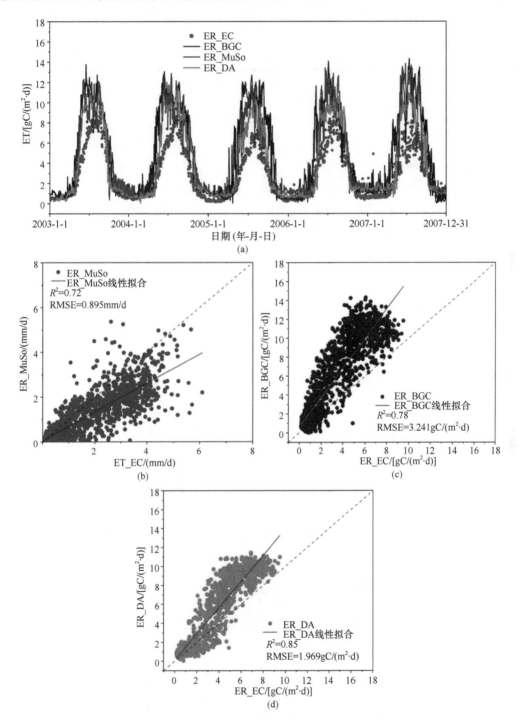

图 5.21　2003～2007 年长白山森林通量站 ER 模拟结果季节变化（a）
及其与涡动通量数据的对比图 ［（b）～（d）］

表 5.11　2003～2007 年长白山森林通量站 ER 年均及季节均值

ER	年均值/(gC/m²)	春季均值/[gC/(m²·a)]	夏季均值/[gC/(m²·a)]	秋季均值/[gC/(m²·a)]	冬季均值/[gC/(m²·a)]
EC	1035.55	148.48	578.43	255.73	52.92
BGC	1868.55	346.94	1004.88	426.59	90.14
MuSo	1613.73	222.39	925.59	362.09	103.66
DA	1467.05	200.71	850.30	332.64	83.41

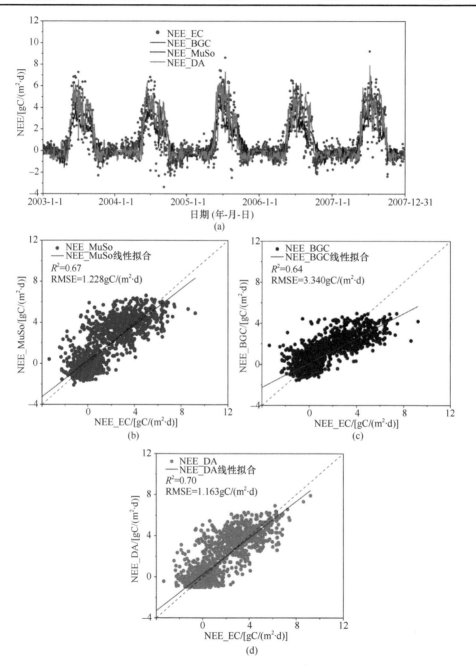

图 5.22　2003～2007 年长白山森林通量站 NEE 模拟结果季节变化(a)
及其与涡动通量数据的对比图〔(b)～(d)〕

表 5.12　2003～2007 年长白山森林通量站 NEE 年均及季节均值

NEE	年均值/(gC/m²)	春季均值/[gC/(m²·a)]	夏季均值/[gC/(m²·a)]	秋季均值/[gC/(m²·a)]	冬季均值/[gC/(m²·a)]
EC	359.96	27.99	323.34	15.77	−3.67
BGC	275.01	12.44	254.19	31.48	−23.11
MuSo	414.66	23.46	381.57	26.33	−16.69
DA	413.58	15.01	372.94	42.16	−16.52

　　土壤参量同化改善土壤呼吸作用的同时,间接提高了 NEE 的模拟精度[图 5.22(d)] [$R^2 = 0.70$, RMSE = 1.163gC/(m²·d), $P < 0.05$],且其年均值及季节均值与通量观测均值更为接近。

4. 气候及生物物理因子分析

　　研究中分析了土壤参量同化后精度的改善与气候、生物物理因子的关系,旨在表明森林站点具有代表性的同时,说明同化方法的可靠性和可推广性。长白山森林通量站点季节变化分明,为不同气候和生物物理条件下评估同化方法的有效性提供了可能。图 5.23 为长白山森林通量站 ΔRMSE 与气候因子的关系,时间窗口为 15 天,图中大部分 ΔRMSE$_{ET}$ 和 ΔRMSE$_{ER}$ 均为正值,表明即使在极端气候条件下(温度和辐射较低,以及降水少),土壤参量的同化仍提高了 ET 和 ER 的模拟效果;然而,即使在相对适宜的气候条件下,

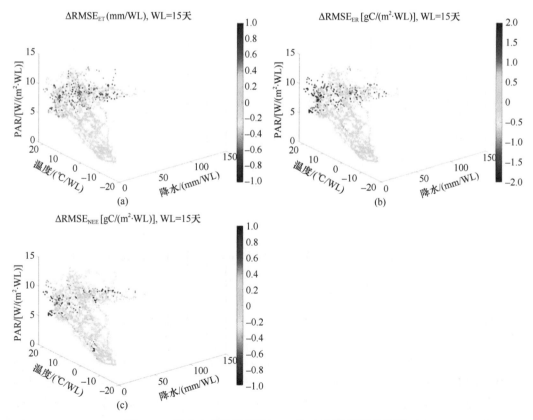

图 5.23　长白山森林通量站 ΔRMSE 与气候因子的关系

$\Delta RMSE_{NEE}$ 也存在负值的情况，由此也表明，NEE 的模拟受地上和地下等多个生态过程的影响。

图 5.24 为 $\Delta RMSE$ 与生物物理因子(土壤温湿度、LAI)的关系，由图 5.24 可知，$\Delta RMSE$ 的高值主要集中在土壤温湿度条件适宜的范围，同时也表明了土壤温度和 ER 以及土壤水分和 ET 的直接关系。LAI 是植被生长过程中的重要生物物理参数，在 LAI 高的情况下，同化的效果更佳，也就意味着本章研究中的同化算法更适合森林密集的区域；然而，土壤温湿度和 LAI 与 $\Delta RMSE_{NEE}$ 的关系不明显。

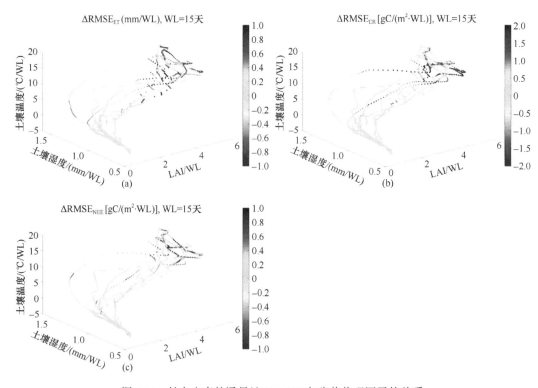

图 5.24　长白山森林通量站 $\Delta RMSE$ 与生物物理因子的关系

5.5　本 章 小 结

本章首先介绍了过程模型 LPJ-DGVM 和 Biome-BGCMuSo 的原理、输入数据及相关参数，其次介绍了模型在碳水通量研究中的应用。

以 FLUXNET2015 及 LaThuile 所提供的 7 个站点通量观测数据集(草地、温带常绿针叶林、温带常绿阔叶林和温带夏绿阔叶林)为基础，针对高度非线性的全球动态植被模型 LPJ-DGVM 在不同参数作用模块选取了 22 个植被理化参数，开展了参数不确定性分析、敏感性分析和关键参数优化实验，具体可得出以下结论：①所筛选的 22 个参数引起的 GPP 和 ET 参量的变动主要集中在生长季，所有站点 GPP 相对不确定性 RU 基本保持在 0.9～1.25 之间，年际变化不明显；ET 相对不确定性 RU 基本分布在 0.5 以下，具有明显的月变化趋势，且不确定性低于 GPP，说明所筛选的 22 个参数对 GPP 模拟产生的影响更为显著。②利用全局敏感性分析方法 EFAST 确定了 LPJ-DGVM 中对模型部分碳水相关参量具有显著影响的关键参数。结果表明，引起碳通量(GPP、NPP 及 Rh)变动的敏感参数类别十分集中且基本相似，影响较大的参数为：C3 植物固有 CO_2 吸收量子效率 α_{C3} 和叶和冠层尺度转化比 α_a；参数作用相对比较独立，且林地和草地对所选参数敏感性不存在明显差异。引起水通量(ET 及 Runoff)变动的敏感参数主要集中在光合及水平衡作用模块，影响较大的参数包括 α_{C3}、g_m(最大冠层导度)、α_m(蒸散参数)、$\lambda_{max, C3}$(C3 植物的最优 c_i/c_a)、θ(光合协同限制参数)等。部分参数(如 θ、α_a、$\lambda_{max, C3}$)总敏感性指数高于一阶敏感性指数，说明它们主要通过与其他参数的相互作用来影响 ET 和 Runoff 年均值。③在敏感性分析的基础上选取了 10 个模型关键参数，以 GPP 和 ET 模拟值和观测值平均误差设为目标函数，利用模拟退火法获取参数范围内最优数值，以最大限度地减小由参数引起的结果不确定性。实验表明，参数优化后的模型模拟性能得到了非常明显的改善。针对 GPP 而言，参数优化后的所有站点 GPP 模拟值相关性提高了 0.24，RMSE 降低了近 40%。针对 ET 而言，所有站点的平均相关性(R^2)提高了 0.19，RMSD 降低了约 26%。以上结果均说明，采用 GPP 和 ET 共同限制优化后的参数化方案更适用于 LPJ 模型模拟中国地区 GPP 和 ET。

　　Biome-BGCMuSo 模型是在 Biome-BGC 模型基础上，增加了多层土壤、人为管理、物候、灌溉等模块，丰富了植被生理生态过程的模拟，提高了土壤碳、水通量的模拟精度，进而提高生态系统模拟精度。本章以长白山森林通量站为研究站点，对比了 Biome-BGC、Biome-BGCMuSo 以及同化土壤参量后 Biome-BGCMuSo 模拟的碳水通量，结果表明，Biome-BGCMuSo 加入了多层土壤模块，改善了土壤碳水通量的模拟，进而提高了生态系统的碳水通量模拟。多层土壤温湿度观测数据同化到模型后，在改善模型参量的同时，进一步提高了模型的模拟精度。

第6章　植被和土壤多通道参数联合同化的碳水通量优化模拟

　　半干旱地区约占全球陆地面积的 15%和全球人口的 15%(Millennium Ecosystem Assessment，2015)，其占地面积大、扩张速度快、人类活动频繁。其碳动态是近十几年来控制全球碳汇年际变化和趋势的重要因素(Ahlström et al.，2015)，更是导致异常碳汇的主要来源(Poulter et al.，2014)。亚洲是世界上生态恶化最为严重的地区之一，气候干旱、蒸发强、降水稀少、光照充足，使得该地区尤其是亚洲中部半干旱区生态系统生产能力普遍低下，生态系统表现出极端的敏感性和脆弱性(Seddon et al.，2016)。亚洲半干旱区是全球半干旱区中近 30 年来碳水通量变化最大的区域，在整个干旱区中表现出显著增加的趋势($P<0.05$)，且受到降水、温度等气候因素的综合影响(Zhang et al.，2019)。自 20 世纪 50 年代以来，人类活动正日益影响和改变着亚洲半干旱区的土地利用结构布局(张静等，2017；郑艺等，2017)、方式与强度，使其生态环境发生显著变化，部分区域(如中亚)环境出现了明显的退化(Qi et al.，2012；Zhou et al.，2015)。这些因素导致亚洲半干旱区植被碳水通量的时空变化幅度大，不确定性也较高。因此，研究亚洲半干旱地区生态系统植被碳水通量时空格局及其驱动机制，有助于深入了解碳水循环过程机制，模拟和预测生态系统碳水过程的发展状况，可在一定时期内为亚洲半干旱区制定植被和水资源管理策略、实现可持续发展提供科学依据。

　　卫星遥感数据可以提供不同时空尺度、不同地表物体电磁波属性的空间测量，可为区域及全球大尺度碳水循环模拟提供所需参数。生态过程模型凭借理论性强、可反演多种参数以及可预测的优势，在碳水通量模拟方面得到了广泛应用。但生态过程模型参数众多，区域估算仍存在很大的不确定性。仅将遥感反演参数作为驱动变量代入模型中，无法实现模型与遥感观测的有机结合，也没有改变模型结构或模型参数的不确定性问题，这也是当前众多模型模拟结果存在差异的一个原因。随着目前观测数据的多元化，观测模型间的结合即数据同化成为研究热点，为碳循环模型与观测手段的结合提供了技术支撑(樊华烨等，2020)。数据同化不仅具备模型模拟的时空连续性和观测数据的准确性，还可以减少模型模拟的不确定性，从而准确估算生态系统各要素。多个时刻、多源遥感观测资料以及不断改进的同化方法有利于综合利用观测和模型信息提高大尺度区域碳水通量估算精度，观测-模型同化为深入定量评估生态系统碳水通量及其变化规律提供了有效的方法。

　　本章以亚洲半干旱区为研究区，采用遥感观测-过程模型同化的方法估算全球半干旱区碳水通量，在整合不同模型优势的同时，充分考虑模型输入数据、模型结构等误差，优化模型状态变量，提高生态系统碳水通量模拟精度，最终得到半干旱区时空连续的碳水通量产品，并分析其时空变化格局及其对气候变化的响应。

6.1　过程同化方法与数据

基于本书的研究目的与内容，选用动态植被模型(Lund-Potsdam-Jena dynamic global vegetation model，LPJ-DGVM)来模拟全球不同植被的碳水循环过程并得到单位面积的碳水通量。为了减少模型不确定性、提高模拟精度，首先通过模型耦合的方法，将最近发展的基于表层土壤湿度遥感数据的蒸散算法模块(updated Priestley-Taylor Jet Propulsion laboratory model，PT-JPL$_{SM}$)与 LPJ-DGVM 耦合，来改善 LPJ-DGVM 模型的水文模拟。其次，构建了耦合模型–遥感观测同化系统，利用植被与土壤参量观测优化模型模拟。

6.1.1　耦合模型 LPJ-PM

LPJ-DGVM 模型作为本章研究的底层过程模型，其水文模块存在的缺陷(结构过于简单，土壤参量的限制较少)导致模型模拟的碳水通量尤其是蒸散模拟误差较大(Sitch et al.，2003)。因此，将加入表层土壤湿度限制的蒸散算法模块 PT-JPL$_{SM}$ 耦合到 LPJ-DGVM 中，构建一个新的耦合模型 LPJ-PM。通过站点验证，PT-JPL$_{SM}$ 模型显著提高了 ET 的模拟精度，尤其是在干旱区与半干旱区(Purdy et al.，2018)。该耦合模型利用 LPJ-DGVM 模型的中间输出参量、相对湿度(RH)以及表层土壤水分观测作为 PT-JPL$_{SM}$ 的输入参量，对 GPP 和 ET 进行日尺度模拟。其中 LPJ-DGVM 模型的中间输出参量包括模型计算的叶面积指数、冠层高度以及光合有效辐射(FAPAR)。耦合模型 LPJ-PM 的构建流程图如图 6.1 所示。6.1.1 节简要介绍了 PT-JPL$_{SM}$ 模型的概念结构和运行机制。

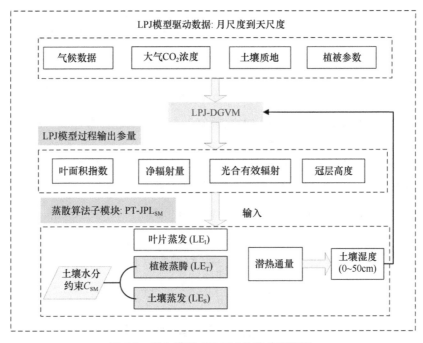

图 6.1　耦合模型 LPJ-PM 的构建流程图

下文简要介绍了 PT-JPL$_{SM}$ 的原始形式，Purdy 等(2018)提供了更详细的信息。与 LPJ-DGVM 模型计算 ET 相似，Priestley Taylor-Jet Propulsion Laboratory(PT-JPL)方法给出了 LE 的三个分量：土壤蒸发(LE$_S$)、植被蒸腾(LE$_T$)和叶片蒸发(LE$_I$)；根据能量与水通量的关系，可以将其总和转化为总蒸散发量(LE)。

在 PT-JPL 中：

$$LE_T = \left(1-RH^4\right)\alpha\frac{s}{s+\gamma}Rn\left(1-e^{-0.6LAI}\right)f_G f_T C_{SM} \tag{6.1}$$

$$LE_S = [RH^4 + C_{SM}(1-RH^4)]\alpha\frac{s}{s+\gamma}(Rne^{-0.6LAI} - G) \tag{6.2}$$

式中，s 为饱和蒸汽压随温度升高的速率；γ 为湿度计常数(65kPa/℃)；α 为 Priestley-Taylor 系数，设为 1.26；f_G 为冠层绿度与光合有效辐射的关系；f_T 为次优温度约束；C_{SM} 为土壤水分约束的指标；LAI 为继承 LPJ-DGVM 模型的叶面积指数；Rn 为净辐射 (W/m^2)；G 为土壤热通量(W/m^2)；RH 为相对湿度。

在更新过的 PT-JPL 模型中(简称 PT-JPL$_{SM}$)，Purdy 等(2018)在土壤水分蒸腾［式(6.5)］，包括土壤蒸发［式(6.6)］和土壤热(G)的计算中添加一个表层土壤湿度约束(0～1)，而 PT-JPL 模型中没有直接添加土壤水分对蒸散过程的限制，而是利用 Bouchet 陆地大气平衡理论以及相对湿度、饱和水汽压差的函数来替代土壤水分的影响。

(1)PT-JPL 模型中的土壤水分约束 C_{SM}。

植被蒸腾：

$$C_{SM} = \frac{f_{APAR}}{f_{APAR\,max}} \tag{6.3}$$

式中，f_{APAR} 为吸收的光合有效辐射(PAR)与光合有效辐射的比值；$f_{APARmax}$ 为全年最大 f_{APAR}。这个约束代表了土壤水分在超过一个月的时间尺度上对最大绿度偏差的潜在响应。物候变化引起的峰值绿度变化会影响蒸腾高估。

土壤蒸发：

$$C_{SM} = RH \times VPD \tag{6.4}$$

式中，RH 为相对湿度；VPD 为饱和水汽压差。该方程假定近地面大气处于平衡状态，而在高时空分辨率或特定区域则不是这样。

(2)PT-JPL$_{SM}$ 提出土壤水分约束 C_{RSM} 代替 PT-JPL 模型中的 C_{SM}。

植被蒸腾：

$$C_{RSM} = \left[1-RH^{4(1-VWC)(1-RH)}\right]C_{SM} + \left[RH^{4(1-VWC)(1-RH)}\right]C_{TRSM} \tag{6.5}$$

$$C_{TRSM} = 1 - \left(\frac{w_{CR} - w_{obs}}{w_{CR} - w_{pwp\_CH}}\right)^{\sqrt{CH}} \tag{6.6}$$

土壤蒸发：

$$C_{RSM} = \frac{w_{obs} - w_{pwp}}{w_{fc} - w_{pwp}} \tag{6.7}$$

式中，w_{obs} 为 SMAP 土壤湿度；w_{pwp} 为萎蔫点的含水量；w_{fc} 为田间容量时的含水量，由土壤性质决定；VWC 为土壤含水量；w_{CR} 为表征土壤水分对 ET 限制程度的关键参数（由田间持水量，植被萎蔫点的含水量，冠层高度以及潜在蒸散量决定）；使用的 w_{pwp_CH} 为冠层高度(CH)，其与深层根系捕获水分的潜力有关，可以限制蒸腾速率，其可表征土壤水分有效性(Purdy et al., 2018；Serraj et al., 1999)。

有效水量的比例限制了土壤蒸散发到最大有效水量。这个标量用来表示由土壤性质决定的相对准确的植被可提取水分含量，以及由地表水约束决定的可蒸发水分。

为了构建同化系统与模型的联系，需要在过程模型中建立同化 ET 与土壤湿度的关系。基于 Logistic 分布的非线性土壤水分有效性函数与其他广泛使用的土壤水分转换方法相比，在水文模型中计算 ET 更具有优势(Zhao et al., 2013)。在 LPJ-PM 中，利用同化后的 ET(t 时间)和其他土壤参数，由非线性土壤水分有效性函数计算土壤含水量。LPJ-DGVM 模型在时间 $t+1$ 的顶层土壤含水量将被转换后的土壤含水量所代替。转换函数描述为

$$SW_{i+1} = 2W_c\left[\ln\left(\frac{E_p}{ET_{DA}}\right)+0.5\right]\qquad(6.8)$$

式中，SW 为土壤含水量；W_c 为土壤质地所决定的田间持水量(mm)；E_p 为 LPJ-DGVM 中通过 Penman-Monteith 方程计算的潜在蒸散发。下标 $i+1$ 表示第 $i+1$ 步的变量。

6.1.2　LPJ-VSJA 同化系统与精度验证

1. 同化系统与实验设计

尽管构建的 LPJ-PM 耦合模型加入了真实表层土壤湿度信息作为限制，来提升模型对 ET 的模拟精度，但是由于格网内的土壤异质性，SMOS(25km 分辨率)或 SMAP(9km 分辨率)土壤湿度数据无法代表网格的真实值，因此造成了空间 ET 的模拟误差。另外，除了土壤湿度的限制因素外，与植被相关的参数也应被考虑用来提高模型的碳水通量模拟效果。

为了提高 LPJ-DGVM 的预测能力，我们设计三种同化方案来测试 GPP 和 ET 的同化性能：同化 LAI(方案 1)、由表层土壤湿度限制所得出的 ET(方案 2)，以及联合 LAI 和 ET 的同化(方案 3)，并构建了一个同化系统 LPJ-VSJA(图 6.2)。我们所提出的同化系统 LPJ-VSJA 主要由四个部分组成：一个过程模型用作模型算子(LPJ-DGVM)、观测算子(建立同化变量与观测变量之间的关系)、观测数据集[GLASS LAI 和土壤湿度与海水盐度(SMOS)或者土壤湿度主动被动探测(SMAP)土壤湿度数据]，以及同化算法(POD-En4DVAR)。基于 PT-JPL$_{SM}$ 的表层土壤水分以及叶面积指数的约束，LPJ-VSJA 对植被的碳水通量进行优化模拟。

综合实验包括以下步骤：

(1)初始化 LPJ-DGVM，输出实验期间(2010～2018 年)的初始状态变量，称为"控制运行(OL)"场景。

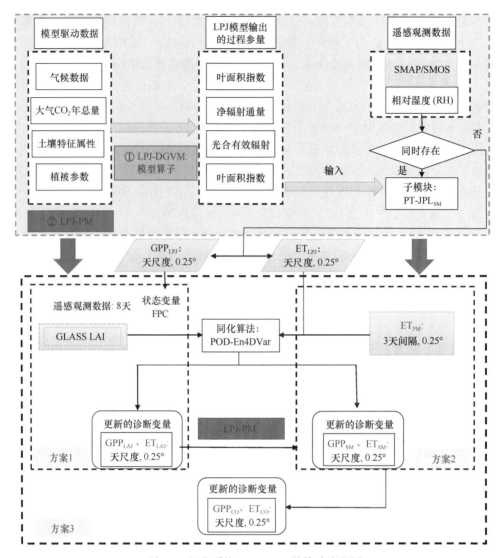

图 6.2　同化系统 LPJ-VSJA 的构建流程图

（2）分别执行方案 1、方案 2、方案 3，结果为更新后的状态变量。方案 1 的每日 GPP 和 ET 同化结果称为"GPP$_{LAI}$"和"ET$_{LAI}$"，方案 2 的称为"GPP$_{SM}$"和"ET$_{SM}$"，方案 3 的称为"GPP$_{CO}$"和"ET$_{CO}$"。该场景采用与控制运行相同的输入数据和模型参数进行模拟，通过 POD-En4DVar 同化方法耦合表层土壤湿度数据和遥感 LAI 数据，更新 ET 和 GPP。

（3）通过比较无同化状态（"控制运行"情景）和同化后状态的 R^2、RMSE、偏差（Bias）、无偏均方根误差（ubRMSE）评价 GPP 和 ET 同化效果（方案 1、方案 2、方案 3）；并分析单独同化（方案 1、方案 2）和联合同化（方案 3）的同化效果，分别为 GPP 和 ET 选择最优同化方案。

（4）在验证期内（2010～2014 年），通过将站点划分为湿润或干旱区，对采用最优同化方案模拟的 GPP 和 ET 结果进行评价。该步骤的目的是评价最优同化方案在水资源受限地区的优越性。

(5)对于第二种同化方案中使用的不同的土壤湿度数据集(SMOS 和 SMAP),选取两种数据集的共同观测时间段(2015 年 4 月～2018 年 12 月)分别进行方案 2 的同化模拟并进行站点尺度评估,来对比两种土壤湿度数据集对过程模型的碳水通量模拟的改善程度。

(6)根据最优的同化方案,分别进行全球 GPP、ET 的空间估算,并与其他全球空间参考数据集进行对比验证。

2. 精度验证方法

站点精度验证采用 R、RMSE、Bias、ubRMSE 四种评价指标和泰勒图来评价站点同化精度。

R 表示模型模拟的站点碳水通量(RE)与站点测量数据(OBS)之间的相对准确性与变化相似性:

$$R = \frac{\sum_{i=1}^{n}\left[\text{OBS}(i) - \overline{\text{OBS}}\right]\left[\text{RE}(i) - \overline{\text{RE}}\right]}{\sqrt{\sum_{i=1}^{n}\left(\text{OBS}(i) - \overline{\text{OBS}}\right)^2 \sum_{i=1}^{n}\left(\text{RE}(i) - \overline{\text{RE}}\right)^2}} \tag{6.9}$$

Bias 表示偏差,即模拟结果与站点通量测量的系统差异:

$$\text{Bias} = \overline{(\text{OBS} - \text{RE})} \tag{6.10}$$

标有横线的量为平均值

RMSE 代表站点模拟与观测之间的绝对误差或者模拟精度:

$$\text{RMSE} = \sqrt{\frac{\sum_{i=1}^{n}\left[\text{OBS}(i) - \text{RE}(i)\right]^2}{n}} \tag{6.11}$$

ubRMSE 是一种绝对误差的更可靠的估计,利用偏差消除了 RMSE 的随机误差。

$$\text{ubRMSE} = \sqrt{(\text{RMSE})^2 - (\text{Bias})^2} \tag{6.12}$$

除此之外,选用泰勒图来展示不同表层土壤湿度观测值(SMAP 与 SMOS)对 ET 的同化性能,基于 R、ubRMSD 和标准差(SD)指标,以显示同化模拟与观测值的匹配程度(Taylor,2001)。在泰勒图中,SD 表示从原点出发的径向距离;在极坐标中,角度代表同化结果与站点观测结果的相关性。ubRMSD 为观测与模拟的差距,在图中表示为以 A 点为圆心的绿色半圆弧。模型点离参考点(A 点)越近,性能越好。该图能够在多个角度对各种模型模拟结果进行可视化的综合评估。

三重组合(triple collocation,TC)方法被用于估算 GPP 和 ET 产品的空间误差方差(Stoffelen,1998)。该方法依赖于产品之间的强相关性以及产品误差相互独立的假设,计算能够互相比较的卫星观测或模型模拟产品的误差方差和信噪比(SNR)。其主要优点是它不需要任何空间数据集作为真值就计算出三种数据集各自的误差空间分布。这一方法已广泛应用于海洋学领域(Caires and Sterl,2003;Khan et al.,2018;O'Carroll et al.,2008;Stoffelen,1998),特别是广泛应用于土壤湿度数据集的比较中(Chan et al.,2016;

Kim et al.，2018）。TC 为空间同化结果的比较提供了一个可靠的平台。该方法计算误差方差的公式为

$$
\begin{cases}
\sigma_{\varepsilon_a}^2 = \sigma_a^2 - \dfrac{\sigma_{ab}\sigma_{ac}}{\sigma_{bc}} \\[3mm]
\sigma_{\varepsilon_b}^2 = \sigma_b^2 - \dfrac{\sigma_{ba}\sigma_{bc}}{\sigma_{ac}} \\[3mm]
\sigma_{\varepsilon_c}^2 = \sigma_c^2 - \dfrac{\sigma_{cb} - \sigma_{ca}}{\sigma_{ba}}
\end{cases}
\tag{6.13}
$$

式中，a、b、c 代表不同的产品数据集；σ 代表标准差，即 $\sigma_{\varepsilon_a}^2$、$\sigma_{\varepsilon_b}^2$、$\sigma_{\varepsilon_c}^2$ 分别代表 a、b、c 数据集的误差方差；σ_{ab} 代表 a 和 b 的协方差，其他符号含义一致。在本章研究中，基于产品相关性假设，对相关系数小于 0.2 的非植被区域不进行计算（Yilmaz and Crow，2014）。

6.1.3　POD-En4DVar 同化算法

Tian 等（2011）在结合集成卡尔曼滤波（EnKF）的优势和 4DVar 同化方法的基础上，提出了一种混合同化方法，即基于本征正交分解（POD）的集成四维变分（4DVar）同化方法（简称 POD-En4DVar）。该方法具有初值与物理模型协调良好、节省计算量的优点。通过 POD 分解将观测扰动（OPs）与模式扰动（MPs）矩阵转换为正交且独立的基向量，从而构造模型与观测的最优解。此外，POD-En4DVar 可以同时同化多时间观测数据，并通过类似于 EnKF 中集合的方式提供背景误差协方差估计，避免了伴随模式的计算。其算法原理如图 6.3 所示。

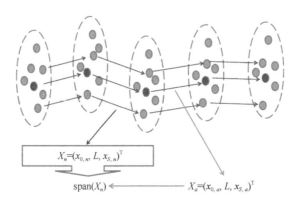

图 6.3　POD-En4DVar 方法原理图（张建才，2015）

在 4DVar 算法中，通过最小化代价函数的初始增量格式，可以得到一个分析字段：

$$
J(x') = \frac{1}{2}(x')B^{-1}(x') + \frac{1}{2}\left[y'(x') - y'_{\text{obs}}\right]^{\mathrm{T}} R^{-1}\left[y'(x') - y'_{\text{obs}}\right]
\tag{6.14}
$$

式中，$x' = x - x_b$；$y'(x') = y(x' + x_b) - y(x_b)$；$y'_{\text{obs}} = y_{\text{obs}} - y(x_b)$；$y = H\left[M_{\text{to}\to\text{tk}}(x)\right]$；$x'(x'_1, x'_2, \cdots, x'_N)$ 为模型扰动（MP）矩阵；$y'(y'_1, y'_2, \cdots, y'_N)$ 为 N 个样本的观测扰动（OP）矩

阵；B 为背景场；T 为转置；H 为观测算子；M 为预测模型；b 为背景误差协方差；R 为观测误差协方差；obs 为观测值。

假设 OP(y') 与 MP(x') 近似为线性关系，先按照 POD 变换对 OP 矩阵进行变换，再用同样的方法对 MP 进行变换。经过变换的 OP 样本 ($\phi_y = y_1', y_2', \cdots, y_n'$) 是正交独立的，经过变换的 MP 样本 ($\phi_x = x_1', x_2', \cdots, x_n'$) 与相应的 OP 样本是正交的，其中 n 为 POD 模式数。因此，最优增量分析值可表示为

$$x_a' = \phi_{x,n}\beta \tag{6.15}$$

其对应的最优增量 y_a' 由式子：$y_a' = \phi_{y,n}\beta$ 得出，其中 $\beta = (\beta_1, \beta_2, \cdots, \beta_n)^{\mathrm{T}}$。

与集合卡尔曼滤波法 (EnKF) 相同，背景误差协方差 B 可以由式 (6.16) 计算得出：

$$B = \frac{\phi_{x,n}\phi_{x,n}^{\mathrm{T}}}{n-1} \tag{6.16}$$

将式 (6.15) 和式 (6.16) 代入式 (6.14)，得到另一个控制变量为 β 的成本函数来代替 x'：

$\tilde{\phi}_y = \left[(n-1)I_{n\times n} + \phi_{y,n}^{\mathrm{T}}R^{-1}\phi_{y,n}\right]^{-1}\phi_{y,n}^{\mathrm{T}}R^{-1}$，则增量分析值 x_a' 可以表达为

$$x_a' = \phi_{x,n}\tilde{\phi}_y y_{\mathrm{obs}}' \tag{6.17}$$

因此，最终的分析值 x_a 可以被计算为

$$x_a = x_b + \phi_{x,n}\tilde{\phi}_y y_{\mathrm{obs}}' \tag{6.18}$$

由于基于集合的同化方法中集合成员的数量通常小于观测数据和模型变量的自由度，因此观测位置和模型变量之间存在着虚假的长程相关性（即过去的状态可以对将来产生影响）。而定位技术被用于解决这个问题 (Houtekamer and Mitchell，1998)。最后的增量分析值改写为

$$x_a' = \phi_{x,n}\tilde{\phi}_y y_{\mathrm{obs}}' C_0\left(\frac{d_h}{d_{h,0}}\right) \cdot C_0\left(\frac{d_v}{d_{v,0}}\right) \tag{6.19}$$

式中，d_h 和 d_v 分别为状态空间位置与观测变量之间的水平距离和垂直距离；$d_{h,0}$ 和 $d_{v,0}$ 分别为水平和垂直协方差定位。其中，滤波函数 C_0 被表示为

$$C_0(r) = \begin{cases} -\dfrac{1}{4}r^5 + \dfrac{1}{2}r^4 + \dfrac{5}{8}r^3 - \dfrac{5}{3}r^2 + 1, & 0 \leqslant r \leqslant 1 \\ \dfrac{1}{12}r^5 - \dfrac{1}{2}r^4 + \dfrac{5}{8}r^3 + \dfrac{5}{3}r^2 - 5r + 4 - \dfrac{2}{3}r^{-1}, & 1 < r \leqslant 2 \\ 0, & 2 < r \end{cases} \tag{6.20}$$

式中，r 为滤波器的半径。

运行该同化算法主要分为两步，即预报和更新：①在当前同化窗口中运行 LPJ-DGVM 并生成模拟结果与背景场向量。②利用该算法计算最优同化增量 x_a' 以及分析解 x_a。③利用分析解对当前窗口中的模拟结果以及模型初始条件进行更新。④利用更新后的初始条件进行模型 LPJ-DGVM 预报，并重复以上过程。

6.1.4　数据源介绍

1. 模型驱动数据

本章研究采用气象、土壤属性和年际 CO_2 浓度数据集作为 LPJ-PM 模型（子模块分别为 LPJ-DGVM 和 PT-JPL$_{SM}$）驱动数据集来模拟每日单位面积的植被总初级生产力和蒸散。表 6.1 分别描述了 LPJ-DGVM 和 PT-JPL$_{SM}$ 子模块中输入数据集的时空特征。

表 6.1　耦合模型以及同化所使用的模型驱动数据集以及遥感观测数据集

数据集	变量	时间	空间分辨率	参考文献
CRU TS v4.1	云量、温度、降水量、湿度天数	1901~1930 年	0.5°×0.5°	New 等(2000)
莫纳罗亚天文台的冰核测量和大气观测	大气 CO_2 浓度	1901~2018 年	NA	Etheridge 等(1996)；Keeling 等(1980)
MERRA-2	降水、地表温度、云量、相对湿度	2010~2018 年	0.5°×0.625°	Rienecker 等(2011)
SPL3SMP_E	地表土壤湿度	2015 年 4 月至今	9km×9km	Entekhabi 等(2010)
GLASS LAI	叶面积指数	2010~2018 年	5km×5km	Xiao 等(2013)
SMOS_L3 CATDS	地表土壤湿度	2010 年至今	25km×25km	Kerr 等(2010)

1）气象数据集

LPJ-DGVM 模型进行初始化所使用的气候驱动数据集为英国东安格利亚大学气候实验室（Climate Research Unit，CRU）所提供的 1901~1930 年的 CRU TS4.03 版本气候数据（Harris et al.，2020），包括月降水、地表温度、云量和湿度天数，经过 1000 年反复运行 LPJ-DGVM 模型，其碳库和植被覆盖度达到近似平衡。CRU 数据分辨率为 0.5°×0.5°，时间跨度较长，为 1901~2019 年。通过对全球区域的站点实测数据的整合以及利用同化算法进行校正，获得了全球大陆气象数据，该数据更适合应用于长时序的全球气候变化研究以及大型植被动态模型的数据驱动。在真实模拟阶段（2010~2018 年），采用 MERRA-2 全球高分辨率再分析日尺度气候数据，包括降水、温度、云量、相对湿度。MERRA-2 产品是从戈达德地球科学数据和信息服务中心（GES DISC）下载的（https://www.esrl.noaa.gov/psd/）。该数据集由 NASA 全球建模与同化办公室（NASA's global modeling and assimilation office，GMAO）生产与更新，空间分辨率为 0.5°×0.667°。与第一版 MERRA 产品相比，第二版 MERRA 产品不仅通过辐射以及同化偏差校正使降水以及不同垂直水平的大气相关数据得到了较大的改善（Rienecker et al.，2011），还利用 NASA 对于气溶胶与温度的观测与其他物理过程进行交互式分析，更好地表示大气循环过程（Gelaro and Clim，2017）。多项研究对其进行了质量评估与不确定性分析，并证明了其可靠性（http://journals.ametsoc.org/collection/MERRA2）。由于 LPJ-DGVM 模型代码使用每月的气候数据作为输入，我们使用 Visual Basic 框架对 LPJ-PM 代码进行了改写，实现了日尺度输入以及两个子模型的耦合。

2) 土壤属性数据

在子模块 PT-JPL$_{SM}$ 的模拟过程中，需要土壤质地和相关属性数据。选用了世界土壤数据库（Harmonized World Soil Database，HWSD）v1.2 数据集的土壤属性（包括植被枯萎点限制含水量、田间持水量和土壤孔隙度）作为 PT-JPL$_{SM}$ 模型的输入参数。HWSD v1.2 是目前全球最全面、最详细的土壤参数网格数据，提供了各个格网点的土壤类型、土壤相位、土壤理化性状等信息，可用于对土壤生物地球化学模型进行评估。HWSD 中的土壤特征中包括土壤发育过程中各个阶段的土壤剖面数据（如土壤 pH、有机碳含量），其适用于表层土壤层（0～30cm）和较深的土壤剖面（30～100cm）。数据集中土壤的分类系统主要参照 FAO-90 的土壤分类系统，以 2000 年土壤分类为基准绘制。分辨率为 0.05°，以 NetCDF 文件的形式存储。数据集可从美国橡树岭国家实验室-分布式主动归档中心〔Oak Ridge National Laboratory（ORNL）Distributed Active Archive Center（DAAC）〕在线获取（http://daac.ornl.gov）。

3) 数据集预处理

对于站点尺度模拟，为了保持与 SMAP Enhanced-3 level 产品的一致性（Entekhabi et al.，2010），基于 EASE-2 投影格网，将模型驱动数据重采样为 9km 空间分辨率。在全球空间模拟中，采用双线性插值方法，将模型驱动数据集重采样到 0.25°，来确保该研究所需的驱动数据具有一致的时间和空间分辨率。根据之前的研究成果（Yang et al.，2016），该空间分辨率是通过考虑模型对碳水通量模拟输出运行效率来确定的。

2. 遥感参数 LAI

当前存在一系列全球范围 LAI 产品，但是大多数产品的时间覆盖范围以及空间分辨率有限。Xiao 等（2013）根据高分辨率辐射计（AVHRR）和中等分辨率成像光谱仪（MODIS）反射率数据生成了一套长时间序列的全球陆地卫星（GLASS）LAI 产品。已经有许多研究对 GLASS LAI 产品进行了精度验证与对比分析，证明了 GLASS LAI 产品的时间平滑度优于 GEOV1 和 MODIS LAI 产品的时间平滑度，GLASS LAI 值更接近高分辨率影像反演的 LAI 的平均值（RMSE = 0.78 和 R^2 = 0.81）（Xiao et al.，2014）。因此，GLASS LAI 产品可以较准确地反映给定时间段的 LAI 值和变化，也可以用于陆地生态过程模型的同化。

本书所使用的遥感观测数据是由北京师范大学"全球陆表特征参量产品生成与研发"项目中研发的 GLASS LAI 产品。该产品利用广义回归神经网络法（GRNNs）集成时间序列 MODIS 和 CYCLOPES 观测信息，同时融入地面观测和地表反射率数据，以生成更长时间序列、更高时空分辨率以及更高精度的 LAI 产品。该产品已广泛应用于全球、洲际和区域的大气、植被覆盖、水体等方面的动态监测，可为全球生态环境演变规律、环境监测以及资源开发等提供科学数据支持。本书使用的 GLASS LAI 数据跨度为 2010～2018 年，空间分辨率为 5km，时间分辨率 8 天，投影方式为正弦投影。为了与模型驱动的气候数据分辨率以及验证数据集保持一致，本章研究将 LAI 产品重采样为 0.25°×0.25°。

3. 土壤湿度空间数据集

土壤湿度的准确性在干旱区的碳水通量估算中起到了至关重要的作用。在过去的30年里，全球各个地区都在发展对土壤湿度的观测技术。一般有两种观测手段：一种是站点观测，另一种是通过卫星遥感的手段进行土壤湿度的间接观测或者反演。站点观测是通过大型土壤水分监测网(ISMN)或者 FLUXNET 通量站的土壤水分观测仪进行测量。然而，土壤水分在空间和时间上都是高度可变的，站点观测只在时空上具有有限的覆盖范围，在全球生态系统模型的尺度上具有较大的代表性误差，不适合于区域或全球应用研究。因此，对大尺度土壤水分的监测只能依赖于空间遥感的方法(Srivastava et al.，2014)。由于微波传感器与土壤介电常数具有独特的强相关性，因此微波遥感卫星被认为是测量全球土壤含水量空间分布的有效工具。L 波段(12GHz)被认为是土壤水分恢复的最佳波段，因为在这个波段，大气的影响可以最小化，植被吸收或反射的能量更少。SMAP 和 SMOS 卫星是目前轨道上仅有的两颗配备 L 波段微波仪器的土壤水分专用卫星。

1) SMOS-IC 土壤湿度数据集

SMOS 卫星于 2010 年由欧洲航天局发射，与 SMAP 类似，SMOS 使用的辐射计仪器在 L 波段工作。与具有恒定的观测入射角的 SMAP 卫星相比，SMOS 测量的是一个观测入射角范围内的亮度温度。该角度信息可用于上方土壤和植被信号的分离。SMOS-L2 SSM 数据可以从欧洲太空局数据网站中获取(https://earth.esa.int/eogateway/missions/smos/data)。为了与 SMAP 进行同化实验的对比，我们使用了 2015 年 3 月 31日～2018 年 12 月 31 日的 SMOS-L2 数据，该时间段与 SMAP-L3 Enhanced 和 SMOS-L2产品的可获取时间区间相重叠。

2) SMAP L3 Enhanced 土壤湿度数据集

SMAP 卫星用来测量地球表面的被动微波辐射(O'Neill et al.，2016a，2016b)。它于2015 年由美国国家航空航天局发射，携带无源微波仪(L-波段辐射计)和有源仪器(L-波段雷达)。有源仪器在发射后不久就失效了，因此我们只使用辐射计的数据。卫星所衍生的表层土壤湿度数据(0～5cm)是整个格网面积的平均值，L 波段辐射计分辨率约为40km。在本章研究中，我们使用 SMAPEnhanced-3 level 辐射计土壤水分(SM)(Version2) 降轨产品，投影方式为 EASE-Grid 2.0，空间分辨率为 9km，每三天提供一次全球覆盖。因为降轨(6:00a.m.)产品更符合土地与植被的热平衡假设，在干旱和半干旱地区被证明具有较高的精度，因此被研究者们广泛使用(de Jeu et al.，2008)。

3) 土壤湿度数据集预处理

为了控制 SMAP 与 SMOS 数据的质量，需要考虑网格内的植被分布比率和数据的时间可用性。植被含水量高的林地和农业区以及地表含水量高的地区表层土壤水分空间反演精度较差(Zhang et al.，2019；He et al.，2017；Burgin et al.，2017)。因此，水体面积在格网中占比大于 10%且在一年内有效的 SMAP 数据占比小于 50%的网格被剔除，这减轻了SMAP 表层土壤水分检索精度下降而造成的较差的建模影响(O'Neill et al.，2016a；Bindlish et al.，2015；Choudhury et al.，1982）。我们仅使用表层土壤湿度不确定性小于 $0.1m^3/m^3$、在实际范围（$0\sim0.6m^3/m^3$）内以及土壤层（$50\sim100cm$）温度高于 $2℃$ 的数据（Blyverket et al.，2019）。利用最近邻方法将 SMAP 与 SMOS 数据进行重采样以适用于模型模拟。

4. 涡度通量观测数据

1）通量站点介绍

在本章研究中，我们筛选了从 2010 年 1 月～2018 年 12 月的 300 个涡度通量站点[包括 FLUXNET2015（https://fluxnet.fluxdata.org/data/fluxnet2015-dataset/）和 AmeriFlux（http://public.ornl. Gov /ameriflux）以及黑河流域网站（Li et al.，2013）]来评估本书的同化结果。该产品包括几百米范围内气象变量和能量的通量，每半小时连续测量一次（Feng et al.，2015）。此外，辅助物理变量（如气温、降水、辐射）的连续测量是由大量高时间分辨率的传感器获得的。这些通量数据都经过了通量网的质量控制和数据处理。

FLUXNET2015 数据集包含来自 212 个站点的 1500 多个站点年的数据。一级数据库包含世界上大多数气候空间和代表生物群（植被分类根据 IGBP）。这些站点植被类型包括森林（102）、草原（GRA）（38）、农田（CRO）（20）、湿地（21）、灌木丛（16）、热带草原（14）和其他类型（1）。森林包括常绿针叶林（ENF）、常绿阔叶林（EBF）、落叶阔叶林（DBF）和混交林（MF）。灌木地包括开放和封闭灌木地（OSH/CSH），热带稀树草原包括木本热带稀树和热带稀树草原（WSA/SAV）。我们选择了 105 个位于全球植被区的通量站点，其中验证 GPP 的站点覆盖了五个主要的生物群落：草地（18 个）、热带稀树草原（11 个）、灌木林（4 个）、森林（49 个）和农田（13 个）。验证 ET 的站点有草地（19 个）、热带稀树草原（11 个）、灌木林（4 个）、森林（53 个）和农田（14 个）。

为了验证基于不同的土壤湿度观测数据集（SMAP 与 SMOS）对 ET 的同化模拟结果，我们选取了 37 个 2015～2018 年的 AmeriFlux 站点与 2 个黑河流域通量观测站点。站点包含了干旱区（4 个）、半干旱区（13 个）、湿润区（18 个）、半湿润区（4 个）。其中，覆盖的土地类型包括草地（9 个）、热带稀树草原（3 个）、灌木林（4 个）和森林（16 个）和农田（7 个）。

2）质量控制

我们删除了数据质量不能确定的站点，包括所有数据中存在显著的不合理的季节变化和年际变化的站点（关键的气候变量或通量变量，如 GPP、温度）。随后利用 Bowen ratio closure 方法（Twine et al.，2000）对能量不闭合的数据进行修正，以提高能量闭合率（Huang et al.，2015；Yang et al.，2020）。

若可用能量数据［总辐射通量（R_n）–土壤热通量（G）］大于［LE+显热通量（H）］，则修正后的 LE（LE_E）为

$$LE_E=LE(LE+H)/(R_n-G) \tag{6.21}$$

然后，将半小时的 LE 和 GPP 测量值汇总成每日测量数据。其中，每日包含的无效值（GPP<0 或 LE<0）的百分比大于 20%时，排除该日数据。

最后，考虑到同化结果的误差与季节变化有关，因此一年中必须保证每个月都有有

效观测值，缺失数据不得大于 25%，站点在 2010～2014 年中至少有一年的可靠数据。

5. 用于空间验证的遥感数据集

利用在国际上得到认可并经过广泛验证的四种蒸散发(ET)和三种总初级生产力(GPP)的全球空间数据集来评估本章研究同化方法的有效性以及稳定性，并作为参考数据集与本书的同化产品在空间分布格局和不同区域的验证精度上进行对比分析。

本书采用的 MODIS GPP 产品(MOD17A2H)使用 GMAO Reanalysis data 和 MODIS FPAR 作为输入数据，通过光能利用率模型来计算 GPP。MOD16 ET 产品是基于改进的彭曼公式、MERRA 再分析气象数据和 MODIS 土地覆盖、植被指数和反照率数据进行计算的(Mu et al.，2011)。两个产品的时间分辨率为 8 天平均，空间分辨率为 500m。MODIS 产品的精度随土地覆盖类型和气候带的不同而不同。然而，其 GPP 和 ET 产品已经被广泛证明能够反映通量整体的空间分布和变化，其经常被用于与其他模型产生的空间产品进行比较分析(Yao et al.，2014)。

GLASS GPP 产品是将 GLASS LAI 与 GLASS FPAR 产品作为输入数据，利用光能利用率模型估算得出，其与 MODIS GPP 相比在时间上更连续、空间上更完整，通过站点验证，其在不同植被类型中都有较高的精度(Yu et al.，2018)。GLASS ET 产品采用贝叶斯模型平均(Bayesian model average，BMA)方法将五种基于过程的 LE 算法相结合，以 GMAO-MERRA 和 MODIS 产品作为输入数据集进行计算。与其他复杂的物理模型相比，GLASS ET 产品避免了温度或湿度数据集的使用，减少了强制性数据要求的误差，并且多模型的融合显著提高了 ET 的模拟精度。其空间分辨率为 1000m，时间分辨率为 8 天。

GOSIF GPP 通过站点 GPP 与 OCO-2 叶绿素荧光(SIF)数据进行线性回归，并拓展到区域尺度。其不依赖任何其他输入数据(如气候数据、土壤属性)，因此可以仅基于卫星遥感 SIF 数据对 GPP 进行估算(Li and Xiao，2019)。许多研究证实了其在区域尺度和全球尺度上具有更精确的 GPP 估计(Zhang et al.，2019；Jung et al.，2020)。

GLEAM(global land evaporation amsterdam model) v3a ET 产品(https://www.gleam.eu)是基于优化的水文和土壤模块的过程模型以及新的土壤水分数据同化系统，对全球蒸散发进行模拟。GLEAM ET 产品已经被证明比其他全球 ET 数据集表现得更好(Martens et al.，2017)。本书使用空间分辨率为 0.25°、每日时间分辨率的 GLEAM-V3.2b 版本。

本书选用的 NLDAS ET 产品是由 NOAH-2.8(陆面模型)模拟的北美陆面数据同化系统(NLDAS)第 2 版的 ET 产品，该产品致力于为北美区域生产更精确的陆地同化产品。NLDAS-2 的其他验证工作可在 NLDAS 网站(https://ldas.gsfc.nasa.gov/nldas/)中找到。其空间分辨率为 0.125°，并提供每小时、每月平均和每年的输出。

GPP 以及 ET 验证数据集的详细信息见表 6.2 和表 6.3。

6. 其他辅助数据

辅助数据包括全球植被覆盖数据和干湿地区分类数据。本书利用 MCD12Q1 的植被覆盖数据对后续实验结果分植被类别进行解释分析。该产品分辨率为 500m，通过高精度训练样本进行监督分类生成(Friedl et al.，2002)。书中所指的灌丛类型由 MODIS IGBP

分类方法中的郁闭灌丛和稀树灌丛合并而成，森林植被类型由混合森林、落叶阔叶林、落叶针叶林、常绿针叶林、常绿阔叶林组成。

表 6.2　用于空间模拟对比的 GPP 产品数据集

名称	时间分辨率	空间分辨率	反演算法	参考文献
MOD17A2 GPP	8 天	1km×1km	基于光能利用率模型	Running 等 (2004)
GLASS GPP	8 天	5km×5km	EC-LUE 模型	Yuan 等 (2010)
GOSIF GPP	8 天	0.05°×0.05°	线性回归	Li 和 Xiao (2019)

表 6.3　用于空间模拟对比的 ET 产品数据集

名称	时间分辨率	空间分辨率	反演算法	参考文献
MODIS ET	8 天	1km×1km	改进的彭曼公式	Mu 等 (2007)
GLASS ET	8 天	0.05°×0.05°	结合五种基于过程模型的贝叶斯模型平均(BMA)	Yao 等 (2014)
GLEAM v3a ET	每日	0.25°×0.25°	过程模型同化	Martens 等 (2017)

干旱区与湿润区的分类参照联合国环境规划署(UNEP)1997 年的分类系统，利用"干旱指数"划分不同干湿区域。干旱指数定义为降水和潜在蒸散量的比值。干旱指数在 0.2～0.65 之间的地区为半干旱地区，在 0.05～0.2 之间的区域为干旱区，在 0.05 以下的区域为严重干旱区，即荒漠区。湿润区与半湿润区的干旱指数为 0.65～3。本书中选用了干旱区、半干旱区、湿润区与半湿润区对同化结果进行分区域评估。

6.2　多源遥感–耦合模型同化方案

通过将 LPJ-DGVM 模型和 PT-JPL$_{SM}$ 水文模块耦合，将表层土壤湿度变量作为输入参数在模型内部进行模拟，优化了 LPJ-DGVM 的碳水通量输出。首先，耦合模型 LPJ-PM 作为动态植被模型，其众多复杂的参数设定和模型结构导致了较大的不确定性；其次，利用气候驱动数据进行潜在植被模拟，缺乏植被生长状态的真实观测。数据同化可以将植被相关参量的遥感观测数据融合到过程模型中，结合模型与观测误差，不断修改模型模拟轨迹，进而得到更接近真实观测并保留模型过程机理的输出参量。耦合模型虽然加入了表层土壤湿度数据作为蒸散模拟过程的约束，但是有研究表明，将观测数据同化到模型中比直接作为模型输入的模拟性能更优(MacBean et al.，2016)。

考虑到模型涉及的主要过程为碳循环和水循环，主要目的为提高模型 GPP 与 ET 的模拟精度，本书选取了植被参数叶面积指数和土壤参量表层土壤湿度为观测数据进行同化。借助于两者作为观测数据进行的遥感–模型同化已得到广泛应用，并显著提高了模型的碳水通量模拟精度(Blyverket et al.，2019；Ines et al.，2013；Bonan et al.，2020)。事实上，由于模型内部各成分之间的相互作用和反馈机制，同化观测数据具有协同效应，且观测数据的联合同化性能高于单独同化(Kato et al.，2013)。

因此，本章在同化系统 LPJ-VSJA 的基础上设计了三种同化方案，分别是基于 POD-En4DVar 同化算法单独同化 GLASS LAI 产品(6.2.1 节)与 SMOS 和 SMAP 土壤湿度数据(6.2.2 节)，以及两者的联合同化(6.2.3 节)，6.2.4 节给出了对同化方法实施过程中的相关处理与误差设定。

6.2.1　植被参量的同化

　　叶面积指数(LAI)是代表植被活动的一个重要的地球物理参数,广泛应用于作物生长监测和生产力估算。LAI 代表作物接收太阳辐射的能力,太阳辐射促进 CO_2 同化和干物质积累,因此 LAI 是评估植物碳同化以及准确计算 CO_2 交换量的关键指标。叶投影覆盖率(FPC)定义为各层光合叶片的垂直投影覆盖率,它与冠层蒸腾和辐射截留有本质的关系。在 LPJ-DGVM 模型中,FPC 与 LAI 有着直接的线性关系,并且每个 PFT 的 FPC 和其生物气候参数直接决定了植物的生长效率和总初级生产力。

　　该同化方案中使用式(6.22)作为观测算子,将模拟的 FPC 状态变量转换为观测到的 LAI 变量,从而将 LAI 观测数据与模型建立起联系,并通过 FPC 参与到模型各个模块的计算中去。本书选用 GLASS LAI(2010~2018 年)8 天平均时间序列数据作为同化的输入数据,采用基于适当正交分解(POD)的集成四维变分(4DVar)同化方法对 FPC 状态变量进行日更新,从而获得相关变量(本章研究中的 GPP、ET)。同化流程如图 6.4 所示。

$$FPC = 1 - e^{-0.5LAI} \tag{6.22}$$

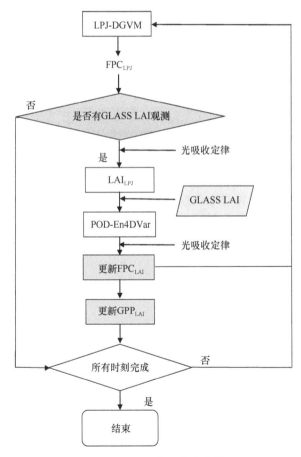

图 6.4　LAI 同化方案流程图

6.2.2　土壤参量的同化

1. 同化方案

在干旱与半干旱地区，地表土壤水分是限制气孔导度、控制植物水分利用和土壤蒸发的关键变量之一（Mu et al.，2007；Bonan et al.，2011）。土壤湿度被认为是 ET 估算中一个相当大的不确定性来源（Reichle et al.，2017）。SM 通常被同化以改善水文过程变量（如土壤湿度、径流）。

在同化表层土壤水分的过程中，SMOS 与 SMAP 数据为输入的观测数据，ET 作为诊断变量被直接同化。耦合模型（LPJ-PM）估计的 ET_{PM} 被视为同化的"真值"。随后，同化的 ET（ET_{SM}）通过土壤水分转换函数转化为土壤水分（表层 0～50cm），为后续的水文和碳循环过程提供反馈。与其他"恒定"的 ET 观测不同，每一个（t 时间）ET_{PM}（"观测真值"）将 t–1 时刻同化后更新的中间变量（图 6.1）作为新的输入来进行调整。

所有同化模拟都是在 2010 年 1 月～2018 年 12 月进行的。2010 年 1 月～2015 年 4 月，只使用 SMOS 数据作为观测值进行同化，2015 年 5 月之后，SMOS 与 SMAP 数据互为补充进行同化。当某个时刻用来模拟该站点的相对湿度和 SMOS 或者 $SMAP_{SM}$ 数据同时存在时才会进行同化，否则直接进行 LPJ 模型的原始模拟。同化过程如图 6.5 所示。

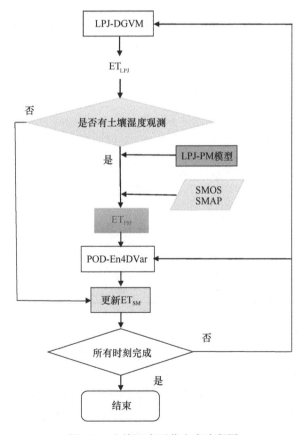

图 6.5　土壤湿度同化方案流程图

2. 耦合模型 LPJ-PM 模拟结果验证

为了验证 LPJ-PM 耦合模型的模拟精度，参考上述土壤参量同化方案同化 SMAP 土壤湿度数据来提高 ET 的模拟精度；采用 2015～2018 年 AmeriFlux 数据集中的 11 个涡度通量观测站点的数据，分别对 LPJ-PM 模型、LPJ-DGVM 模型模拟的 ET，以及同化后的 ET 进行对比分析。通过 LPJ-DGVM 和 LPJ-PM 模拟的结果称为"ET_{LPJ}"和"ET_{PM}"，站点 ET 观测值称为"ET_{OBS}"，同化结果称为"ET_{DA}"。

通过对站点数据的质量控制，我们选择了 11 个位于半干旱和干旱地区的站点，覆盖了 4 个主要的生物群落：草地(4 个站点)、稀树草原(3 个站点)、灌木林(3 个地点)和农田(1 个站点)。

表 6.4 是 ET_{DA}、ET_{LPJ} 和 ET_{PM} 在三种不同的精度评估指标(R、RMSD 和 Bias)中的对比。总的来说，ET_{PM} 和 ET_{DA} 的整体性能优于 ET_{LPJ}，其中 ET_{DA} 的性能最好。在大部分站点，与 ET_{LPJ}(R: 0.52；RSMD: 1.02mm/d；Bias: 0.20mm/d)和 ET_{PM}(R: 0.70；RSMD: 0.93mm/d；Bias: 0.12mm/d)相比，ET_{DA} 的 RMSD 和 Bias 较小，R 相对较高(R: 0.75；RSMD: 0.72mm/d；Bias: 0.06mm/d)。并且 ET_{PM} 的模拟精度与同化模拟的相近，这是因为 ET_{PM} 作为"真值"同化进入模型中，若 LPJ-PM 模拟性能不佳，则同化会改善模型模拟效果(如 US-A32 和 US-Whs 站点)。

表 6.4　11 个站点的日观测 ET 值与 LPJ-DGVM、LPJ-PM 模型的模拟值以及 ET 同化值的统计对比

站点	$R(P<0.05)$			RMSD/(mm/d)			Bias/(mm/d)		
	ET_{LPJ}	ET_{PM}	ET_{DA}	ET_{LPJ}	ET_{PM}	ET_{DA}	ET_{LPJ}	ET_{PM}	ET_{DA}
US-A32	0.76	0.61	0.69	1.18	1.47	1.09	0.94	0.73	−0.06
US-ARM	0.69	0.76	0.83	1.23	0.93	0.82	−0.01	0.17	−0.06
US-ADR	0.36	0.51	0.66	0.58	0.36	0.29	0.01	−0.01	−0.05
US-Jo2	0.41	0.68	0.7	1.02	0.93	0.72	0.23	0.16	0.13
US-Mpj	0.54	0.72	0.74	1.12	1.29	0.99	−0.003	0.3	0.11
US-Rls	0.41	0.75	0.82	1.2	0.93	0.81	−0.26	0.54	0.12
US-Seg	0.64	0.76	0.78	0.84	0.72	0.55	0.003	−0.18	−0.08
US-Ton	0.47	0.71	0.82	0.99	0.7	0.55	0.43	0.11	0.14
US-Whs	0.53	0.65	0.58	0.84	1.34	0.87	0.27	−0.56	0.14
US-Wjs	0.53	0.74	0.81	1.21	0.53	0.55	0.47	−0.11	0.15
US-Wkg	0.41	0.76	0.82	1	1.07	0.72	0.16	0.18	0.11
全部	0.52	0.70	0.75	1.02	0.93	0.72	0.20	0.12	0.06

ET_{DA}、ET_{LPJ} 和 ET_{PM} 与站点观测值的偏差散点分布如图 6.6 所示。总的来说，ET_{PM} 的误差分布比 ET_{LPJ} 集中、比 ET_{DA} 分散。从图 6.6 中可以看出，ET 的低值区通常对应模拟预测误差的正值，即模拟高估了观测值；而 ET 的高值区则对应负值，即模拟低估了观测值。这表明 ET 预测的不确定性与观测值的大小直接相关。LPJ-PM 的模拟误差主要分布在−2～2mm/d 之间，最大负误差达到−4.8mm/d，最大正误差达到 4.1mm/d。同化方法明显改善了 LPJ-DGVM 和 LPJ-PM 的过高估计，然而对低估改善较少。

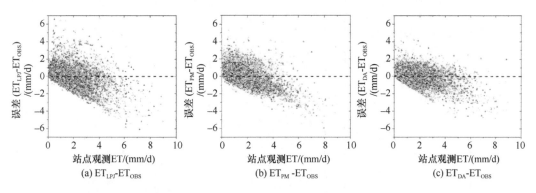

图 6.6　2015～2018 年站点观测与模拟误差的散点图

图 6.7 是日 ET_{LPJ}、ET_{PM}、ET_{DA} 与站点观测值在所有 11 个站点中的散点和线性拟合对比。与上述站点模型模拟分析与误差分析结果相同，LPJ-PM 模型的性能优于原始 LPJ-DGVM 模型，但是稍逊于同化模拟。同化 SMAP 数据之后 ET 的模拟有很大的改善，RMSD 大幅下降（下降 25.9%），相关性显著增加（ET_{DA}：$R=0.82$；LPJ-DGVM：$R=0.61$），且散点线性拟合更接近 1∶1 线。综上，LPJ-PM 模型改进了 LPJ-DGVM 模型的水文模块，使得 ET 模拟得到了优化。同化结果优于 LPJ-DGVM 模型模拟和 LPJ-PM 耦合模型模拟。

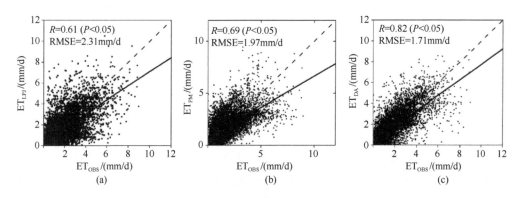

图 6.7　11 个站点日 ET 观测值与 ET_{LPJ}(a)、ET_{PM}(b) 和 ET_{DA}(c) 的
散点分布与线性拟合图

6.2.3　植被与土壤参量的联合同化

在该方案中，SMOS、SMAP 的土壤湿度数据集和 GLASS LAI 同时为观测数据集。方案 1 对 GLASS LAI 进行同化，得到更新后的状态变量 FPC_{DA} 和 ET_{LAI}；然后将 FPC_{DA} 作为输入传递到 LPJ-PM 中，模拟输出为 ET_{PM}；再进行方案 2 的同化，将 ET_{LAI} 与该时刻的 ET_{PM} 进行同化，生成 ET_{CO}。然后使用 ET_{CO} 更新的土壤湿度和 FPC_{DA} 作为模型输入参数在 LPJ-PM 模型中对 GPP 进行优化模拟，输出 GPP_{CO}。联合同化方案构建与输出的流程图如图 6.8 所示。

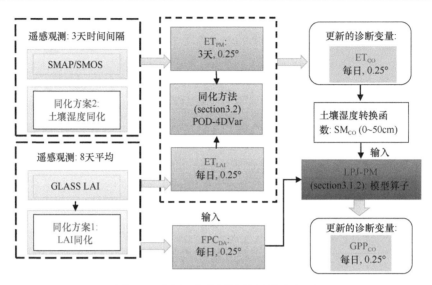

图 6.8　联合同化流程图(即同化方案 3)

6.2.4　同化算法误差设置与处理

在同化之前,为了提高同化效率和性能,需要确定集合大小、模型和观测误差。有些研究使用常数作为模型和观测误差来驱动同化系统。然而,实际的误差通常取决于季节和植被类型。因此,在植被参数 LAI 的同化方案中,将某一给定时间的模型误差和观测误差分别设置为原始模型 LAI 值和观测 LAI 值的 20%和 10%。通过验证不同尺度因子在 0.05~0.40,以 0.05 为步长(例如,组合一观测:0.05,模型:0.05;组合二观测:0.05,模型:0.1;以此类推,总共 64 种组合)的同化性能(R、RMSE、Bias),来确定模型与观测对应的最佳尺度因子。图 6.9 为根据不同方案进行同化所得到的 GPP 和 ET 的精度指标折线图,根据折线图确定了基于三个精度指标的最佳尺度因子(0.2 和 0.1)。与模型和观测误差相似,使用 Pipunic 等(2008)描述的背景误差生成方法来确定实现最大效率所需的最小集成成员数量,集合成员数量为 20。

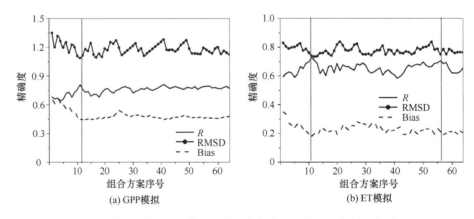

图 6.9　在 64 种观测与模拟误差设定方案下的叶面积指数同化效果

　　与 LAI 同化方案类似，土壤参量同化方案中模型误差和观测误差分别设置为原始模型 ET 值和观测 ET 值(LPJ-PM 模拟值)的 10%和 5%，集合成员数量设置为 50。然而，由于空间和时间的限制，SMAP 或 SMOS 数据集有着不可避免的误差。例如，在沙漠和植被密度较高的地区，SMAP 数据存在高估，而在农业区和半干旱气候区存在低估(Reichle et al.，2017)。因此，土壤湿度产品的误差将会通过模型模拟过程传递给输出的蒸散。LPJ-DGVM 模型和 LPJ-PM 模型模拟的蒸散之间会存在时间序列上的偏差。这些差异体现在栅格内模拟的蒸散平均值、方差等统计值。例如，图 6.10 展示了 2015～2018 年美国地区(75°W～130°W，30°N～50°N)ET_{PM} 和 ET_{LPJ} 的累积分布函数，可以看出，其存在较大偏差，需要对 ET_{PM} 进行校正。产生偏差的原因可能是空间分辨率、观测时间的不连续或者土壤层深度的不同等(Reichle et al.，2004)。修正这种偏差的一种方法是基于累积分布函数方法，将 ET_{PM} 与 ET_{LPJ} 相匹配。累积分布函数方法基于非参数的核方法进行计算(Li-Sheffield and Wood，2010)，不同于线性匹配，该方法没有基于样本高斯分布的假设，更适用于累积分布为非线性分布的数据集，并且避免了匹配后的变量超出其物理界限。本章研究在 2010～2018 年采用累积分布函数对 ET_{PM} 进行修正。通过 ET_{PM} 对应的累积概率，将 ET_{PM} 重新标定为 ET_{LPJ} 的分布，经过匹配后的 ET_{PM} 再用于同化计算。

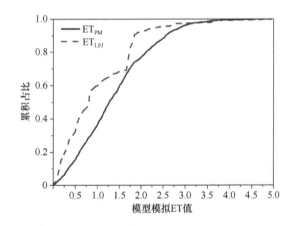

图 6.10　2015～2018 年美国区域(75°W～130°W，30°N～50°N)的
ET_{LPJ} 与 ET_{PM} 的累积分布函数图

　　在联合同化方案中，采用方案 1 中的误差，即 LAI 观测数据和模型的误差设定方案。考虑到耦合模型中的误差传递问题，我们对 LAI 同化后的 LPJ-PM 模型误差进行了重新计算，将 ET_{LAI} 和 ET_{PM} 的 15%和 10%作为模型误差和观测误差。集合成员的数量设置为 70。

6.2.5　小　　结

　　本节对 LPJ-VSJA 同化系统中的三种同化方案(植被参量的同化，土壤参量的同化与联合同化方案)分别进行了详细描述，主要涉及各个同化方案中观测数据和观测算子的描述，模型、观测误差、集合大小的确定以及同化前对观测数据的偏差修正。除此之外，针对土壤参量同化方案，借助通量站点数据，对 LPJ-PM 模型的模拟结果进行了评估，证明了其可以有效提高 LPJ-DGVM 模型中 ET 的模拟精度，并且同化土壤湿度的结果优于 LPJ-PM 的模拟结果。

6.3　全球植被碳水通量优化模拟评估

本节基于 LPJ-VSJA 同化系统中的三种同化方案对全球植被碳水通量进行优化模拟，并最终选出适合半干旱区的最优同化方案。首先利用涡度通量站点观测数据对三种同化方案模拟的 GPP 和 ET 分别进行总体和月尺度精度评估；其次对不同干湿区域内最优同化方案的同化性能以及 SMOS 和 SMAP 两种不同观测数据源对于 ET 的同化性能进行对比分析；最后，利用最优同化方案模拟全球 GPP 和 ET 空间分布，并借助已有的全球空间碳水通量产品作为参考进行对比讨论。

6.3.1　基于通量站点的 GPP 同化模拟评估

1. 全球站点同化方案总体精度评估

从相关性指标(R^2)来看，联合同化性能优于叶面积同化性能，叶面积同化性能优于土壤湿度同化性能。其中，模型模拟的 GPP_{LPJ} 与站点观测值的相关性集中在 0.4 以上（62 个），但在一些站点多集中于美国中部和欧洲中部，相关性很低(<0.4)甚至呈负相关（3 个）。叶面积指数的同化改善了大部分站点的模拟(82 个站点 R 值增加)。联合同化(方案 3)的性能(R^2)与叶面积指数同化(方案 1)相似，但是三种同化结果都在澳大利亚湿润区站点以及南美洲的热带雨林站点表现出了 R^2 值降低的现象，这也许与深层土壤湿度对植被的影响作用有关，因为植被的根系深度影响着旱季所获取的水量。考虑更深的土壤以及由此导致的土壤蓄水量的增加，对于在半湿润地区的热带森林地区准确模拟干旱季节的 GPP 至关重要。

从 RMSD 和 Bias 指标来看，联合同化性能优于单独同化。叶面积指数同化与土壤湿度同化结果在 RMSD 指标上没有显著差异；而对于单独同化中那些大部分没有改善的站点，同时同化结果的均方根误差得到了改善。并且对于单独同化中改善比较大的站点，联合同化展现出了叶面积指数与表层土壤湿度互相调节的优势，使之得到了更大的改善。大部分站点的原始模型模拟偏差(GPP_{OBS}–GPP_{LPJ})为正值，即表现出低估，这些站点主要分布于湿润半湿润区的森林、草原以及干旱区的农田。同化改善了一部分高估的站点，但是对低估的改善不大。

ubRMSD 为无偏均方根误差，可以均衡判断 Bias 和 RMSD 整体的情况，更加能够综合反映同化精度。与单个指标评价不同，该指标认为单独同化土壤湿度比单独同化叶面积指数的效果更好，多体现在干旱区的站点同化结果。这也表明了在干旱区和半干旱区植被生长受土壤水分的限制较大。通过对上述四个评价指标(R^2、RMSD、Bias、ubRMSD)的分析，可以得出联合同化的精度优于单独同化。

2. 月尺度站点同化方案精度评估

图 6.11 为 6 个植被类型的代表性站点在三种不同同化方案下，GPP 模拟与原始模拟和观测的季节动态对比图。在季节尺度上，三种同化方案均对模型轨迹进行了校正，显著改善了生长季的模拟效果，尤其是在生长季峰值处更接近于观测值（如 IT-Tor、US-NR1、US-NE1 站点）。

图 6.12 为三种同化方案对 GPP 的模拟与观测的残差散点图。总体而言，联合同化的改善幅度最大，误差分布最集中，没有明显的分布趋势。GPP_{SM} 的误差数值点分布比 GPP_{LAI} 和 GPP_{CO} 更分散。GPP_{SM} 对观测值表现出明显的高估，分布在 $0\sim200gC/(m^2\cdot月)$ 之间，而低估相对来说比较少 $[0\sim100gC/(m^2\cdot月)]$。GPP_{LAI} 与 GPP_{CO} 相比之下对观测值的高估现象改善非常明显，但是 GPP_{LAI} 对于低估部分改善不大。对于联合同化结果，大部分误差分布在 $-70\sim60gC/(m^2\cdot月)$ 之间。GPP 高值区的低估比较严重，最大负误差达到 $-98gC/(m^2\cdot月)$。

总体来说，GPP_{CO} 与观测值的线性拟合（$y=0.92+21.66$，$P<0.001$）比 GPP_{LAI}（$y=0.89+28.3$，$P<0.001$）和 GPP_{SM}（$y=0.86+41.70$，$P<0.001$）更接近 1∶1 线（图 6.13）。附表 3 的结果支持了上述分析，联合同化在干旱和湿润地区的精度都比单独同化效果好。联合同化既可以使观测与模拟在时序趋势上更具有一致性，又可以使模拟结果的绝对误差和相对误差都降低。综上，将 GLASS LAI 与 SMOS 土壤湿度数据联合同化进入 LPJ 模型可以较好地提高 GPP 模拟性能。

3. 不同植被类型站点最优同化方案同化效果

在确定了最优同化方案之后，我们分站点植被类型对 GPP_{LPJ} 和 GPP_{CO} 进行了评估（图 6.14）。根据不同植被类型的站点原始模型模拟与同化结果拟合散点图可以看出，联合同化在站点尺度上的表现 $[R^2=0.83$，$RMSE=1.05gC/(m^2\cdot d)]$ 比原始模型模拟 $[R^2=0.69$，$RMSE=2.15gC/(m^2\cdot d)]$ 要更好。通过联合同化，改善了所有植被类型对 GPP 的低估和森林的高估现象。该同化结果在森林、灌木以及草原生态系统中比农田、稀树草原表现出更高的性能。森林站点虽然拟合效果较好，但是 R^2 较低（0.54）；灌木 $[R=0.93$，$RMSE=0.27gC/(m^2\cdot d)]$ 与草原 $[R=0.97$，$RMSE=0.38gC/(m^2\cdot d)]$ 站点原始模拟与同化效果均较好。稀树草原站点观测值与同化的标准差都相对较大，有几个站点的同化结果出现了明显的低估。除了农田类型，其他类型的线性拟合结果都在 1∶1 线的下方，表现出整体低估。而农田植被类型的拟合结果受到单一站点（US-NE1）的影响非常大，US-NE1 站点是单一种植大豆的农田类型站点，配备了中心灌溉设备。由图 6.15 可以看出，该站点在经历 2012 年干旱年时仍能保持非干旱年份的 GPP 总量（Dong et al.，2015），然而，2012 年 SMOS 表层土壤湿度年均值与站点观测相比较低，这可能是人为灌溉导致深层土壤湿度（站点观测深度为 $0\sim50cm$）在干旱时期被积累，而表层土壤湿度却因干旱而蒸发，因此 SMOS 表层土壤湿度数据比实际土壤层较深的观测要低。由此推测出在干旱年份，部分农田站点受到深层土壤水分的影响，从而导致了较大的模型模拟误差和较差的同化性能。

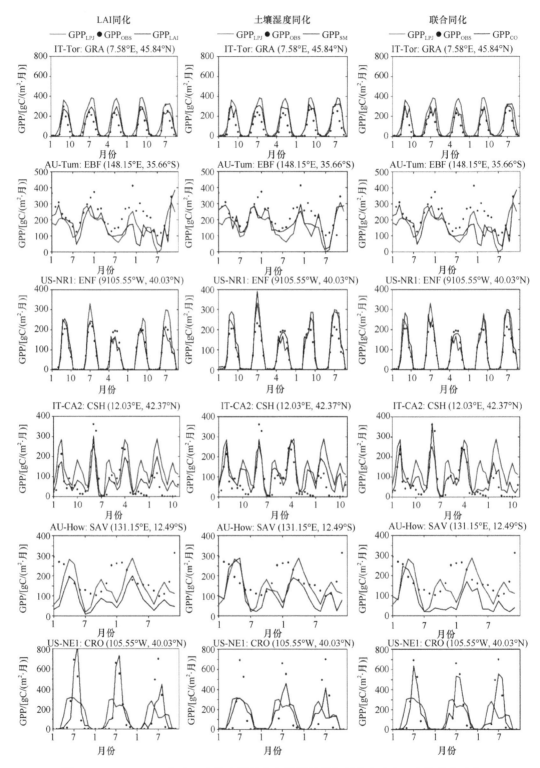

图 6.11　2010～2014 年在 6 个代表性站点中模拟的总初级生产力(GPP)的季节动态

GLASS LAI 同化(方案 1)、SMOS 同化(方案 2)和联合同化(方案 3)，每个站点为选择的植被类型的代表性站点

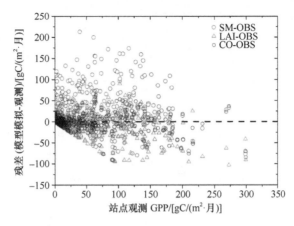

图 6.12　2010～2014 年 GPP 干旱区与半干旱区站点月观测值与 GPP_LAI-GPP_OBS 的残差(绿色三角形)、与 GPP_SM-GPP_OBS 的残差(红色空心圆形)、与 GPP_CO-GPP_OBS 的残差(黑色空心圆形)的散点图

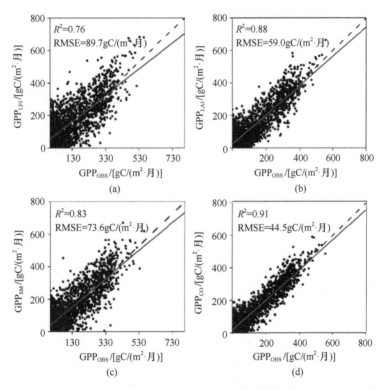

图 6.13　2010～2014 年 GPP 站点月观测值与原始模型模拟的 GPP(GPP_LPJ)(a)、GPP_LAI(b)、GPP_SM(c)、GPP_CO(d)的拟合散点图

6.3.2　基于通量站点的 ET 同化模拟评估

1. 全球站点同化方案总体精度评估

从同化方案对全球站点 R^2 的改善程度来比较，联合同化优于土壤湿度同化、土壤湿度同化优于叶面积指数同化。叶面积指数同化对相关性的改善不大，而一些站点出现

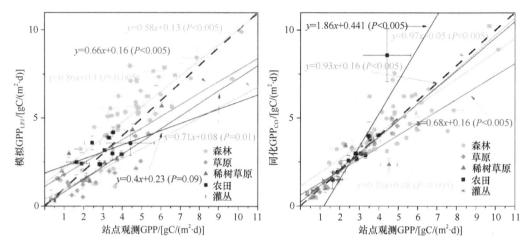

图 6.14   不同植被类型下日平均 GPP 站点观测值与 GPP$_{CO}$ 的拟合散点图

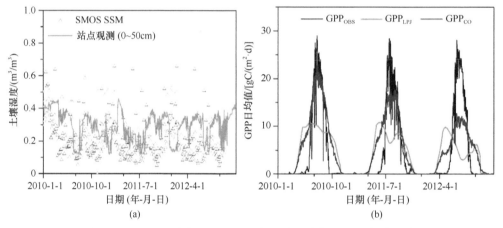

图 6.15   US-NE1 站点 2010～2012 年土壤湿度与 GPP 日均值动态

了相关性降低(41 个)。土壤湿度同化的结果与前者相比相关性有了明显的改善。联合同化效果与土壤湿度同化效果比较相近,其中澳大利亚站点 R^2 的改善程度较大。

对于 RMSD 和 ubRMSE 来说,ET$_{CO}$ 的表现优于 ET$_{SM}$ 和 ET$_{LAI}$,土壤湿度同化在湿润或半湿润地区对 RMSD 的改善更大,叶面积指数同化对 RMSD 改善效果不佳,仅在澳大利亚地区有轻微的改善。从同化结果与站点观测的偏差(Bias)中可以看出,同化改善了一些被高估的站点,但对被低估的站点改善甚微。这与 GPP 的同化结果基本一致。在原始模型的 Bias(ET$_{OBS}$−ET$_{LPJ}$)中表现出高估现象的站点大部分位于湿润与半湿润区域。而在大部分干旱半干旱区的站点 ET 被低估。

2. 月尺度站点同化方案精度评估

图 6.16 为对应的 6 个植被类型的代表性站点在三种不同同化方案下,ET 模拟与原始模拟和观测的月尺度动态对比图。在月尺度上,模型模拟能够捕捉到 ET$_{OBS}$ 的时间变化趋势,联合同化显著提高了生长季(US-NR1、US-NE1 站点)的模拟效果,但在总体上低估了 ET$_{OBS}$,特别是冬季的低估较严重。

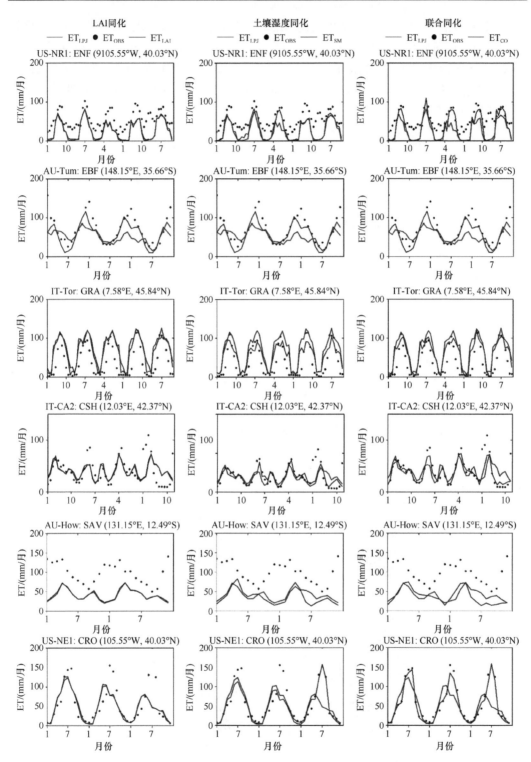

图 6.16　2010～2014 年在 6 个代表性站点中模拟的蒸散发(ET)的季节动态

GLASS LAI 同化(方案 1)、SMOS 同化(方案 2)和联合同化(方案 3)，每个站点为选择的植被类型的代表性站点三种同化方案的 ET 模拟结果与观测的残差散点图(图 6.17)表明,单独同化结果的误差分布比同时同化的结果更分散,三种同化方案的误差都表现出对于观测值的低估。与 GPP 同化性能相同,ET_{CO}、ET_{SM} 显著改善了对 ET_{OBS} 的高估,但未显著改善低估。对于 ET_{CO},大部分误差分布在$-30\sim18mm/$月之间。ET_{OBS} 的高值区被严重低估,最大负误差达到$-57mm/$月。

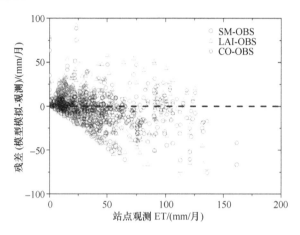

图 6.17 2010~2014 年 ET 干旱区与半干旱区站点月观测值与 ET_{LAI}-ET_{OBS} 的残差(绿色三角形)、与 ET_{SM}-ET_{OBS} 的残差(红色空心圆形)、与 ET_{CO}-ET_{OBS} 的残差(黑色空心圆形)的散点图

总体来看,同时同化(ET_{CO})与单独同化土壤湿度(ET_{SM})的数值点的分布更为集中,月 ET_{CO} 和 ET_{OBS} 的线性拟合直线比 ET_{LAI} 和 ET_{SM} 的线性拟合直线更接近 1∶1 线(图6.18),

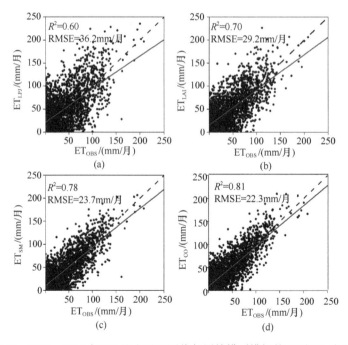

图 6.18 2010~2014 年 ET 站点月观测值与原始模型模拟的 ET(ET_{LPJ})(a)、ET_{LAI}(b)、ET_{SM}(c)、ET_{CO}(d)的拟合散点图

联合同化的模拟精度优于单独同化，土壤湿度同化性能优于叶面积指数同化。综上，将 GLASS LAI 与 SMOS 土壤湿度联合同化进入 LPJ 模型可以较好地提高 ET 模拟性能。

3. 不同植被类型站点最优同化方案同化效果

我们也分站点植被类型对同时同化的 ET 同化结果进行了评估（图 6.19）。结果表明，在站点尺度上联合同化的 ET 模拟（R^2=0.77，RMSE=0.28mm/d）比原始模型模拟结果（R^2=0.67，RMSE=0.98mm/d）更好。联合同化方法在森林、稀树草原以及草原生态系统中比农田、灌木表现出更高的性能。虽然原始模拟和同化结果在稀树草原站点的表现最好（R^2=0.95，RMSE=0.33mm/d），但该类型站点的 ET_{CO} 和 ET_{OBS} 的标准差较大，这与其 GPP 的分析结果相似。草原与灌木的线性拟合结果都在 1:1 线的上方，表现出整体高估的态势。同化显著降低了灌木类型站点原始模拟对 ET_{OBS} 的高估。森林 $[y=0.85x+0.06$（$P<0.001$）$]$ 与农田 $[y=0.88x+0.11$（$P<0.001$）$]$ 类型站点拟合效果相近，也许是因为农田的人为灌溉与森林类型站点的表层土壤湿度变化相近。

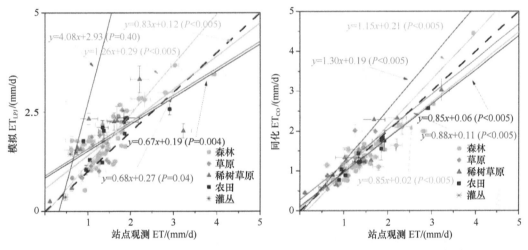

图 6.19　不同植被类型下日平均 ET 站点观测值与 ET_{LPJ} 和 ET_{CO} 的拟合散点图

6.3.3　湿润区与干旱区同化模拟性能对比

6.3.2 节讨论了三种同化方案分别对 GPP、ET 的同化效果，并最终选出了最优的同化方案。本节利用最优同化方案，即叶面积指数与土壤湿度联合同化，将所有验证站点（2010～2014 年）分为两部分，位于干旱区与半干旱区的站点（GPP：20；ET：21），位于湿润区与半湿润区的站点（GPP：75；ET：79），根据站点评价指标来探讨湿润区与干旱区同化模拟性能的差异，并证明其为适合半干旱区的最优同化方案。

2010～2014 年，站点尺度的月同化结果在不同干湿区域的表现有所不同（图 6.20）。值得注意的是，虽然干旱区与半干旱区、湿润区与半湿润区的站点数量差距比较大，但是每个区域的站点数量都足以单独验证其同化效果。整体而言，两个区域的站点同化模拟与观测都有很好的一致性。对于 GPP 来说，两个区域的同化结果散点分布都比较集中，相关性和拟合系数都没有太大的差别。由于湿润区与半湿润区的 GPP 观测值及其标准差通常都比干旱区与半干旱区的高，因此 RMSD 较低并不能代表其在干旱区与半干旱区的精度较高。而对于 ET 同化结果来说，干旱区与半干旱区的站点观测拟合效果和湿润区与半湿润区相比更好，散点分布更为集中，R 值也表现出了站点相关性的差异，因此也说明了表层土壤湿度在水分限制地区对于 ET 同化模拟的重要性。

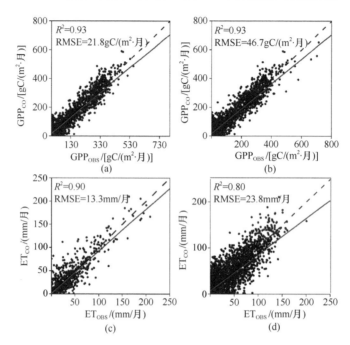

图 6.20 不同干湿类型下日平均 GPP、ET 站点观测值与 GPP_{CO}、ET_{CO} 的拟合散点图
(a)、(c)分别是 GPP、ET 干旱区与半干旱区的站点拟合结果；
(b)、(d)分别是 GPP、ET 湿润区与半湿润区的站点拟合结果

分析在不同干湿区域下总体以及不同植被类型的 GPP 和 ET 的同化结果统计指标，结果表明，在日尺度上，原始 GPP 模拟（GPP_{LPJ}）在干旱区与半干旱区的表现优于湿润区与半湿润区（表现为 R^2 较低、ubRMSD 较高）。三种同化方案都在一定程度上改善了模型的模拟，且在所有同化方案中干旱区与半干旱区站点的同化结果都优于湿润区与半湿润区。在 GPP_{CO} 中，湿润和半湿润地区的稀树草原和农田植被类型同化的改善程度最大，R^2 分别增加了 64.7%、71.1%，ubRMSD 分别减少了 47.0%、31.8%。干旱区与半干旱区的森林站点的改善幅度最大。草地站点的 R^2 最高，同化效果最好。

ET 的同化模拟结果中，不同干湿区域的同时同化结果总体上与 GPP 相比差异不大，干旱区与半干旱区的 ET 原始模拟结果和联合同化结果整体都优于湿润区与半湿润区（4 个评价指标）。在干旱区与半干旱区的站点中，ET_{CO} 与 ET_{LPJ} 相比 RMSE 减少了 32.7%、ubRMSE 减少了 34.4%，在湿润区与半湿润区的站点中，联合同化后 RMSE 减少了 26.4%、ubRMSE 减少了 30.9%。在 5 个植被类型中，森林站点的原始模拟与同化结果较差，但是经过同时同化后改善较大；稀树草原站点在两个区域中的同化效果都较好。而干旱区与半干旱区的草原站点原始模拟和同化性能都是最优的，这也许是因为草原类型站点大部分的根系深度较浅（根分布于土壤层 60cm 之内），降雨或者灌溉导致的表层土壤湿度

的变化对其碳水通量的影响较大。而与整体干旱区与半干旱区同化效果较好的趋势相反,灌木类型站点的模型模拟和同化结果在湿润区与半湿润区的表现优于干旱区与半干旱区。这可能与 LPJ-DGVM 的潜在植被类型的模拟有关,在干旱区的水热条件下,灌木类型最有可能被模拟为 C4 草原类型,而在湿润地区的水热条件下更倾向于模拟为混合植被类型(草原与森林植被),因此在湿润区站点模拟的植被类型的冠层高度更接近灌木地的真实状况。

为了探究同化结果在干旱区与半干旱区站点表现更优的原因,根据 R^2、ubRMSE、RMSE、Bias 四种主要评价指标对耦合模型的 GPP 和 ET 在不同干湿区域的模拟结果进行了评估,图 6.21 展示了耦合模型的模拟结果在基于站点的四种评价指标中的统计箱式图,结果表明,GPP_{SM} 在湿润区与半湿润区中四个评估指标的标准差比干旱区与半干旱区更大,R^2 的均值较小,Bias 和 RMSD 较大,ubRMSD 均值和在干旱区与半干旱区的ubRMSD 均值差异不明显。而 ET_{PM} 的评估结果与 GPP_{SM} 大体一致。这些结果表明,无论是 GPP 还是 ET,位于干旱区与半干旱区站点的耦合模型模拟结果优于湿润区与半湿润区的模拟结果,且与湿润区与半湿润区相比站点模拟结果更加稳定。

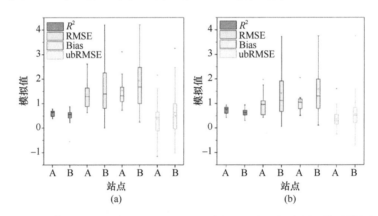

图 6.21 R^2、ubRMSE、RMSE、Bias 四种主要评价指标在耦合模型模拟的
站点 GPP(a)与 ET(b)中的统计箱式图
A 代表所选站点位于干旱区与半干旱区;B 代表所选站点位于湿润区与半湿润区

由上述分析结果可以得出,干旱区与半干旱区同时同化方案的站点 GPP 与 ET 的同化效果都优于湿润区与半湿润区。其原因可能有以下三点:①更为精确的表层土壤湿度的同化在水分被限制地区对植被生长过程更为重要。②PT-JPL$_{SM}$ 水文模块已被证明在半干旱和干旱地区有更好的模拟性能(Purdy et al., 2018)。因此,耦合了该水文模块的LPJ-PM 模型在半干旱和干旱地区表现出了较好的模拟性能。③SMOS 和 SMAP 土壤水分产品在干旱和温带地区的表现优于寒冷和湿润地区(Zhang et al., 2019)。④湿润地区植被类型较为复杂。而 LPJ-DGVM 在单个网格内对复杂植被类型的模拟精度相对较低。

6.3.4 SMAP 与 SMOS 土壤湿度数据的 ET 同化性能对比

在设计的同化实验中,我们使用 2010~2014 年的 SMOS 土壤湿度数据进行同化站点测试,对比了三种同化方案的同化性能,并分别选出针对 GPP、ET 模拟的最佳同化方案。由于 SMAP 与 SMOS 产品都是三天覆盖全球,且在同一天的轨道覆盖范围不同,因此 SMOS 与 SMAP 数据相结合可以增加观测数据的可用性。下面我们对两种土壤湿度产品在 LPJ-DGVM 模型中的同化效果进行了对比,分析两种目前唯一的两个 L 波段反演的土壤湿度产品对于碳水通量的同化模拟影响有何不同。

图 6.22 的泰勒图被用来比较 ET_{SMAP} 和 ET_{SMOS} 在 46 个 AmeriFlux 站点的同化性能。结果显示,从 R、ubRMSD 和 Bias 三个指标来说,基本上所有植被类型的站点的 SMAP 同化结果都优于 SMOS 的同化结果。对于五种植被类型来说,ET_{SMAP} 与 ET_{SMOS} 在草原都具有相对较好的同化效果,且 R、NSD 和标准化 RMSD 相差不大,ET_{SMAP} 的 NSD 为 0.88 比 ET_{SMOS} 更接近 1。ET_{SMAP} 与 ET_{SMOS} 同化效果差异最大的站点的植被类型为稀树草原,ET_{SMAP} 表现出明显的优势。总体而言,ET_{SMAP} 和 ET_{SMOS} 的差异不大,ET_{SMAP} 的改善效果比 ET_{SMOS} 明显。

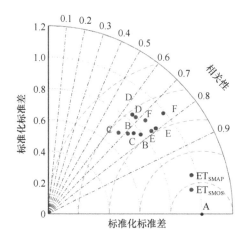

图 6.22　泰勒图比较了 2015 年 4 月～2018 年,在日时间步长上所有
46 个 AmeriFlux 站点的同化模拟和观测值

蓝色圆点表示只同化 SMAP 土壤湿度数据的同化结果;红色圆点表示只同化 SMOS 土壤湿度数据的同化结果。
A. 参照点;B. 农田;C. 灌丛;D. 森林;E. 草原;F. 稀树草原

图 6.23 比较了在不同干湿区域 SMOS 和 SMAP 土壤湿度数据对于站点 ET 的同化模拟精度。黄色填充表示 ET_{SMAP} 在该指标中表现更优越,绿色填充表示 ET_{SMOS} 在该指

图 6.23　格子图比较了不同干湿区域在日时间步长上所有 46 个 AmeriFlux 站点
同化模拟与观测值的评估精度

黄色填充表示 ET_{SMAP} 在该指标中表现更优越;绿色填充表示 ET_{SMOS} 在该指标中表现更优越

标中表现更优越。从图 6.35 中可以看出 SMAP 对于四种评价指标都有明显的优势,这与之前的讨论分析结果相同。各地区 ET_{SMAP} 的 R 值均高于 ET_{SMOS}。ET_{SMAP} 在所有区域中与观测值的一致性较好,在湿润区与半湿润区 ET_{SMOS} 在某些评价指标上的精度优于 SMAP(湿润区的 Bias,湿润区与半湿润区的 RMSD 与 ubRMSD),这可能是由于 SMOS 整体上比 SMAP 更加湿润,而在湿润区与半湿润区深层土壤湿度对蒸散的影响占据了比干旱区更大的比重。

6.3.5 GPP 与 ET 的空间产品验证与评估

为了评估同化方案的空间可扩展性,我们模拟了 2010~2018 年全球日尺度 GPP 和 ET,空间分辨率为 0.25°。LPJ-DGVM 模型的原始模拟结果和 LPJ-VSJA 同化系统的模拟结果分别称为 LPJ GPP(ET)和 LPJ-VSJA GPP(ET)。我们对 LPJ-VSJA 与相应的 GPP 和 ET 验证产品的年均空间分布与误差空间分布进行了比较。

我们选择的 GPP 和 ET 产品在之前的研究中已经经过了大量的验证与评估,被认为可以作为参考空间产品对多种模型模拟结果进行交叉比较和验证(Zhang et al.,2020;Li et al.,2018;Feng et al.,2015;Luo et al.,2003)。因此,在接下来的分析中,我们将上述所有 GPP 与 ET 产品与本书 LPJ-VSJA 的同化输出结果进行比较,并将所有验证产品作为参考产品来评价我们的空间同化效果。

1. GPP 与 ET 产品空间分布差异对比

本章研究同化系统 LPJ-VSJA 模拟的 GPP 与 ET 与其他产品的年均值空间分布整体一致,但是细节部分有很多差异。我们计算了 LPJ-VSJA 模拟的空间 GPP 与 ET 和其他产品的年均差值。可以观察到,LPJ-VSJA GPP 在大多数地区最接近 GOSIF GPP,空间平均偏差(LPJ-VSJA-GOSIF)最小 [27.9gC/(m^2·a)],其次是 GLASS GPP [-51.2gC/(m^2·a)],LPJ-DGVM [-73.4gC/(m^2·a)] 和 MODIS GPP [93.1gC/(m^2·a)]。然而,在亚马孙、中非和东南亚等热带地区,LPJ-VSJA 的 GPP 值高于 GOSIF。总的来说,MODIS、GOSIF、LPJ-DGVM 和 LPJ-VSJA GPP 的年均值和差值空间分布基本一致(列 C:参考产品与 LPJ-VSJA 的空间 R^2 较高,范围为 0.74~0.95)(图6.24、图6.25)。

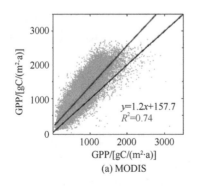

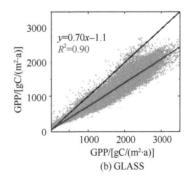

(a) MODIS　　　　　　　　　　(b) GLASS

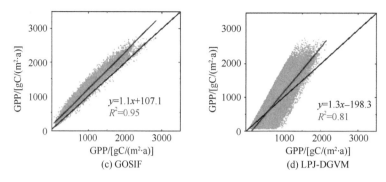

图 6.24　4 种不同 GPP 产品的空间分布以及散点拟合图

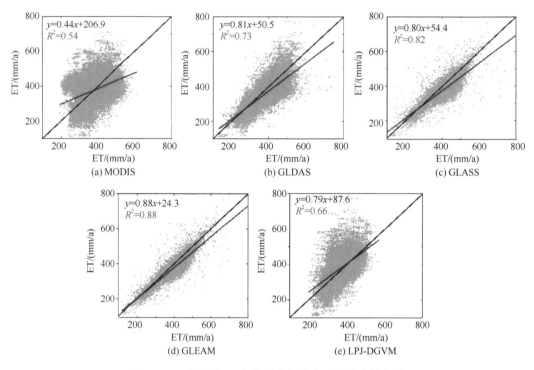

图 6.25　5 种不同 ET 产品的空间分布以及散点拟合图

LPJ-VSJA ET 在空间平均值上最接近 GLEAM ET 产品，空间平均偏差最小（–13.9mm/a），两者空间栅格的 R^2 最高（0.88），其次是 GLASS ET（28.1mm/a 和 0.82）、GLDAS ET（34.7mm/a 和 0.73）、LPJ-DGVM（–48.7mm/a 和 0.66）和 MODIS GPP（122.1mm/a 和 0.54）。

2. GPP 与 ET 空间产品误差对比

为了验证本研究同化系统的空间可扩展性以及精度，利用 TC 方法对全球植被覆盖区的 GPP 与 ET 模型模拟值以及与之进行比较的产品的误差方差进行估计，并对 TC 结果进行了分析。实验中为确保 TC 结果可靠性，对所有产品的相关性进行了检验，对相关性低于 0.2 且非植被区不进行运算，误差空间图中的数值表明，该格网中所有产品的相关性大于 0.2 且通过了显著性检验（α=0.05）。

图 6.26（a）～图 6.26（e）分别表示 MODIS、GLASS、GOSIF、LPJ-DGVM、LPJ-VSJA GPP 误差 σ 对应的直方图。从直方图中可以看出，除了 MODIS GPP 之外，其他的产品误差都集中在 0～20gC/（m²·月）之间，占比达到了 90%以上，而 MODIS 产品的误差在 30～60gC/（m²·月）之间呈现出均匀分布的态势。所有产品的误差分布高值区集中在北美洲南部高温高湿地区、南美洲东部、南亚的湿润区与半湿润区和非洲、澳大利亚的稀树草原地区。GOSIF GPP 的误差直方图符合正态分布，平均值为 8.3gC/（m²·月）。GLASS 产品为均值中最小的［3.6gC/（m²·月）］，LPJ-VSJA 次之［4.7gC/（m²·月）］，但 LPJ-VSJA 产品的方差最小（表 6.5）。总体来说，本章研究的同化系统模拟的 GPP 产品精度较高、较稳定，可以作为全球 GPP 空间产品之一进行空间分析，还可以为其他模型产品的空间质量提供参考。

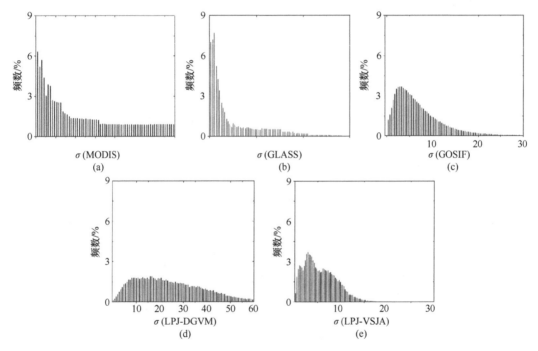

图 6.26　全球 GPP 产品（MODIS、GLASS、GOSIF、LPJ-DGVM、LPJ-VSJA）
误差标准差 σ 对应的直方图

表 6.5　5 种 GPP 产品的正态分布参数和误差区间估计

数据集	GPP 均值（μ）/［gC/（m²·月）］	置信区间（μ）（α=0.05）	均值（σ）	置信区间（σ）（α=0.05）
LPJ-VSJA	4.7	[4.65，4.88]	1.73	[1.22，1.97]
LPJ-DGVM	19.7	[17.6，22.3]	5.23	[1.22，1.97]
MODIS	25.4	[23.9，29.6]	8.98	[8.34，9.22]
GOSIF	8.3	[8.1，8.5]	4.23	[4.11，4.56]
GLASS	3.6	[3.44，3.78]	3.17	[2.77，3.45]

图 6.27（a）～图 6.27（f）分别表示 MODIS、GLASS、GLDAS、GLEAM、LPJ-DGVM、

LPJ-VSJA 误差 σ 对应的直方图。GLDAS 与 LPJ-VSJA 产品的误差呈现出正态分布的趋势。除了 MODIS 之外,其他产品的误差值大体处于 0~20mm/月 之间。总体来说,LPJ-VSJA 与 GLEAM 产品的误差均值与方差相对较小(表 6.6),且误差分布没有明显的极高值区。LPJ-VSJA 在 5 种产品中误差均值最小,方差最低,精度最高,可在全球 0.25° 的分辨率下进行 ET 年际变化分析与空间分析,并作为空间验证产品之一与其他模型产品对比分析。

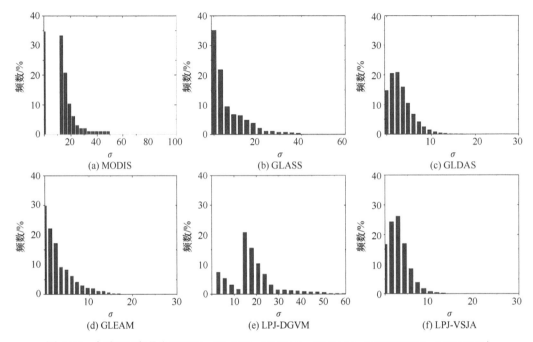

图 6.27　全球 ET 产品(MODIS、GLASS、GLDAS、GLEAM、LPJ-DGVM、LPJ-VSJA)误差 σ 对应的直方图

表 6.6　6 种 ET 产品的正态分布参数和误差区间估计

数据集	ET 均值(μ)/ [gC/(m²·月)]	置信区间(μ)($\alpha=0.05$)	均值(σ)	置信区间(σ)($\alpha=0.05$)
LPJ-VSJA	3.4	[3.15, 3.74]	1.91	[1.55, 2.05]
LPJ-DGVM	14.3	[11.8, 17.1]	7.1	[6.6, 7.85]
MODIS	32.2	[31.9, 33.6]	10.28	[9.34, 11.22]
GLDAS	4.3	[4.06, 4.55]	2.23	[2.11, 2.56]
GLASS	10.2	[9.44, 10.78]	5.3	[4.57, 5.65]
GLEAM	4.13	[3.96, 4.35]	3.75	[3.35, 3.88]

3. 全球 GPP 与 ET 产品总量与精度对比

目前已经有大量的研究针对不同的模型进行改进或者通过观测–模型同化对全球进行碳水通量优化模拟。本章研究通过将不同通量产品在 2010~2018 年的年均空间通量密度乘以来自 MODIS 土地覆盖产品的全球植被覆盖面积(1.240 亿 km²),计算出不同产品的全球 GPP 和 ET 年均总量(Friedl et al., 2010)。表 6.7 统计了不同全球空间产品的年均总量以及从文献中参考的基于站点尺度的产品验证精度。从表 6.7 中可以看出,使

用不同的模型所模拟的全球 GPP 与 ET 总量仍然存在较大的差异。例如，Jung 等(2020)利用数据驱动的方法，将全球的通量站点进行尺度扩展估算的 ET 年均总量为 $86.0 \times 10^3 km^3/a$，明显高于其他产品，与 LPJ-DGVM 模型未经同化所估算的 ET 相似；基于改进的光能利用率模型(MuSyQ-NPP 算法)估算的全球 GPP 总量约为 108PgC/a，远远低于其他模型研究，甚至低于 MODIS 空间产品。

表 6.7　不同产品的全球初级生产力(GPP)和蒸发(ET)值的估算及从文献中获得的估算精度

数据集	GPP/(PgC/a)	ET/(km³/a)	年份	精度(站点验证)	参考文献
Fluxcom	约 125	86.0 × 10³	2010~2015	GPP：2.83gC/(m²·d)，R^2=0.60	Jung 等(2020)
PML-V2	145.8	72.8 × 10³	2003~2017	ET：0.69mm/d，R^2=0.69；GPP：1.99gC/(m²·d)，R^2=0.79	Zhang 等(2019)
GLEAM	—	68 × 10³	2010~2017	ET：0.72mm/d，R^2=0.64	Martens 等(2017)
MOD17A2H	约 110	58.9 × 10³	2001~2014	ET：1.0mm/d，R^2=0.49；GPP：2.82gC/(m²·d)，R^2=0.59	Zhang 等(2019)
GOSIF	135.5	—	2000~2017	GPP：1.92gC/(m²·d)，R^2=0.74	Li 等(2019)
GLDAS-2	—	72.4 × 10³	2010~2017	ET：0.70mm/d，R^2=0.71	
GLASS	108	72 × 10³	2010~2018	ET：1.0mm/d，R^2=0.49；GPP：1.74gC/(m²·d)，R^2=0.81	Yao 等(2014)
LPJ-DGVM	123	82 × 10³	2010~2018	ET：1.10mm/d，R^2=0.58；GPP：2.23gC/(m²·d)，R^2=0.60	本书
LPJ-VSJA	130.2	69.2 × 10³	2010~2018	ET：0.74mm/d，R^2=0.70；GPP：1.32gC/(m²·d)，R^2=0.70	本书

LPJ-VSJA 的年均 GPP 总量(130.2PgC/a)比 PML-V2 的(145.8PgC/a)低出约 12%，比 GLASS 和 MODIS 高出约 18%。LPJ-VSJA 与 GOSIF 的 GPP 总量值最为相近。总体来说，目前不同模型对于 GPP 的估算还存在极大的不确定性，LPJ-VSJA GPP 对全球的估计在合理的区间内(110~150PgC/a)，且较为准确。

LPJ-VSJA ET 产品与 GLEAM ET 相近，但低于 PML-V2、GLDAS-2 和 GLASS ET (约为 $72 \times 10^3 km^3/a$)。在日尺度上，PML-V2 和 GLDAS-2 产品的估算精度均优于 LPJ-VSJA，说明 LPJ-VSJA ET 在湿润区存在低估现象。Seneviratne 等(2010)的研究指出，在干旱和半干旱区域，基于卫星的蒸散发估算方法通常比真实值高估了 0.50~3.00mm/d。这些模型表现不佳的主要原因是缺乏土壤水分的直接约束和更精确的植被参数控制(Gokmen et al.，2012；Pardo et al.，2014)。例如，Penman-Monteith-Leuning(PML)模型所模拟的 ET 在站点尺度的精度为 $R^2 = 0.77$，偏差= −9.7%(约 0.2mm/d)。LPJ-VSJA ET 模拟值低于其他产品，且对现场观测值的估计偏低，偏差为 0.19mm/d($ET_{OBS}-ET_{CO}$)。

6.3.6　小　　结

在本节中，将遥感观测 GLASS LAI、SMOS 和 SMAP 土壤湿度数据作为观测数据集，LPJ-PM 耦合模型作为模型算子，对 LPJ-VSJA 同化系统优化 GPP 和 ET 的模拟结果、站点尺度开展联合同化与单独同化、不同干湿区域以及不同土壤湿度数据对 ET 的同化模拟效果进行了对比分析，结果表明，植被和土壤参量的联合同化与单独同化相比，模拟结果改善较大；干旱区与半干旱区中 GPP 和 ET 的原始模型模拟结果和联合同化结果均优于湿润区与半湿润区，加入表层土壤湿度信息的 LPJ-PM 耦合模型更适用于干旱区与半干旱区的碳水通量模拟；对于 ET 同化模拟来说，不同的土壤湿度数据源会影响同化性能，SMAP 产品在大多数植被类型和干湿地区均具有微弱的优势。

针对区域尺度的碳水通量模拟，利用 TC 方法计算了不同碳水通量空间产品的误差分布，LPJ-VSJA 与 GOSIF 的 GPP 总量值最接近，LPJ-VSJA ET 结果与 GLEAM ET 最相近。全球 LPJ-VSJA GPP 和 ET 产品与其他产品相比精度更高，ET 产品的误差均值与误差标准差均最低。尤其在干旱区与半干旱地区，表现为 ET 同化值较低，改善了模型高估的情形。

综上所述，本章同化系统可以有效改善 LPJ-DGVM 模型的碳水通量模拟精度，其空间模拟具有可扩展性和稳定性，且模拟的全球 GPP 和 ET 产品可对气候变化下的碳水循环趋势进行预测与空间分析，并作为参考数据集与其他模型模拟结果进行对比。

第7章　陆地生态系统碳水通量时空格局与动态分析

在研究大尺度的碳水通量时空格局演变时，NEP、GPP、ET 等碳水通量参数常常被作为衡量碳水收支变化的主要指标。按照前文所构建的碳水通量尺度扩展遥感模型(FluxScale)，本章估算了 1982～2011 年的全球草地植被生态系统 NEP、GPP、ET，计算了 30 年的年均碳水通量数据，并基于这些数据，开展全球草地生态系统碳水通量的时空格局变化特征的分析研究。本章所分析的草地范围指灌丛、热带稀树草原和草原。

7.1　碳水通量的全球空间分布特征

由于不同的地理位置、环境条件和草地类型，全球草地 NEP、GPP 和 ET 在空间上显示了很大的空间异质性。1982～2011 年，全球草地平均 NEP 在–300～500gC/(m²·a)之间变化(NEP 正值代表碳汇，负值代表碳源)。NEP 表现为碳汇的区域占到全球草地植被区总面积的 50.4%。高碳汇区主要集中在南半球 30°S 以北的地区，包括南美洲中部(巴西)、非洲撒哈拉地区以南，以及澳大利亚北部边缘地区。这些地区的主要草地类型是热带稀树草原。南美洲和非洲热带稀树草原地区 NEP 能达到 400gC/(m²·a)以上。在北半球温带草原和灌丛主要分布区，其 NEP 在–200～300gC/(m²·a)变化。30 年间，全球草地 NEP 年度变化明显，平均 NEP 的标准偏差(SD)在空间上的均值为 74.74gC/(m²·a)。其中，南美洲中部(尤其是巴西东部)、非洲中偏南部(撒哈拉地区以南)、澳大利亚、北美南部地区(美国和墨西哥交界处)的年 NEP 变化幅度最大，SD 一般为 100gC/(m²·a)；而在北美和欧亚大陆温带草地年 NEP 变化幅度较小，SD 在 50gC/(m²·a)以下。

全球草地 GPP 平均值在 26.56～2533.20gC/(m²·a)之间变化。GPP 在空间分布上与 NEP 的分布一致，表现为南半球的稀树草原地区生产力较高，这些地区的 GPP 值能达到 1000～2000gC/(m²·a)及以上。在北半球的温带草原和灌丛草地区，GPP 变化范围一般在 100～1300gC/(m²·a)之间。GPP 的 SD 在空间上的均值为 121.96gC/(m²·a)，其中南美(巴西东部)、非洲撒哈拉地区、澳大利亚中部的年 GPP 变化幅度较大，SD 一般在 200gC/(m²·a)左右；北美和欧亚大陆温带草地年 GPP 变化幅度较小，SD 一般在 100gC/(m²·a)以下。

全球草地平均 ET 在空间上的波动范围为 70～1350mm/a。一般来说，GPP 较大的地区，ET 也较大。湿热的地区 ET 较高，而干冷的地区 ET 较低。南半球的稀树草原区蒸散量较大，尤其是在非洲中部(刚果民主共和国周边的几个国家，即常绿阔叶林周边的稀树草原区)和南美中部(巴西)地区，草原 ET 能达到 1000mm/a 以上。在北半球，除了北美大平原东部草原区蒸散量较高、ET 能达到 600mm/a 左右外，其余地区均在 100～400mm/a 之间，尤其是中亚地区大部分草地区蒸散仅在 300mm/a 以下。ET 标准偏差在空间上的均值为 61.43mm/a。其中，非洲中部、南美中部（巴西）、澳大利亚东偏北部及北美东部的年 ET 变化幅度相对较大，SD 一般会在 80mm/a 左右。

全球草地广泛分布在中低纬度地区。根据全球草地年 NEP、GPP 和 ET 通量纬度分布图（图 7.1）可以看出，碳汇主要存储在低纬度地区，尤其以南半球最强。GPP 在低纬度地区较高，在 15°N～30°S 稀树草原区，GPP 能达到 800gC/(m²·a) 以上，蒸散能力也较强（> 450mm/a）。尤其在南北纬 5° 附近 GPP 达到高值 [1500gC/(m²·a)]，NEP 在南纬 10°S 附近达到高值 [400gC/(m²·a)]，ET 在北纬 5°N 和南纬 10°S 附近达到高值（约 900mm/a）。全球中纬度带草原地区的 GPP 一般在 600gC/(m²·a) 以下，ET 在 200～550mm/a 之间变化。北半球中纬度带（30°N～60°N）的草地一般处于碳平衡状态，南半球中纬度带（30°S～60°S）一般处于弱碳源状态。

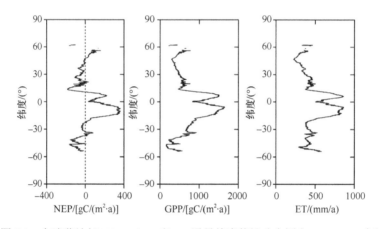

图 7.1　全球草地年 NEP、GPP 和 ET 通量纬度统计分布图（1982～2011 年）

NEP 正值代表碳汇，负值代表碳源；负号代表南纬

7.2　碳水通量的全球时序变化特征

7.2.1　时序变化特征

本章估算了半月（bi-monthly）间隔的碳水通量，并基于此计算了年碳水通量，本章研究分析仅限于年际变化和趋势。30 年间，全球草地表现为碳汇，其生态系统吸收的碳累计量约为 55.83PgC，相当于 1.86PgC/a。NEP 平均值为 49.70±6.12gC/(m²·a)（表 7.1），其中有 16 年（53%）的年 NEP 高于多年平均值，2005 年为最低值 35.89gC/(m²·a)，2011 年达到最高值 61.67gC/(m²·a)（图 7.2）。30 年间，随着气候的变化，全球草地碳储量呈现波动变化，变化趋势为缓慢增加，平均增加 0.15gC/(m²·a)（$P=0.25$）。这表明近 30 年来，全球草地生态系统持续表现为碳汇，且碳汇能力在缓慢增长。其中，有几个时间段呈现明显变化的特点，如在 1992～1999 年以及 2005 年之后，碳汇能力在逐年持续增强；然而，1985～1992 年以及 1999～2005 年，碳汇能力逐年持续减弱。

表 7.1　全球草地碳水通量统计值（1982～2011 年）

统计数据	NEP/[gC/(m²·a)]	NEP/(PgC/a)	GPP/[gC/(m²·a)]	ET/(PgC/a)	ET/(mm/a)	ET/(km³/a)
平均值	49.70±6.12	1.86±0.23	809.83±23.28	30.32±0.87	493.69±9.65	18484.36±361.15
最低值	61.67	2.31	776.86	29.09	477.79	17889.03
最高值	35.89	1.34	867.77	32.49	517.97	19393.53
斜率/(unit/a)	0.15	0.01	1.97	0.07	0.86	32.26

注：unit 为 NEP、GPP、ET 的单位。1Pg = 1Gt = 10³Tg = 10¹⁵g。

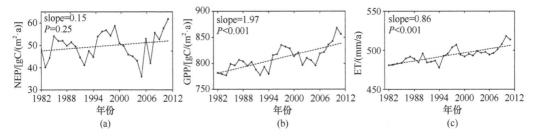

图 7.2　全球草地 NEP、GPP 和 ET 年度变化（1982～2011 年）

全球草地 GPP 平均值为 809.83±23.28gC/(m²·a)（表 7.1），其中有 14 年(47%)的年 GPP 高于多年平均值。从区域总量上来说，全球草地 GPP 在 29.09PgC/a［776.86gC/(m²·a)］(1984 年)和 32.49PgC/a［867.77gC/(m²·a)］(2010 年)之间波动，多年平均值为 30.32PgC/a。30 年间，全球草地年 GPP 除了在 1987 年和 1997 年有较大的下降外，总体呈显著增加趋势($P<0.001$)，增长趋势为 1.97gC/(m²·a)。其中，有几个明显的时间段，如 1994～1997 年和 2005～2010 年，GPP 在逐年持续增强。尤其是 2005 年之后，年 GPP 增加显著，增幅达到 10.69gC/(m²·a)。

全球草地 ET 平均值为 493.69±9.65mm/a，2010 年达到最高值 517.97mm/a，最低值为 1994 年的 477.79mm/a(表 7.1)。ET 多年变动幅度不大，仅为 9.65mm/a，其中有 14 年(47%)的年 ET 高于多年平均值。相比降雨的变化幅度，ET 的变动浮动相对较小。这在站点的研究中也得到过证实，如 Ryu 等(2008)根据美国西部一个草地站点 6 年的数据分析指出，尽管该站点的降水年变化幅度很大（几近两倍的变幅），但是其 ET 变化量相对不大(266～391mm/a)。从总量上来说，全球草地 ET 在 17889.03km³/a(1994 年)和 19393.53km³/a(2010 年)之间波动，多年平均值为 18484.36±361.15km³/a。ET 在 1982～2011 年为显著增加趋势，增长速率为 0.86mm/a（图 7.3）。其中，有几个明显的时间段，如自 1994 年和自 2006 年之后，ET 在逐年持续增强；然而自 1990 年和 1998 年之后，ET 在逐年持续减弱；1999～2006 年，年 ET 基本处于平稳状态。

将这 30 年分为三个时间段（表 7.2），分析这三个参量的阶段性变化情况。随着全球变暖,21 世纪初全球草地区的温度和降雨年均值分别比 20 世纪 80 年代升高了 0.49℃和 36.31mm，分别比 90 年代升高了 0.24℃和 35.36mm。21 世纪初 GPP 总量年均值也相应地分别比 80 年代和 90 年代升高了 4%和 2.1%。ET 年均值升高了 3%和 1.6%。在研究时段内，全球草地区表现为碳汇，尤其是 90 年代际碳汇最高，其次为 21 世纪初。

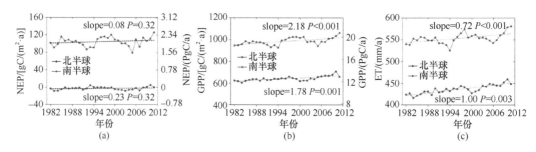

图 7.3　南北半球草地 NEP、GPP 和 ET 年度变化(1982～2011 年)

表 7.2　全球草地十年期气候、年 NEP、GPP 和 ET 统计值

	1982～1989 年	1990～1999 年	2000～2011 年
NEP/［gC/(m²·a)］	48.95	50.68	49.38
GPP/［gC/(m²·a)］	792.35	806.99	823.84
ET/(mm/a)	485.45	492.28	500.36
温度/℃	18.03	18.28	18.52
降雨/mm	582.33	583.08	618.64

　　由于在南半球地区站点观测数据稀少，本书采用尺度扩展方法对 NEP 估算的结果还有待进一步验证。然而，NEP(NEE)的估算即使是对过程机理模型也有一定的难度，其模拟结果的不确定性很高。例如，Desai 等(2010)针对四种模型方法，Huntzinger 等(2012)对 19 个生态模型模拟的 NEE 结果进行了比较分析后发现，估算的碳汇量均有很大的不同，甚至在碳源或碳汇问题上也有很多争议。Jung 等(2011)采用了一种类似于尺度扩展的方法(模型树集成)，估算的全球生态系统 NEP 多年平均值为 $133\pm37gC/(m^2\cdot a)$ (17.1±4.7PgC/a)(1982～2008 年)。相比其他模型的估算结果，如 Schwalm 等(2011)估算的全球 NEP 均值为 2.8PgC/a，本书估算的 NEP 值和 Jung 等(2011)的结果均偏高。分析原因，有可能是尺度扩展方法在 NEP 的估算上有一定的局限性。Jung 等(2011)将 NEP 的估算误差归因于缺少环境因子数据，如土壤和站点历史数据。最新的研究，如 Raczka 等(2013)比较了 17 个陆地生态模型，发现基于尺度扩展方法的 EC-MOD 模型(Xiao et al.，2011)在北美的模拟结果与几个表现良好的过程模型中表现得几乎一样好，甚至模拟碳通量的精度比很多其他过程模型还要高。由此可见，尺度扩展方法在碳通量模拟上具有明显的优势。本书估算的全球草地碳水通量数据集作为一种方法独立的可靠产品，对于校准和评价全球陆表碳循环估算结果、监测全球草地碳源汇的年度变化具有参考价值。

　　目前，各种模型对全球陆地生态系统 GPP 的估算结果均比较接近(120PgC/a)。由于模型算法或是模拟尺度等的不同，结果稍有不同，年 GPP 估算值为 101.8～125.8PgC/a (2000～2006 年)(Zhao et al.，2006)；120PgC/a(Denman et al.，2007)；110.5±21.3PgC/a (2000～2003 年)(Yuan et al.，2010)；123±8PgC/a；118±26PgC/a(2001～2003 年)(Ryu et al.，2011)；119.4±5.9PgC/a(1982～2008 年)(Jung et al.，2011)；130PgC/a(1982～2004 年)(Bonan et al.，2011)；150～175PgC/a(Welp et al.，2011)。以上研究基本上是对全球陆地生态系统进行整体模拟，本书针对全球草地的 GPP 估算结果为 30PgC/a，约占以上估算的全

球陆地生态系统 GPP(120PgC/a)的 25%。类似地，各种模型对全球植被生态系统 ET 的估算值为 $63.0 \times 10^3 km^3/a$(2001~2003 年)(Ryu et al.，2011)；$65.0 \times 10^3 km^3/a$ (1982~2008 年)(Jung et al.，2010)；$62.8 \times 10^3 km^3/a$(2000~2006 年)(Mu et al.，2011)。根据本书估算值，全球草地 ET($18484 km^3/a$)大约为全球陆地生态系统($63 \times 10^3 km^3/a$)的 29%。

7.2.2 时序变化的空间分异

基于 NEP、GPP 和 ET 时序空间图上的每一像元，采用 Pearson 线性回归模型，计算其年度变化坡度及其显著性，分析 30 年来 NEP、GPP 和 ET 的年度变化趋势。分析结果显示，30 年间，全球草地 NEP 呈现出明显变化趋势($P<0.05$)的区域约占全球草地面积的 18.1%，其中 NEP 显著增加(碳汇能力增强)的区域为 9.9%，NEP 显著减少(碳汇能力减弱)的区域为 8.2%，增减区域相当(表 7.3)。变化显著的草地区域主要分布在南半球。NEP 显著增强的地区为澳大利亚、非洲中部、南美(巴西)及北美大平原南部(墨西哥)地区，而碳汇能力显著减弱的地区主要分布在非洲中东部(尤其是埃及和索马里的灌丛地区)、澳大利亚和南美洲的部分地区，以及北半球欧亚大陆的蒙古高原和中亚地区西部。

表 7.3 NEP、GPP 和 ET 年度变化显著区域占全球/北半球/南半球草地区面积百分比(单位：%)

	NEP			GPP			ET		
	全球	北半球	南半球	全球	北半球	南半球	全球	北半球	南半球
显著增加($P<0.05$)	9.9	10.1	9.7	23.0	23.5	22.6	25.2	26.5	23.9
显著减少($P<0.05$)	8.2	9.7	6.6	3.9	4.3	3.4	6.7	5.8	7.8

全球草地 GPP 显著增加的区域居多(表 7.3)，显著变化($P<0.05$)的区域超过全球草地面积 1/4(约 26.9%)。其中，GPP 显著增加的区域占全球草地的 23.0%，主要分布在南半球。而显著减少的区域仅占 3.9%。

30 年间，全球草地 ET 显著变化($P<0.05$)的区域占全球草地面积超过 1/3(31.9%)。其中，ET 显著增加的区域占全球草地面积的 25.2%，主要分布在南半球，包括澳大利亚北部、非洲撒哈拉地区、南美东部的稀树草原区和北美北部的草原区。显著减少的区域仅占全球草地区的 6.7%(表 7.3)，如巴西西南部的少数地区。

全球草地 NEP、GPP 和 ET 通量的空间分布具有地带性和区域性，也具有一定的地域分异规律，如南北半球、纬度带、区域等地带特征。

1. 南北半球的分异规律

全球草地 NEP 的量级和变化趋势在南北半球表现不同。北半球 30 年的 NEP 多年平均值为 $2.89 \pm 3.61 gC/(m^2 \cdot a)$，而南半球为 $104.31 \pm 10.37 gC/(m^2 \cdot a)$。南半球广泛分布着稀树草原，其碳汇能力较强，而且波动较大；而北半球几近为碳平衡状态。尽管南北半球的碳汇能力都在缓慢增强，但其变化趋势均不显著[图 7.3(a)]。北半球年 NEP 显著增加的区域占北半球草地面积的 10.1%，显著减少的区域占 9.7%；南半球年 NEP 显著增加的区域占南半球草地面积的 9.7%，显著减少的区域占 6.6%(表 7.3)。

草地 GPP 的量值和变化趋势在南北半球的表现也不一致。在北半球，30 年的 GPP 平均值为 642.07gC/(m²·a)(相当于 12.55PgC/a)，而南半球为 984.48gC/(m²·a)(相当于 18.47PgC/a)。相对于全球草地 GPP 总量，南半球草地 GPP 总量分别占全球草地的 59.6%，北半球占 40.4%。近 30 年来，南北两个半球的草地 GPP 都在显著增加[图 7.3(b)]，北半球年 GPP 显著增加的区域占北半球草地面积的 23.5%，显著减少的区域仅占 4.3%；而南半球年 GPP 显著增加的区域占 22.6%，显著减少的区域仅占 3.4%(表 7.3)。不同于 NEP，GPP 的变化以显著增加的区域为主。

全球草地 30 年的 ET 平均值在北半球为 436.27mm/a(相当于 8524.48km³/a)，南半球为 553.51mm/a(相当于 10815.31km³/a)。南半球草原 ET 总量占全球草地年 ET 总量的 55.9%，而北半球占 44.1%。与 GPP 类似，南北半球的 ET 都在显著增加(图 7.3)。北半球年 ET 显著增加的区域占北半球草地面积的 26.5%，显著减少的区域占 5.8%；南半球年 ET 显著增加的区域占南半球草地面积 23.9%，显著减少的区域占 7.8%(表 7.3)。ET 的变化也以显著增加的区域为主。在 ET 估算方面，Jung 等(2010)的研究表明，1982～1997 年，全球年蒸散量增加了 7.1±1.0mm/a；在此之后到 2008 年间，全球蒸散量似乎不再增加，主要是由于南半球(尤其是非洲和澳大利亚)的水分限制了蒸散的变化。本书模拟计算的南半球草原年 ET 也有类似的表现，在 1998 年之前 ET 呈现缓慢增加态势(斜率=0.72mm/a，P=0.211)，但在 1999～2008 年 ET 变化处于平缓状态，甚至出现缓慢下降趋势(斜率=−0.86mm/a，P=0.079)。

总体来看，北半球在 2007 年的碳水通量值均比较低，NEP 为−7.67gC/(m²·a)，GPP 为 670.4gC/(m²·a)，ET 为 445.1mm/a；而在 2010 年均达到最高，NEP 为 5.42gC/(m²·a)，GPP 为 708.0gC/(m²·a)，ET 为 459.4mm/a。南半球在 2005 年的碳水通量值均比较低，NEP 为 79.25gC/(m²·a)，GPP 为 940.47gC/(m²·a)，ET 为 548.49mm/a；而在 2011 年均达到最高，NEP 为 125.85gC/(m²·a)，GPP 为 1061.3gC/(m²·a)，ET 为 581.0mm/a。1999～2005 年，南半球的草地碳汇能力在显著减少(斜率=−5.69gC/(m²·a)，P=0.047)，相应的 GPP 也在显著减少(斜率=−13.05gC/(m²·a)，P=0.598)。其可能是南半球这几年频繁发生的干旱和火灾干扰事件导致的。

2. 纬向变化特征

本书还研究了全球草地碳水通量的纬度地带性特征，分析了草地生态系统在热带和亚热带生态系统(25°S～25°N)、温带生态系统(25°N～50°N 和 25°S～50°S)、北方森林和苔原(50°N～90°N 和 50°S～90°S)五个纬度带的年 NEP、GPP 和 ET 的纬向变化规律和特征。这五个纬度带由南到北，分别代表了不同的热量梯度，随纬度的增加由热变冷，表现出由赤道到极地的纬向地带性。

分析 1982～2011 年全球草地年均 NEP 值的纬向变化可以看出，热带和亚热带生态系统(25°N～25°S)是最大的碳汇区，其他纬度带基本处于弱碳平衡状态或弱碳源[图 7.4(a)]。热带和亚热带生态系统(25°S～25°N)跨热带稀树草原地区，草地 NEP 年均值显著大于其他地区，表现为强碳汇，NEP 变化幅度范围为 89.20～124.49gC/(m²·a)。

而南北半球的温带生态系统(25°N~50°N 和 25°S~50°S)均处于弱碳平衡状态。北半球温带系统 (25°N~50°N)，NEP 变化幅度为–32.38~–3.01gC/(m²·a)，多年平均值为–22.31gC/(m²·a)(相当于–0.23PgC/a)。南半球温带生态系统(25°S~50°S)，NEP 的变化幅度范围为–53.48~–9.09gC/(m²·a)，多年均值为–35.90gC/(m²·a)(相当于–0.20PgC/a)，其 NEP 总量与北半球温带系统相当。北半球北方森林和苔原生态系统(50°N~90°N)处于弱碳汇状态；而南半球北方森林和苔原生态系统(50°S~90°S)处于弱碳源状态。5 个纬度带的年度 NEP 在这 30 年的变化均不显著(图 7.5)。

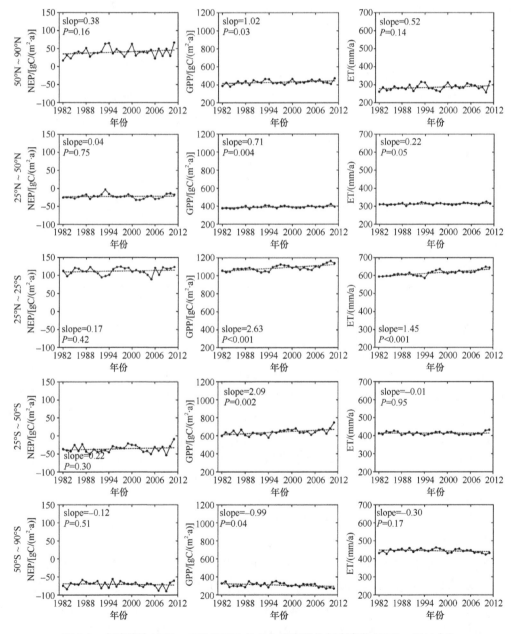

图 7.4　全球草地 NEP、GPP 和 ET 在 5 个纬度带的年度变化(1982~2011 年)

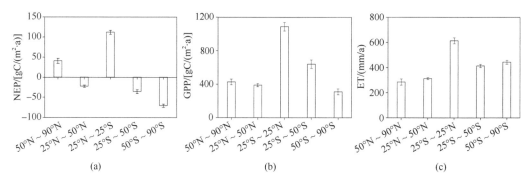

图 7.5　全球草地 NEP、GPP 和 ET 随 5 个纬度带的年度变化统计值(1982~2011 年)

1982~2011 年，全球草地生态系统 GPP 总量为 30.32PgC/a，多年平均值为
809.83gC/(m²·a)。在热带和亚热带(25°S~25°N)，草地生态系统 GPP 年均值显著大于其他
纬度带，变化幅度范围为 1035.19~1164.45gC/(m²·a)，多年平均值为 1086.79gC/(m²·a)(总
量为 21.26PgC/a)〔图 7.5(b)〕。在温带，北半球的生态系统(25°N~50°N)GPP 变化
幅度范围为 367.74~422.28gC/(m²·a)，平均值为 389.72(4.07PgC/a)。而南半球的生态
系统(25°S~50°S)GPP 变化幅度为 578.73~746.39gC/(m²·a)，平均值为 640.25gC/(m²·a)
(3.55PgC/a)。由此可见，热带和亚热带生态系统草地 GPP 生产力最大，其总量占全球
草地 GPP 的 70.1%左右；而南北半球温带生态系统各自分别占全球草地 GPP 总量的 11.7%
和 11.4%。对于北方森林和苔原生态系统，北半球(50°N~90°N)年 GPP 变化幅度范围为
380.84~471.72gC/(m²·a)，多年平均值为 428.46gC/(m²·a)(0.32PgC/a)；而南半球(50°S~
90°S)GPP 平均值最小，变化幅度范围为 270.30~353.27gC/(m²·a)，多年平均值为
309.09gC/(m²·a)(0.03PgC/a)。除南半球北方森林和苔原生态系统(50°S~90°S)，其余各
纬度带 GPP 都在显著增强。

　　热带和亚热带生态系统(25°S~25°N)草地 ET 年均值显著大于其他草地 ET，变化幅
度范围为 585.23~648.61mm/a，平均值为 614.15mm/a(相当于 12013.29km³/a)，占全球
草地总 ET 的 65.0%左右。北半球温带生态系统(25°N~50°N)的 ET 变化幅度范围为
301.45~326.39mm/a，多年平均值为 313.08mm/a(相当于 3270.74km³/a)，占全球草地总
ET 的 17.7%左右。南半球温带生态系统(25°S~50°S)，年 ET 高于北半球，变化幅度
范围为 401.51~432.40mm/a，多年平均值为 413.82mm/a(相当于 2295.19km³/a)，占全
球总 ET 的 12.4%左右。热带和亚热带生态系统以及北半球温带系统的 ET 能力均在显
著增强，其增长趋势分别为 1.45mm/a($P<0.001$)和 0.22mm/a($P=0.05$)。其余纬度带 ET
变化不显著。

　　不少学者认为，草地是全球陆地生态系统中极其重要的碳汇(Scurlock and Hall，
1998)。草地碳汇能力以热带和亚热带生态系统最强。这个生态系统以热带稀树草原为
主，植被覆盖较好且水热组合条件适宜，因此，年 GPP 和 ET 也最高。这也证明了热带
地区在碳水收支格局中的重要性。南北半球温带草地系统均处于弱碳平衡或弱碳源状
态，其多年平均值分别为–35.90±9.72gC/(m²·a)和–22.31±6.11gC/(m²·a)，与其他学者在
温带草地系统的研究结果相近(Gilmanov et al.，2010；Dugas et al.，1999)。

7.3　各大洲草地碳水通量时序变化特征

本节对全球六个大洲的草地 NEP、GPP 和 ET 进行了分析。根据图 7.3，三种草地类型在各个大洲的分布情况见表 7.4。其中，非洲的草地占全球草地面积的 36.3%，是世界上最大的草地，以热带稀树草原为主。全球草地面积占其国土面积一半以上的 40个国家大多数位于非洲，有 20 个国家的草地占整个国土面积的 70%以上。畜牧业是非洲农业的一个重要组成部分，因此非洲土地侵蚀和草地退化现象比较严重。草地面积第二大的为亚洲，其草地面积约占全球草地面积的 21.4%，主要分布着草原类型。大洋洲(澳大利亚和新西兰)约占全球草地面积的 16.8%，绝大部分国土面积为草地，分布着广阔的灌丛，多属干旱和半干旱地区。其中，澳大利亚的牧草地约 3/4 天然干旱，因此，其对旱季尤其敏感(任继周等，2011)。南美洲的草地占全球草地面积的 14.9%，稀树草原是该洲分布最广泛的草地类型。其草地生态环境脆弱，过度放牧严重，载畜能力较低。北美洲的主要草地类型是草原和灌丛，分别占北美洲陆地面积的 17.5%和 10.7%。北美洲草地(以北美大平原为主)大部分处于干旱–半干旱气候条件之下，尤其是美国西部地区，主要分布着灌丛，年降水量仅为 50mm 或更少(任继周等，2011)。降水呈现东高西低的地带性特征。因此，北美洲草原在东部的生产力比西部超出许多倍。欧洲的草地面积最小，仅占全球草地面积的 0.8%，通常被用作永久性牧场，草地虽然面积较小，但其生产力很高(Hussain et al.，2011)。

表 7.4　各大洲草地分布面积占全球/各大洲陆地面积比例　　　(单位：%)

	灌丛	稀树草原	草原	牧场	土地面积 [a]
北美洲陆地面积	10.7	1.1	17.5	9.8	7.6
欧洲陆地面积	0.2	0.1	2.1	0.8	0.6
亚洲陆地面积	18.9	0.9	44.2	21.4	16.6
南美洲陆地面积	13.5	22.8	8.3	14.9	11.5
非洲陆地面积	22.3	65.5	20.7	36.3	28
大洋洲陆地面积	34.5	9.6	7.3	16.8	13
全球牧场	32.1	33.7	34.2	—	—
全球陆地面积 [b]	9.3	9.7	9.9	—	—

a. 表中各个草地类型的统计面积均为相应地类面积总和。

b. 表中全球陆地面积为 129476000km^2(不包括格陵兰和南极)。

图 7.6 为各大洲草地碳水通量的年度变化，其统计值见表 7.5。南美洲草地的碳汇能力最强，30 年年均值为 0.94PgC/a［169.08gC/(m^2·a)］；其次为非洲，年均值为1.41PgC/a［103.64gC/(m^2·a)］。其他四个大洲均表现为弱的碳源或碳平衡状态。北美洲草原总体为弱碳源(–0.11PgC/a)，这主要是北美大平原西部分布着大范围的灌丛造成了大量的碳源，尽管东部草原区为碳汇，但两相平衡总体仍表现为弱碳源。

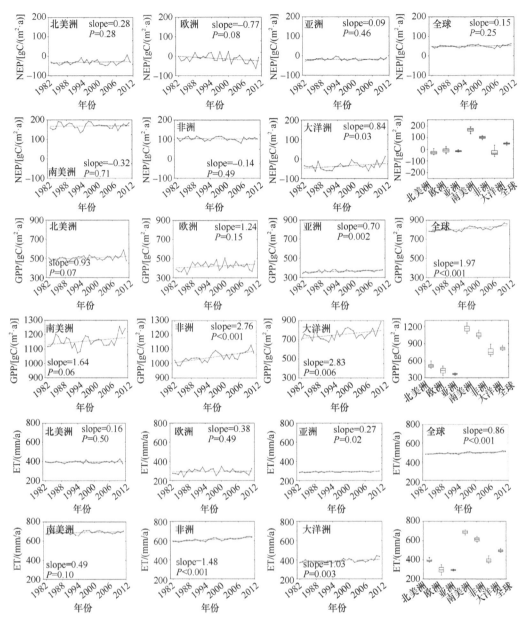

图 7.6　各大洲草地区 NEP、GPP 和 ET 年度变化(1982～2011 年)

　　全球多年 GPP 平均值为 810.3±23.3gC/(m²·a)，即 30.3±0.87PgC/a。6 个大洲中，非洲的 GPP 总量最高，为 1047.8gC/(m²·a)(14.2PgC/a)，占全球草地 GPP 的 47%。其次是南美洲，GPP 为 1155.7gC/(m²·a)(6.43PgC/a)(21%)(表 7.5)。北半球草地单位面积生产力相对较低，北美洲、亚洲、欧洲的 GPP 均在 500gC/(m²·a) 左右或以内。1982～2011 年，全球草地 GPP 显著增加，增长率为 1.97gC/(m²·a)($P<0.001$)。各大洲的 GPP 也在或多或少地增加(图 7.6)，尤其是非洲(slope = 2.76)、大洋洲(slope = 2.83)和亚洲(slope = 0.70)，其显著性水平均 $P<0.05$。Ichii 等(2013)研究发现，1982～2011 年，亚洲地区的

GPP 整体处于上升趋势。这与本书计算的亚洲草地区 GPP 显著上升趋势相一致。欧亚大陆植被生产力在 80～90 年代显示了增长趋势(Ichii et al.，2001)，也与本书的 GPP 在此时期的表现一致(图 7.6)，但是本书发现 2000 年之后欧洲草原 GPP 却显示了下降趋势(slope = −3.54)，这一方面可能与气候条件的改变有关，另一方面也可能与近年来欧洲地区频繁发生的热浪现象有关(Ciais et al.，2005；Reichstein et al.，2007)。2000～2007 年，南美洲的 GPP 也出现下降趋势 [slope = −4.85gC/(m²·a)]，这也可能与该地区 2005 年发生的大范围干旱事件有关(Phillips and Beeri，2008)。1983～1984 年，非洲发生了大范围的干旱(Dardel et al.，2014)，整个非洲的 GPP 在这个时期呈现下降趋势，比 1982 年均分别下降了 38.58gC/(m²·a)和 38.94gC/(m²·a)，但之后 GPP 在迅速增加，说明非洲地区的草地生态系统在极端干旱气候事件后得到了迅速的恢复。

表 7.5　各大洲草地年 NEP、GPP 和 ET 统计值(1982～2011 年)

	NEP/ [gC/(m²·a)]				GPP/ [gC/(m²·a)]				ET/(mm/a)			
	平均值±SD	坡度	最大值	最小值	平均值±SD	坡度	最大值	最小值	平均值±SD	坡度	最大值	最小值
全球	49.9±6.1	0.15	61.8	36.1	810.3±23.3	1.97	868.2	777.3	493.7±9.65	0.86	518.0	477.8
北美洲	−30.8±12.0	0.28	7.08	−47.6	504.2±24.2	0.93	588.8	464.4	394.2±10.8	0.16	425.7	377.3
欧洲	−11.5±20.6	−0.77	24.9	−63.3	421.6±40.6	1.24	506.8	333.1	295.7±25.2	0.38	348.5	239.4
亚洲	−17.6±5.86	0.09	−2.34	−27.6	365.2±11.4	0.7	382.7	341.8	291.3±5.5	0.27	300.4	282.0
南美洲	169.1±15.0	0.12	193.5	132.8	1155.7±41.1	1.64	1258.2	1073.2	688.5±14.3	0.49	711.0	655.9
非洲	103.6±9.06	−0.14	117.5	80.9	1047.8±33.1	2.78	1129.7	985.8	612.3±15.9	1.48	644.3	585.9
大洋洲	−35.7±18.4	0.84	13.0	−63.6	755.5±50.6	2.83	887.8	674.2	391.5±17.3	1.03	444.5	365.7

南美洲 ET 最强(688.5±14.3mm/a)，其次是非洲(612.3±15.9mm/a)。北半球的北美洲、亚洲、欧洲 ET 均在 400mm/a 以内，欧亚大陆草原区蒸散能力最低。30 年来，全球草地 ET 在显著增加，各大洲也是如此，尤其是非洲(slope = 1.48)、大洋洲(slope = 1.03)、亚洲(slope = 0.27)，其显著性水平均 $P<0.05$。北美洲草原蒸散量变化不显著。基于之前的研究分析认为，美国陆地生态系统的年 ET 为 556±228mm/a(Sun et al.，2011)。本书的估算结果显示，北美洲草地区的蒸散量(400mm/a)为全美平均值(550mm/a)的 73%。

值得注意的是，在这 30 年里，非洲草原 GPP 和 ET 都在显著增加($P < 0.001$)，与一般认为的该地区出现了大范围草地退化问题相悖。本书的研究结果与其他的研究结果不谋而合，如 Dardel 等(2014)基于 NDVI 数据认为，撒哈拉地区近 30 年的绿度变化呈现显著的正增长(1981～2011 年)，说明草本植物生产力在大面积地增长。尽管总体上非洲草地生态系统 GPP 在增加，但非洲部分地区，如撒哈拉以南非洲，碳源能力普遍在加强或是碳汇能力在减弱(NEP 均表现为下降趋势)。例如，在索马里、埃塞俄比亚、肯尼亚等以灌丛为主的地区，碳源能力在加强，相应的 GPP 也在降低；而在坦桑尼亚、莫桑比克、赞比亚、刚果民主共和国、安哥拉等以热带稀树草原为主的地区，碳汇能力在减弱。Zhu 和 Southworth (2013)研究了位于赞比亚和安哥拉的一个流域后发现，该流域稀树草原的 NPP 在近 30 年里有显著的下降趋势。这和本书发现的这些地区碳汇减弱的现象是一致的。碳汇能力的减弱有可能与当地降雨的减少有关，也有

可能与温度和降雨的综合效应有关。从人为因素考虑，农业种植、土地利用变化、休耕期缩短、放牧压力和强度增加、土壤肥力减弱，这些都可能导致非洲地区 NEP 和 GPP 的降低(Dardel et al.，2014)。其他导致稀树大草原退化的因素还包括降雨和过度放牧改变了植被物种组分，如草本植物转换成灌丛或木本草原(Zhu and Southworth，2013)。由于热带稀树草原生态系统具有重要的固碳作用，这些地区生产力 GPP/NPP 的下降和碳汇能力的减弱将影响着区域甚至全球碳源汇问题，而且这里是非洲生物的栖息地和食物源泉，生产力的下降必将减少对食草动物的食物供应，因此具有显著的全球影响。

　　总体来看，北美洲、欧洲、南美洲草地区的碳水通量参量(NEP、GPP 和 ET)的年度变化均不显著；而亚洲和非洲草地年 GPP 和 ET 均在显著增加，NEP 变化不显著；大洋洲草地年 NEP、GPP 和 ET 均在显著增加。

　　从各大洲草地年 NEP、GPP 和 ET 的像素直方图(图7.7)看出，全球 NEP 峰值集中在-200~100gC/(m²·a)之间。其中，北美洲和亚洲的碳源、碳汇像素分配比例差不多，峰值分布在 0gC/(m²·a)左右，说明这两个大洲表现为碳源汇的地区分布比较均衡。南美洲大部分像素为碳汇，像素分布比较均匀，集中在-200~500gC/(m²·a)之间。非洲地区的碳源和碳汇所占百分比差不多，像素分布也比较均匀，集中在-250~500gC/(m²·a)之间。大洋洲地区峰值集中在-200~50gC/(m²·a)之间。

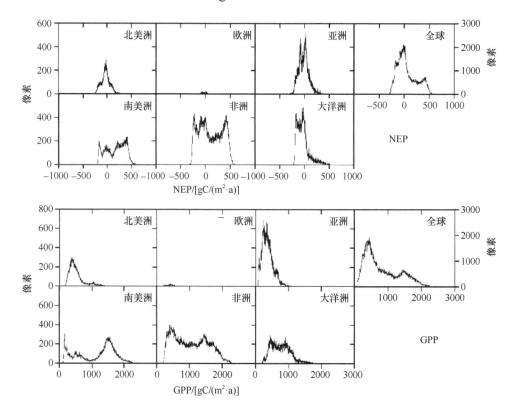

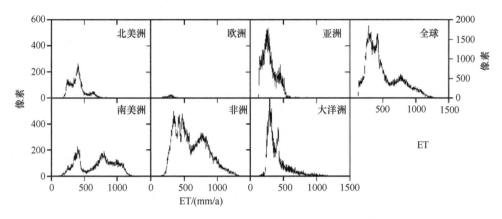

图 7.7　各大洲草地区年 NEP、GPP 和 ET 像素分布直方图

全球 GPP 大部分像素集中在 100～700gC/(m²·a) 之间。北美洲峰值为 400gC/(m²·a)，亚洲集中在 300gC/(m²·a)。南美洲大部分像素集中在高值区 1500gC/(m²·a)。非洲有两个峰值，像素分布比较均匀，分别为 500gC/(m²·a) 和 1500gC/(m²·a) 左右。大洋洲直方图分布较广，在 300～800gC/(m²·a) 之间。

全球 ET 大部分像素集中在 300mm/a 左右。北美洲峰值集中在 400mm/a 左右，亚洲集中在 300mm/a 左右。南美洲地区有两个峰值，大部分像素集中在 400mm/a 和 700mm/a 左右。非洲有两个峰值，分别为 400mm/a 和 700mm/a 左右。大洋洲峰值分布在 400mm/a 以下。

7.4　各草地类型碳水通量时序变化特征

本节分析了全球三种草地类型，即灌丛、热带稀树草原和草原 NEP、GPP 及 ET 的时间变化趋势。其中，稀树草原表现为强碳汇，碳汇能力最高，多年平均值为244.2gC/(m²·a)（相当于 3.08PgC/a）。灌丛为弱碳源，多年平均值为–87.3gC/(m²·a)（相当于–1.05PgC/a）。而草原则几乎处于碳平衡状态，多年平均值为–13.1gC/(m²·a)（相当于–0.17PgC/a）（表 7.6）。研究时段内，三种草地类型的变化并不显著，灌丛和稀树草原的碳汇能力只是缓慢增加，而草原的碳汇能力在缓慢降低（图 7.8）。

表 7.6　全球各草地类型碳水通量统计值（1982～2011 年）

	NEP/ [gC/(m²·a)]			GPP/ [gC/(m²·a)]			ET/(mm/a)		
	平均值±SD	最大值	最小值	平均值±SD	最大值	最小值	平均值±SD	最大值	最小值
灌丛	–87.3±7.64	–71.3	–100.9	545.9±22.2	586.2	510.5	374.4±6.60	393.5	364.6
稀树草原	244.2±13.4	263.00	219.4	1359.4±43.0	1458.8	1280.3	752.0±19.4	786.3	711.7
草原	–13.1±3.94	–3.97	–19.8	516.2±15.5	565.3	490.0	351.1±6.72	370.5	340.0

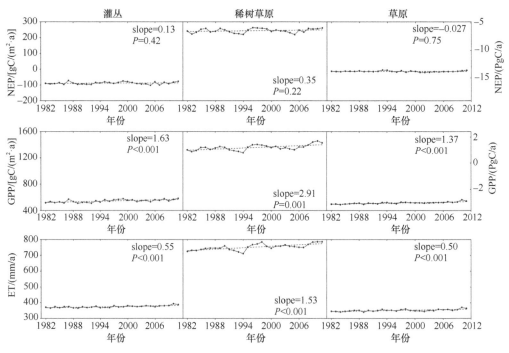

图 7.8 全球各草地类型 NEP、GPP 和 ET 年度变化(1982~2011 年)

三类草地的植被 GPP 量值差异显著,其中,年均 GPP 最高的为稀树草原,年均值分布在 1280.3~1458.8gC/(m²·a)之间,平均值高达 1359.38±43.00gC/(m²·a);草原的 GPP 最低,年均值分布在 490.0~565.3gC/(m²·a)之间,平均值为 516.2±15.5gC/(m²·a)。按照区域总量来说,灌丛 GPP 多年平均值为 6.57PgC/a,占全球草地 GPP 的 21.7%;热带稀树草原为 17.2PgC/a 占 56.5%;草原为 6.60PgC/a,占 21.8%。研究时段内,三类草地 GPP 总体表现为显著升高趋势($P \leqslant 0.001$),增长趋势分别为 1.63gC/(m²·a)、2.91gC/(m²·a)和 1.37gC/(m²·a)。草原的 GPP,21 世纪初期比 20 世纪 80 年代增幅达 5.1%;增长幅度最小的为热带稀树草原,其增长率为 3.0%。

全球草地 ET 多年平均值为 493.69+9.65mm/a;热带稀树草原的蒸散量最高,年均值分布在 711.7~786.3mm/a 之间,平均值为 752.0±19.4mm/a;草原的 ET 最小,年均值分布在 340.0~370.5mm/a 之间,平均值为 351.1±6.7mm/a(表 7.6)。从年总量来说,灌丛占全球草地 ET 的 24.4%、热带稀树草原占 51.3%、草原占 24.3%。由此可见,除了气候因子对蒸散量有影响,即蒸散量在空间上反映了降雨、能量和温度的变化外,植被蒸散还与植被类型有很高的相关性(Lu and Zhuang,2010;Xiao et al.,2013;Sun et al.,2011),正如本书所示的三种草地类型 ET 之间的差别。研究时段内,不同草地类型 ET 总体表现为显著增高($P \leqslant 0.001$)趋势,尤以稀树草原的 ET 增加速率最高(图 7.8)。

本节进一步分析了三种草地类型在六大洲的 NEP、GPP 和 ET 年度变化趋势。

1)灌丛

灌丛在各大洲均表现为碳源。北美洲的碳源量最大,为–113.46gC/(m²·a),其次为亚洲和非洲。欧洲的碳源汇处于平衡状态,为–1.88gC/(m²·a)(图 7.9)。灌丛在北美洲和亚洲均显示为 NEP 显著增强($P < 0.05$)，而在非洲显示 NEP 在显著减少(图 7.10)。大洋洲灌丛单位面积的 GPP 最大 [686.28gC/(m²·a)]，其次为非洲 [594.93gC/(m²·a)]，亚洲 GPP 最低 [396.38gC/(m²·a)]。灌丛 GPP 在这几个大洲(除了南美洲)均表现为显著增加趋势。非洲灌丛地区蒸散量最大(433.93mm/a)，大洋洲最低(327.16mm/a)。ET 在欧亚大陆、非洲、大洋洲表现为显著增加趋势，而北美洲 ET 表现为显著减少趋势。

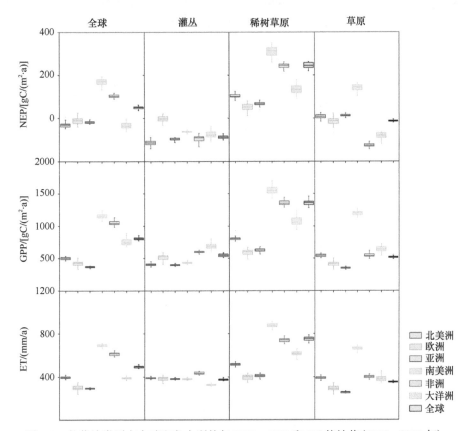

图 7.9 各草地类型在全球和各大洲的年 NEP、GPP 和 ET 统计值(1982~2011 年)

综合来看，灌丛 GPP 和 ET 在欧洲、亚洲、非洲和大洋洲均显著增加。但碳源汇 NEP 的变化趋势却不一致：灌丛分布最为广泛的大洋洲，其 NEP 变化不显著；亚洲 NEP 显著增加；非洲 NEP 显著减少。北美洲灌丛的 GPP 和 NEP 均显著增加，ET 显著降低。南美洲碳水通量的变化均不显著。

2)热带稀树草原

热带稀树草原在非洲分布很广，约占非洲总面积的 40%，当地叫萨旺那。热带稀树草原在全球表现为强碳汇 [244.42gC/(m²·a)]，在几个大洲也均表现为碳汇。在南半球的三个大洲(南美洲、非洲和大洋洲)均表现为强碳汇，其中南美洲的碳汇量最大，为 311.15gC/(m²·a)。北半球中的北美洲碳汇能力较强，为 103.58gC/(m²·a)(图 7.9)。各个大洲的热带稀树草原碳汇能力均在增强，尤其是在欧洲、亚洲、大洋洲，均显示显著性水平($P<0.05$)(图 7.11)。热带稀树草原 GPP 在南半球的三个大陆最高，均在 1000gC/(m²·a) 以

上。北半球的北美大陆 GPP 最强 [808.90gC/(m²·a)]。GPP 在四个大洲(除南美洲和大洋洲)均表现为显著增加趋势($P<0.05$)。热带稀树草原 ET 值在南半球的三个大洲最高,依次为 873.76mm/a、738.87mm/a、616.56mm/a。北半球中北美大陆 ET 最强(514.56mm/a)。除了大洋洲和南美洲外,其余四个大洲的 ET 均在显著增强。

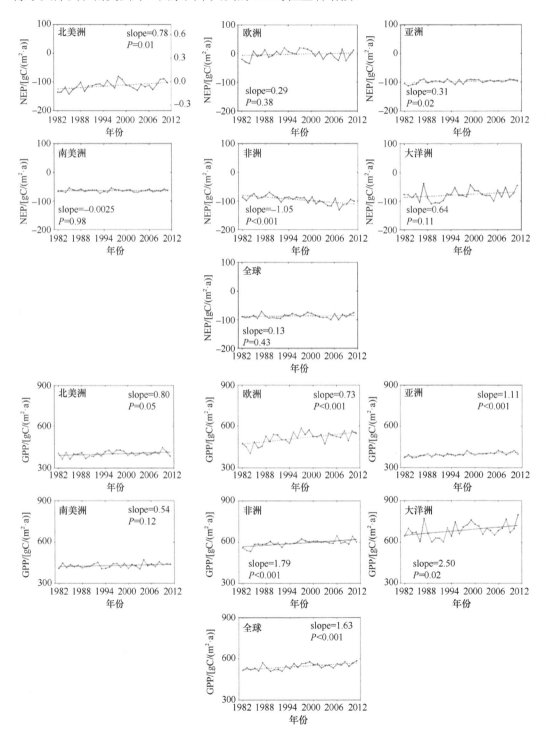

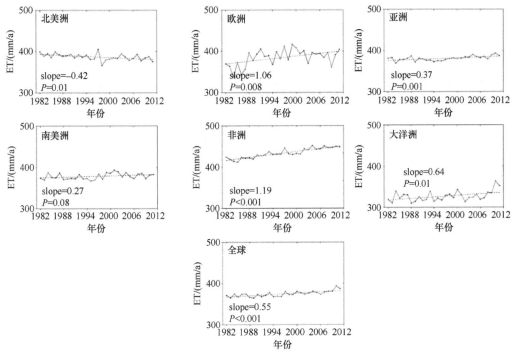

图 7.10 各大洲灌丛类型 NEP、GPP 和 ET 年度变化(1982~2011 年)

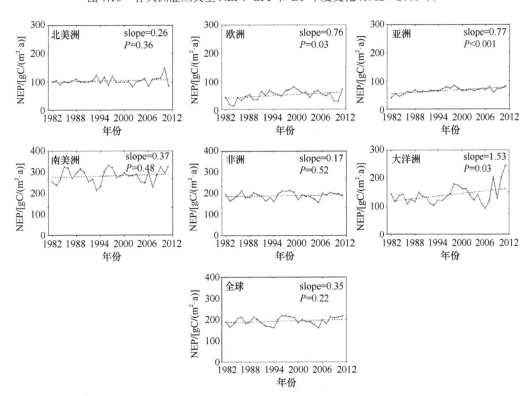

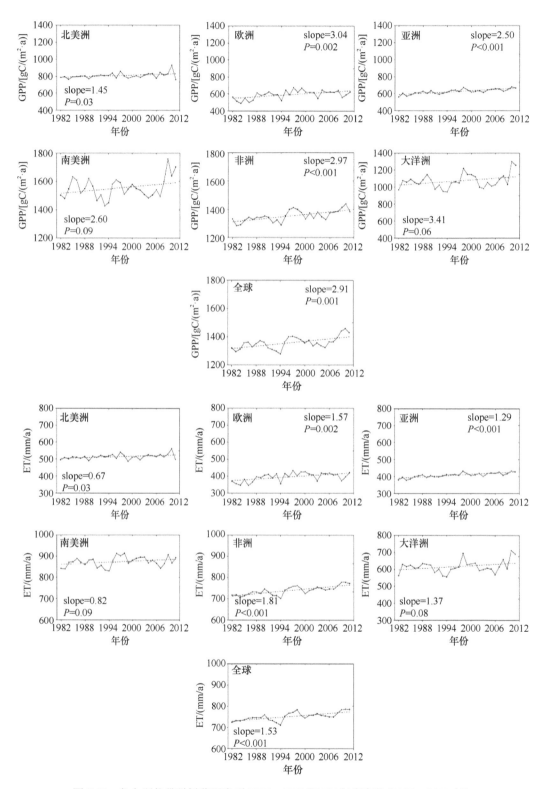

图 7.11　各大洲热带稀树草原类型 NEP、GPP 和 ET 年度变化(1982～2011 年)

综合来看，尽管热带稀树草原 GPP 和 ET 在北美洲、欧洲、亚洲、非洲均显著增加，但 NEP 的变化趋势却不一致。热带稀树草原在非洲以及北美洲的碳汇能力变化不显著；欧洲、亚洲碳汇能力显著增加。大洋洲碳汇能力在增强，但 GPP 和 ET 变化均不显著。南美洲 NEP、GPP 和 ET 变化均不显著。

3) 草原

北半球的亚洲 [13.06gC/(m²·a)] 和北美洲 [8.66gC/(m²·a)] 为弱碳汇 (图 7.9)。南半球的大洋洲和南美洲表现为强碳汇 [分别为 144.58gC/(m²·a) 和 140.18gC/(m²·a)]，而非洲为强碳源 [−126.25gC/(m²·a)]。只有大洋洲的草原 NEP 在显著增强 (图 7.12)。南半球的南美洲 GPP 最高 [1190.81gC/(m²·a)]，大洋洲次之 [642.65gC/(m²·a)]，其他几个大洲均为 500gC/(m²·a) 以下，亚洲最低 [347.74gC/(m²·a)]。在各大洲中，南半球的非洲和大洋洲 GPP 能力增加显著。南美洲 ET 最高 (660.90mm/a)，其次为非洲 (545.92mm/a) 和北美洲 (543.53mm/a)，亚洲最低 (253.09mm/a)。在这几个大洲中，非洲、大洋洲草地的蒸散能力显著增强。

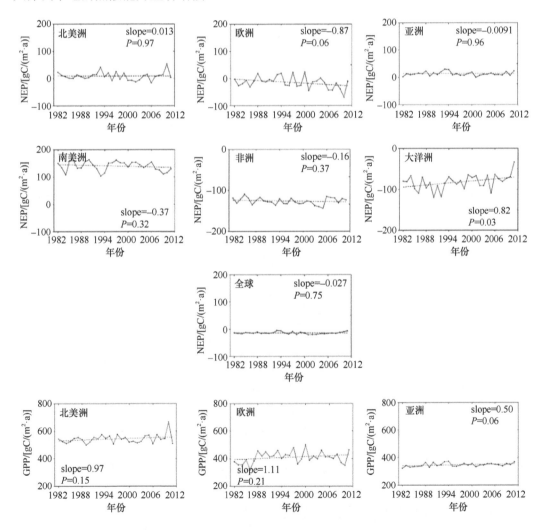

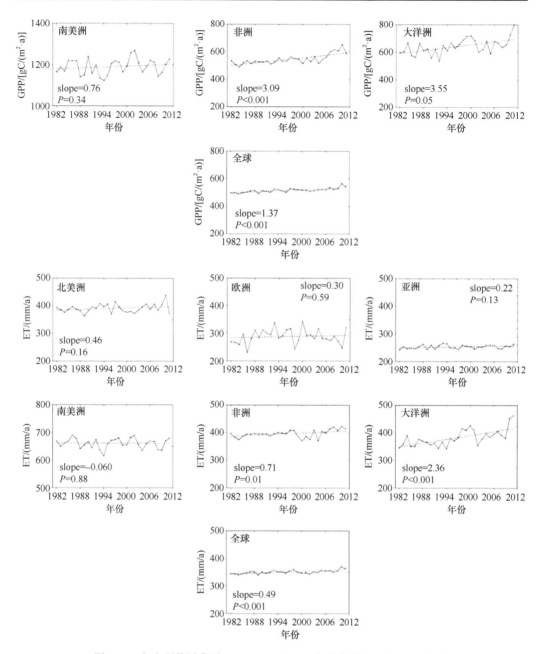

图 7.12　各大洲草原类型 NEP、GPP 和 ET 年度变化(1982～2011 年)

　　综合来看，除了大洋洲外，其他几个大洲的草原植被区的 NEP 变化均不显著。大洋洲的 3 个碳水通量参数均在显著增加；而北美洲、欧洲、亚洲、南美洲这四个大洲的碳水通量参数均变化不显著；非洲草原区 GPP 和 ET 均显著增强。

7.5　本 章 小 结

　　针对目前对全球草地碳水通量时空变化综合性研究还较少的问题，本章以 30 年全球草地碳水通量数据集为基础,开展了全球尺度草地碳水通量时空变化规律以及气候因子对其变化的影响研究。通过本章研究,可以发现:

全球草地 NEP 多年(1982~2011年)平均值为 49.70gC/(m²·a),GPP 为 809.83gC/(m²·a),ET 为 493.69mm/a。全球草地生态系统总体表现为碳汇,碳汇区域集中在低纬度热带和亚热带地区。南北半球的温带系统处于弱碳平衡状态。

全球草地碳水通量分布显示出很强的异质性,在六大洲和各草地类型表现不同。南美洲碳汇能力最强,其 GPP 和 ET 总量分别占全球草地21%和20.7%;其次为非洲;其他四个大洲均表现为弱碳源或弱碳平衡状态,其中欧亚大陆草地 GPP 和 ET 最低。全球稀树草原类的碳汇能力最高,其 GPP 占全球草地56.7%;草原类几乎处于碳平衡状态,其 GPP 仅占21.8%。

1982~2011年,全球草地生态系统表现为持续碳汇且缓慢增长,GPP 和 ET 显著增加,具备增汇潜力。6 个大洲中,仅有大洋洲草地生态系统碳水参量在显著增加;亚洲和非洲草地年 GPP 和 ET 均在显著增加。

第8章 陆地生态系统碳水通量 对气候变化的响应

植被生态系统陆气交换主要由太阳辐射和局地环境所决定,降水量和温度是控制光合有效辐射和 CO_2 转变为干物质的两个主要气候因子。气候变暖影响植物的光合作用(通常为增加),增加潜在的蒸散发和植物的呼吸作用,导致植物的水分胁迫,进而降低植物的光合效能。水、热为主导的气候条件决定了草原的性质、分布,加之草地生态系统年度碳通量受降水量、土壤和植被的影响,在时间和空间上变化较大。本章将重点讨论草地植被碳水通量与光照、温度、降水量(水分)气候因子的关系。光照强度采用光合有效辐射(PAR),即能被植物光合作用所利用的太阳辐射。

8.1 全球植被气候变化特征——以草地为例

基于 MERRA 气候数据分析发现,1982～2011 年的 30 年间,全球草地植被区温度显著升高(增长幅度为 0.02℃/a,$P<0.001$),降水在波动中显著增加(增长幅度为 2.42mm/a,$P<0.001$)(图 8.1)。南北半球草地植被区呈现出不同的变化趋势。其中,北半球草地区温度显著升高(slope = 0.04℃/a),降水量和 PAR 波动较大。而南半球草地区则降水量显著上升(slope = 5.34mm/a),PAR 显著下降 [slope = –0.10W/(m²·a)],温度波动较大。尽管南半球降水显著增加,但温度增加导致蒸散更厉害,两者相抵消后南半球的水分条件有可能还是变干。

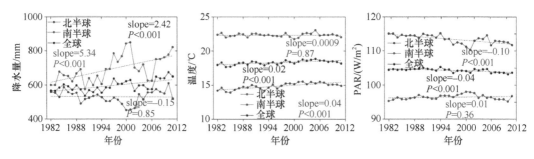

图 8.1　全球草地区年降水量、年均温度和年 PAR 的年度变化(1982～2011 年)

另外,降水量与温度的上升趋势还具有阶段性波动的特点。例如,北半球在 2000～2002 年的平均降水量低于多年平均值 13.9%,而温度高于多年平均值 3.4%;此后温度急剧下降,降水量显著升高。南半球在 2005 年,降水量低于多年平均值 9.8%,而温度高于多年平均值 3.2%；而此后，降水量和温度均显著升高。不同的气候状况都会对草地生态系统的碳水通量产生不同的影响。

在不同区域上，气候展示了不同的空间分布和变化趋势特征。在南半球，降水量显著升高的地区分布较多，而在北半球部分地区、非洲中部以及南美洲巴西的部分地区降水量则显著减少。温度在北半球和南半球的大部分地区显著上升，而在南半球的部分地区(澳大利亚北部、非洲东部和南美中部)显著降低。PAR 在全球大部分区域都呈显著升高趋势，在北美洲、蒙古国、中亚地区、非洲中部以及南美洲巴西的部分地区呈现显著下降趋势。

从各大洲草地区的气候变化情况来看(图 8.2)，增温属普遍情况。从温度和降水量的依赖关系看，北半球草地的温度和降水量的变化方向基本是相反的，即温度上升的同时，降水量基本减少。北美洲和亚洲的年均温度和 PAR 呈现显著上升趋势($P \leqslant 0.002$)，而年降水量呈现下降趋势。这说明两个大洲的草地区域气候呈暖干的趋势。欧洲温度呈现显著上升趋势($P \leqslant 0.002$)，其他两个气候变量变化不显著。南半球的各个大洲的温度和降水量的变化比较复杂，即降水量增加的同时温度下降(如南美洲)，或是降水量增加的同时温度也在增加(如非洲和大洋洲)。南半球中，非洲平均温度和降水量均呈现显著上升趋势($P<0.001$)，表现为暖湿现象。大洋洲降水量呈现显著上升趋势($P<0.001$)，而温度变化不显著。只有南美洲气候条件变化不显著，这种气候条件也许是导致南美洲碳水通量变化不显著的原因。

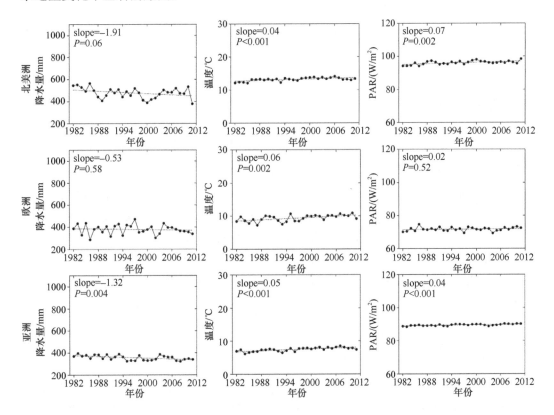

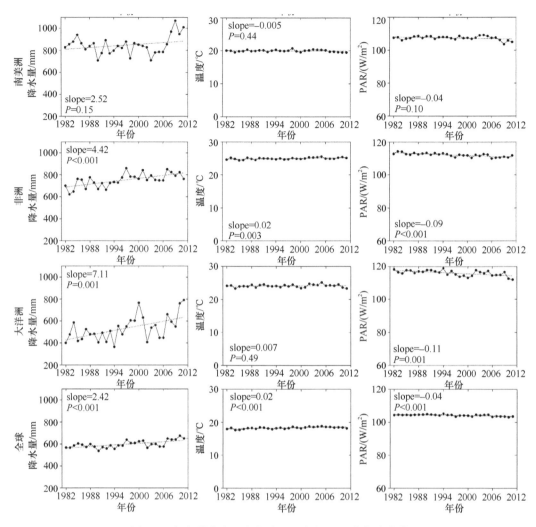

图 8.2　各大洲草地区降水量、温度和 PAR 的年度变化

　　正如 IPCC (2013) 所报道，随着全球变暖，降水量的变化在不同地区表现不 ：部分地区在增加，部分地区在减少或是没有太大变化。高纬度地区由于暖流层可以增加额外的水资源承载能力，因此会出现更多的降水量，而很多中纬度地区和亚热带干旱–半干旱地区，则可能出现更少的降水。根据本书研究结果发现，在全球草地区，除了南美洲和大洋洲外，其他几个大洲的温度基本都呈现显著变暖的趋势。降水量在北半球的三个大洲草地区呈现下降趋势，而在南半球的大洋洲和非洲草原区呈现显著上升趋势。总体来看，北半球草原气候以暖干趋势为主，南半球草地区气候以暖湿趋势为主。

8.2　气候因子对碳水通量变化的综合影响

　　1982～2011 年，全球气候总体表现为温度和降水量在波动中逐年增高的趋势(图 8.1)，这有利于草地生态系统的净碳吸收。对 30 年的年降水量、温度、PAR 和年 NEP、GPP、

ET 分别做相关性分析(图 8.3),建立了碳水通量和气候因子的线性关系。全球草地净碳
吸收和总初级生产力的上升中,降水量均起到显著的正相关作用,相关性分别为 $r=0.50$
和 $r=0.83$,而 PAR 均起到显著负相关作用,相关性分别为 $r=-0.49$ 和 $r=-0.79$。温度
的作用相比较偏小(不显著)。由此可见,从全球草地系统来说,降水量的年际变化对草
地 NEP 和 GPP 的影响,较温度的影响程度要大。因此,降水量是全球草地 NEP 和 GPP
的主控因子,起到正调节作用。降水量的上升,促进了草地生态系统的净碳吸收和生产
力的增加。随着温度和降水量的逐年增大,整个草地区的 ET 也在显著增加,降水量和
温度与 ET 均呈显著正相关,而 PAR 与 ET 呈显著负相关。

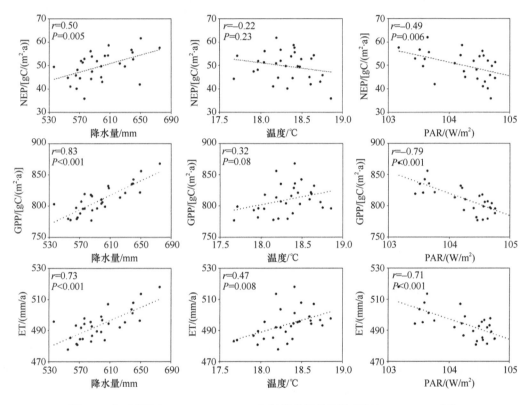

图 8.3　全球草地年 NEP、GPP、ET 和气候的相关性散点图(1982~2011 年)

　　1984 年为 GPP 最低年,该年降水量为研究时段内最低值(低于多年平均 11.97mm)。
GPP 高峰值均出现在降水丰沛的年份,如 1985 年、1987 年、1993 年、1997 年、2001
年、2010 年、2011 年。2000~2007 年,温度较高,降水量偏低,GPP 相比 20 世纪 90
年代下降很多。NEP 碳汇和 GPP 均为最高的年份为 2011 年,该年降水量充足(比年均
高 53.50mm),而 2010 年降水量也比多年平均高 78.02mm。持续两年的充足降水,致使
2011 年碳吸收量和 GPP 达到最高。NEP 在 2005 年为最低,该年温度比多年平均高 0.55℃,
是研究时段内温度最高的一年,而降水量却比多年平均低 20.87mm,为降水量较少的一
年。GPP 在 2005 年的值也为 21 世纪初的最低值。由此可见,水分的盈亏和温度高低均
为草地碳吸收和生产力的重要影响因素。

1985~1993 年以及 2000~2005 年，全球草地区持续增温，尤其是 2000~2005 年，温度较高，降水量较其他年份相对较低，相应的 NEP 和 GPP 持续下降(图 8.4)。其间有两个阶段 NEP 碳汇能力和 GPP 均持续上升，但气候变化情况不一致，即 1993~2000 年，全球草地区持续增温，降水量也在持续增高；而 2006 年之后，温度持续降低，降水量较其他年份偏高。

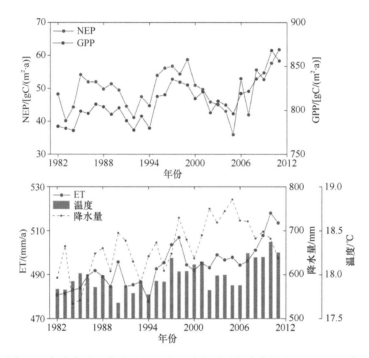

图 8.4　全球草地区降水量、温度、碳水通量年度变化(1982~2011 年)

年 ET 变化和降水量变化基本一致(图 8.4)。ET 最高的年份为 2010 年，该年降水量为 30 年最高(高出多年平均 78.02mm)。ET 最低的年份为 1994 年，该年降水量极低(比多年平均低 42.19mm)。1998 年属于高温年(比多年平均高 0.34℃)，而降水量比多年平均多 10.45mm，ET 也比同期其他年份高。1999~2007 年，降水量偏低，ET 相比 20 世纪 90 年代下降很多。

总体而言，1982~2011 年的气候条件有利于草地碳的净吸收和生产力的提高。水分、温度和 PAR 是全球草地生态系统碳交换的众多影响因子中最为重要的因子。PAR 决定了白天的草原碳通量，而夜间的碳通量主要依赖于土壤温度与水分的有效协调。据本书分析，降水量严重影响到草地生态系统 NEP 的强度和变化趋势。有研究表明，降水量是干旱区生态系统碳循环的主控因子(Niu et al., 2009)，降水强度和频率均对植被物种和成分有着影响，进而影响到植被生长和系统功能(Niu et al., 1998)。同时降水的增加促进植被光合作用，进而增强碳吸收(Huxman et al., 2004)，再通过呼吸作用增强碳排放(Wang et al., 2007)。例如，在中国北方温带草地，增加的降水对 GPP 的增强水平大于呼吸，导致碳汇强度的增加(Niu et al., 2009)；然而温度升高对碳汇强度起到负作用，主要是通过水分的减少(Niu et al., 2008)。当然，土壤物理化学特性、营养状况等因子也决定着陆地生态系统的碳循环。

　　然而,气候的年际变化对草地碳源汇的影响在不同草地类型间差异明显(图 8.5)。分析显示,气候的三个变量对稀树草原类型 NEP 影响最大。其中,降水量的变化与 NEP 的正相关作用最大($r = 0.65$),而温度和 PAR 与稀树草原碳汇的负相关作用最大($r = -0.45$ 和 $r = -0.69$)。稀树草原尽管降水量最大,但其温度偏高且蒸散量也偏多。因此,气候越干燥,NEP 对降水的响应越强烈。

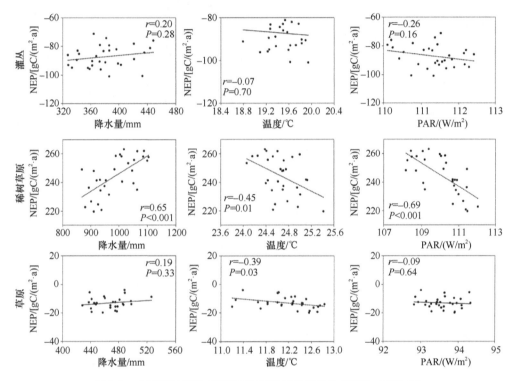

图 8.5　全球三种草地类型 NEP 和气候的相关性(1982～2011 年)

　　与 NEP 类似,气候对稀树草原的 GPP 影响最大(图 8.6)。其中,降水量的变化对所有类型 GPP 的正影响程度均比较显著。而温度仅对草原类型 GPP 的正影响程度显著($r = 0.43$,$P < 0.05$),PAR 仅对灌丛和稀树草原起到显著负相关作用。从这三类草地的降水量和 GPP 的相关性斜率来看,稀树草原的斜率最高(slope = 1.32),灌丛次之(slope = 1.05),草原最低(slope = 0.78)。这说明,稀树草原分布广泛的南美洲和巴西地区,降水量颇多,植被生产力对水分的变化更为敏感。类似的发现也在欧亚温带草地的研究中得到。Guo 等(2012)研究发现,NPP 与降水量的正相关性斜率在草甸区比典型和荒漠草原更陡,说明湿润地区 NPP 的变化似乎对降水量的变化更敏感,究其原因可能是湿润地区的水分能够被植被高效地利用或是其土壤氮素营养相对高。

　　气候的年际变化对三类草地 ET 的影响存在着明显的差异(图 8.7)。总体来说,气候对灌丛类型 ET 影响最大。其中,降水量的变化对所有类型 ET 的正影响程度均比较显著;而 PAR 对灌丛和热带稀树草原主要起到显著负相关作用。陆地所吸收的太阳能

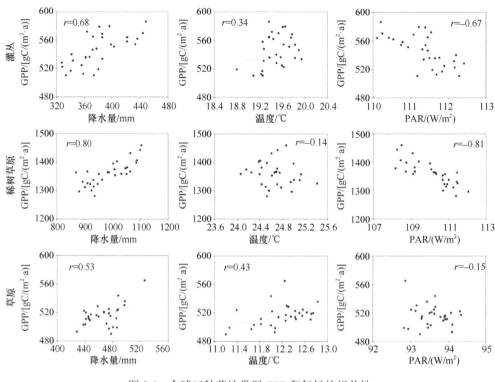

图 8.6　全球三种草地类型 GPP 和气候的相关性

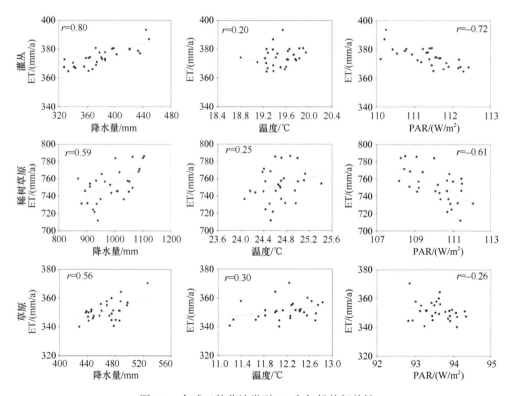

图 8.7　全球三种草地类型 ET 和气候的相关性

超过一半都将被用来蒸发水分(Jung et al., 2010), 一般来说, 70%的降水会通过蒸散作用重回到大气中, 在干旱区甚至多达90%(Rosenberg et al., 2010)。由此可见, 降水量的多少对蒸散量的大小起到决定性的作用。全球气候变化将加剧地球水文循环, 改变蒸散量, 影响全球生态系统, 进而又对全球和区域气候造成影响。

8.3 气候因子对碳水通量变化影响的空间分异性

在空间上, 计算年碳水通量与温度、降水量、PAR 的相关系数, 探讨气候变化对全球草地植被碳水通量影响的空间分异性。Yi 等(2010)对全球125个通量站点的综合分析发现, 气候因素对 NEE 的影响在不同纬度带不一样。本书研究发现, 碳水通量和气候因子的关系在不同地区表现不一致。从空间图上看, 温度和 PAR 对全球草地 NEP、GPP 的影响在大部分地区都呈显著负相关, 而降水量对 NEP/GPP 的影响显示了很强的空间异质性, 以正相关为主。在南半球碳汇增强区, 如南美洲北部和非洲中西部, 降水量与 NEP 呈正相关, 而温度、PAR 与其呈负相关。在南美洲南部、非洲中部、北美洲南部、中国北方的部分草地区, NEP 和降水量呈显著负相关, 而和温度以及 PAR 呈显著正相关。气候因子对全球草地 ET 的影响显示了很强的空间异质性: 温度和 PAR 在北美洲、澳大利亚和非洲的很多区域均显示与 ET 呈负相关, 降水量与 ET 呈正相关; 在欧亚大陆(主要是中国和欧洲), 降水量、温度和 ET 呈正相关, PAR 和 ET 呈负相关。

从图 8.8 碳水通量参数和气候参数相关性系数直方图分布来看, NEP 和 PAR、温度的相关性系数大部分像素集中在负值范围, 峰值在-0.2 左右, 而和降水量的相关性系数大部分分布在正值范围, 峰值在 0.2 左右。GPP 和 PAR、温度的相关性系数大部分集中在负值范围, PAR 和其的峰值在-0.4 左右, 而和降水量的相关性系数大部分分布在正值范围, 峰值在 0.5 左右。ET 和 PAR 的相关性系数大部分像素集中在负值范围, 峰值在-0.4 左右; ET 和降水量的相关性系数大部分分布在正值范围, 峰值在 0.5 左右。

根据统计情况来看(表 8.1), 全球各大洲碳水通量受降水量显著影响的范围很广, 尤其在南半球, 以正相关为主。其中, 亚洲、南美洲、非洲、大洋洲草原系统的碳水通量受降水量显著影响的范围更广。温度和 PAR 对各大洲碳水通量的负影响范围最大, 尤其在亚洲和南半球。因此, 气候因子对南半球草地生态系统的 NEP、GPP 和 ET 影响较大, 北半球以亚洲草地区受气候影响范围大一些。经分析可知, 虽然温度和光照等也对草地碳汇有影响, 但主要由年均降水量决定。这可从降水量与 NEP 的显著正相关区域更广泛得到证实。尽管降水量是控制草地 NEP 年际变化的主要气候因子, 但温度的作用不容忽视。这是因为尽管降水量直接决定生态系统的 GPP, 但温度对土壤呼吸作用的影响较大, 两者的协同作用决定了 NEP 的变化。本书研究结果也显示部分地区的 NEP 变化不能由气候因子决定, 说明其他因素(如 CO_2 施肥、营养物质、氮沉积、放牧管理等)也会对草原碳水通量过程产生影响。总体来看, 北美洲、亚洲和南美洲受气象因子的影响不显著(图 8.9), 其 NEP 变化也不显著(图 8.5)。欧洲草地 NEP 与温度、PAR 呈显著负相关, 非洲草地 NEP 与温度呈显著负相关。而大洋洲 NEP 显著升高, 与降水量呈显著正相关, 和温度、PAR 呈显著负相关。

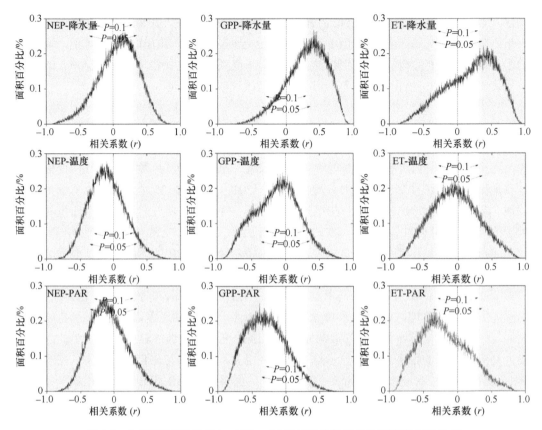

图 8.8　全球草地区年 NEP、GPP、ET 和气候参数相关性系数直方图分布

表 8.1　年 NEP、GPP、ET 和气候显著相关(*P*<0.05)像元占各大洲草原区面积百分比(单位：%)

地区	NEP						GPP						ET					
	降水量		温度		PAR		降水量		温度		PAR		降水量		温度		PAR	
	+	−	+	−	+	−	+	−	+	−	+	−	+	−	+	−	+	−
北美洲	5.5	3.1	1.6	8.5	2.7	6.9	1.1	13.4	2	6.6	1.1	11.3	20.9	0.4	1.6	10.4	0.3	16.7
欧洲	0.3	0	0	1.2	0	0.6	1.7	0	0.1	6.6	0	1.9	2.6	0	0.1	0.4	0	2.3
亚洲	13.5	12.4	6.7	13.2	10.9	10.6	26.1	2.5	10.2	5.7	3.5	15.6	44.9	4	11.5	7.7	3.9	35.4
南美洲	11.9	5.2	4.6	10	4.6	12.1	32.4	3.1	2.7	23.7	2.3	31.9	19.6	8.2	12.7	9	5.6	16.9
非洲	23.8	14.6	9.3	29.4	14	23.7	88.9	3.1	11.2	58.3	2.1	91.9	53.9	19.2	29.6	32.2	19.4	54.3
大洋洲	19.5	1.6	1.2	13.5	1.4	19.7	41.4	1.1	2.3	18.4	0.8	38.2	34.4	7.6	3.6	26	3.5	35.6

注：+ 代表正相关；−代表负相关。

Beer 等(2010)对全球生态系统的研究分析发现，全球热带和温带草地系统 GPP 的变化受降水量的作用为主，影响范围极广。本书研究发现，全球六个大洲均显示出相似的规律，即降水量和GPP均呈显著正相关性，尤其在南半球的几个大洲表现更强(*r* > 0.7)(图 8.10)。非洲中部、南美洲东部碳汇能力在减弱，GPP 在降低，这可能与当地降水量减少有关，也有可能与温度和降水量的综合效应有关。从降水量和 GPP 的线性相关斜率来看，非洲的斜率最高(slope = 0.46)；欧洲、大洋洲、南美洲次之；北美和亚洲较低。

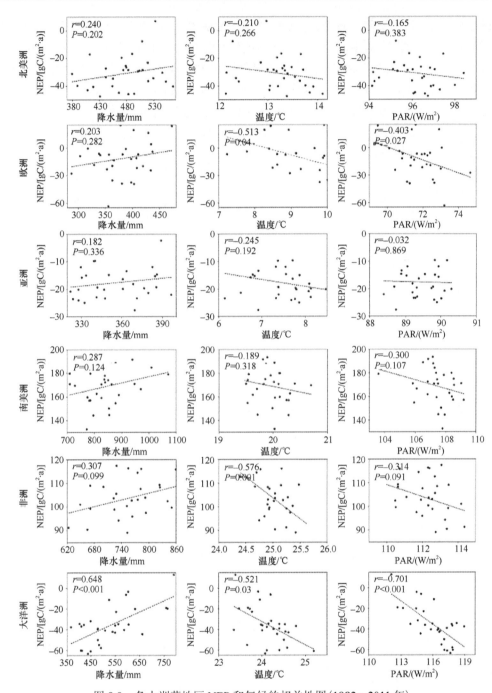

图 8.9　各大洲草地区 NEP 和气候的相关性图(1982～2011 年)

由此可见，南半球草地对降水量变化更为敏感，斜率更高，即使在降水较为充沛的草地区，降水量仍是 GPP 波动的重要驱动因子。亚洲草原的斜率最低，这可能还与其覆盖的草地类型比较复杂有关。仅就中国而言，草地分为北方干旱半干旱草原区、青藏高寒草原区、东北华北湿润半湿润草原区和南方草地区四大生态功能区域(高鸿宾，2012)。草地亦随之有草甸草原、典型草原、荒漠化草原和高寒草原。因此，响应机制较为复杂，几相平衡，总体作用下斜率较低。降水量与 GPP 的总体斜率较低可能还受温度的协调作用，因为高纬度地区植被生产力的增强还可能受升温的影响(Piao et al.，1999)。例如，在亚洲，上升的温度有助于 GPP 的升高。但在南美洲和大洋洲，温度上升反而限制草地植被 GPP。究其原因，尽管水分是这些地区植被生长的主要限制因子，但升温可能在一定程度上增强了水分蒸发，导致土壤水分损失加强，进而抑制了植被的生长。

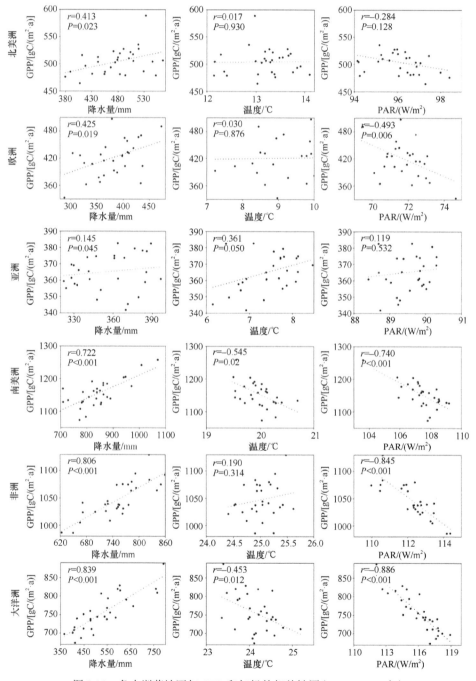

图8.10 各大洲草地区年 GPP 和气候的相关性图(1982～2011 年)

降水量是草地 ET 年际波动的主要驱动因子(图 8.11)。各大洲的气候响应规律相似,降水量和 ET 呈显著正相关性(除了亚洲和南美洲不显著外)。温度对 ET 的影响在非洲

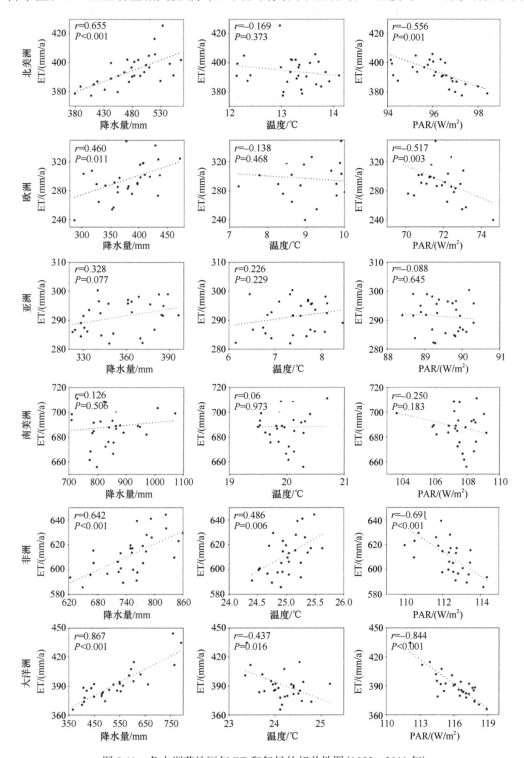

图 8.11　各大洲草地区年 ET 和气候的相关性图(1982～2011 年)

和大洋洲表现相反,非洲的气候变暖增加了植被的 ET,大洋洲的气候变暖则降低了植被的 ET,这可能也是由温度和降水量的协调作用机制决定的。尽管非洲和大洋洲的降水量均在显著升高(图 8.11),但非洲的升温可能在一定程度上增强了水分蒸发,而大洋洲的机制还比较复杂,有待探讨。除了以上三个气候因子外,风速也可影响蒸散量,如在半干旱地区,风速的降低可潜在导致植被蒸发速率的降低(McVicar et al.,2012)。

8.4　干旱对碳水通量变化的影响

除了气候条件外,其他干扰因素也将影响草地碳水通量,尤其在干旱–半干旱地区。这些干扰因素主要包括干旱、野火、放牧、农业活动、CO_2 浓度、氮沉降。IPCC(2013)指出,气候变暖导致全球局部地区的高温热浪将更加频繁,且持续时间更长。湿润地区将会经历更多降水,而干旱地区的降水将变得更加稀少。因此,极端性气候事件的发生概率在未来可能将进一步增加(Dai,2012)。本节重点讨论了干旱事件对全球草地生态系统的影响。干旱影响着植物生长发育的各个方面,影响程度取决于植物的种类、生育期和不同生理过程对水分亏缺的敏感性,而且干旱的强度、持续期、发生季节也对草地碳水通量产生不同影响(Dong et al.,2011;Zhang et al.,2012;Craine et al.,2012)。因此,除了气候和环境因素外,干旱也决定了草地碳源汇的年际变化和碳汇的量级(Xu and Baldocchi,2004;Svejcar et al.,2008;Chen et al.,2013)。从而导致草地碳水通量参数与各气候因子之间的相关性也将发生明显的变化,有可能从显著正相关变为不相关或负相关(徐小军,2013)。

为了消除气候变化趋势而导致的线性趋势,而重点突出干旱等极端事件的影响,本章运用消除趋势波动分析法,去除了时间序列 NEP、GPP、ET 中的线性趋势,然后计算碳水通量异常值时序变化。根据计算结果,在全球尺度,草原系统受干旱影响比较大的年份包括 21 世纪初的 2002 年、2004 年、2005 年,20 世纪 90 年代的 1992 和 1994 年,80 年代的 1983 年和 1984 年。在这几年里,NEP、GPP、ET 均显示了较大的负异常值,尤其是 2002~2007 年遭受了不同程度的干旱和热浪,导致 GPP 下降,草地碳汇能力下降(碳释放加大)。随着 GPP 的下降,草地植物被破坏,蒸腾停了,导致蒸散量也减少。

2005 年发生的全球性干旱尤其引起了人们的关注,该年的年降水量比多年平均降低了 3.5%,而温度升高了 3.0%,导致全球草地 NEP 下降 13.8gC/(m^2·a),生产力 GPP 降低了 1.7%。2005 年全球草地区 NEP、GPP 的降低主要是由南半球草地生态系统的变化引起的。这次干旱波及南半球的三个大洲,GPP 和 NEP 均降低很多,尤其是非洲,NEP 和 GPP 均为同期较低的年份(图 8.12)。而全球 2010 年降水量比多年平均多 13.1%,温度和多年平均相近,良好的水热条件导致了高的生产力产出。2010 年的 GPP 和 NEP 均明显高于其他年,GPP 为十年来的最高值,全球 GPP 和 NEP 比多年平均分别上升 7.2% 和 57.8gC/(m^2·a),蒸散量高出 4.9%。2005 年和 2010 年相对形成了干旱年和丰水年。从空间上对三个碳水通量在这两年的情况进行对比,发现 2005 年在空间上的负异常值较多,尤其是在南半球的非洲、南美洲和澳大利亚。中亚的哈萨斯克坦地区在 2005 年却显示正的异常值,而 2010 年负的异常值较为广泛。

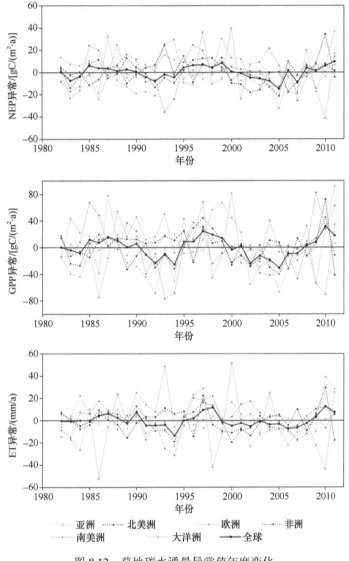

图 8.12 草地碳水通量异常值年度变化

　　在大洲尺度，有几个干旱尤其突出，引起了学术界诸多文献的探讨，从多方面探索了干旱对生态系统的影响。2005 年的干旱事件对南半球的几个大洲均有比较大的影响。例如，南美洲亚马孙流域于 2005 年 (Phillips and Beeri，2008) 和 2010 年 (Lewis et al.，2011；Potter et al.，2011) 均发生了严重的典型干旱事件。其中，2005 年的干旱事件对南美洲草原区产生了较大的影响，导致其 GPP 比多年平均降低了 2.3%，NEP 降低了 12.1gC/(m^2·a)。非洲在 1983~1984 年 (Dardel et al.，2014)、2005 年 (UNECA，2007) 和 2011 年 (Lyon and deWitt，2012) 发生了大范围干旱事件，导致草地排放了大量的碳，尤其在 2005 年，相比多年平均 GPP 下降了 1.6%，其碳汇能力下降了 22.7gC/(m^2·a)。21 世纪初，尤其是 2002 年之后，澳大利亚发生了持续的干旱 (National Climate Centre，2014)，其中 2002~2003 年为史上极为严重的大旱 (Nicholls，2004；Horridge et al.，2005)，如 2003 年的干旱导致整个大洋洲的 GPP 比多年平均下降了 2.2%，其碳汇能力下降了 7.8gC/(m²·a)。

　　1998～2002 年发生在北半球中纬度地区的连年干旱(Zeng et al.，2005)，以及后续的连年干旱，导致全球 GPP 显示持续的负异常(图 8.12)。尤其是在 2002 年极干旱年，50%以上的北美大陆都受到中到重度干旱的影响，美国西部地区的降水量不足，几乎接近历史最低纪录(Cook et al.，2007)。本书研究发现，北美洲草原在 2002 年和 2003 年的 GPP 比多年平均分别下降了 4.5%和 2.2%，NEP 分别下降了 16.8gC/(m²·a) 和 14.1gC/(m²·a)。文献记载的北美干旱年还包括 2006 年(Xiao et al.，2011)，其对草地生态系统影响较大，GPP 比多年平均下降了 4.6%，NEP 下降了 15.2gC/(m²·a)。2011 年的美国干旱影响也极大，尤其在美国得克萨斯州(Folger et al.，2012)，北美洲草地 GPP 比多年平均下降了 5.5%。其他北半球的典型干旱事件还包括 2003 年(Ciais et al.，2005；Reichstein et al.，2007)和 2010 年的欧洲热浪(Barriopedro et al.，2011)。2003 年的干旱甚至导致一些高产的欧洲草地生产力 GPP 降低了 17.1%(Hussain et al.，2011)。2010 年的干旱事件以俄罗斯为高温中心，比 2003 年温度更高、面积更广(Barriopedro et al.，2011)。根据本书的分析，2003 年和 2010 年欧洲草地降水量比多年平均分别低 10.1%和 6.2%，但 2010 年的温度又比多年平均高出 16.2%，因此 2010 年的热浪导致的水分亏损量相对较高。这两年欧洲草原 GPP 分别下降了 3.3%和 12.9%，均表现为碳源，尤其是 2010 年 [−63.3gC/(m²·a)] 为这 30 年中的最大碳源年。ET 也分别下降了 3.0%和 13.0%。

　　当然，干旱事件对植被生产力的影响是极其复杂的，从空间和时间尺度来看，两者的作用关系不是一成不变的。空间尺度上，Chen 等的研究结果表明，在干旱区，土壤湿度条件和 NPP 呈正相关；而在湿润区，NPP 的下降却和土壤湿度条件有滞后的关系；甚至在全球的有些地区干旱和 NPP 没有直接的关系。时间尺度上，干旱对 NEE 的影响具有滞后性，尽管干旱对当年的碳汇有抑制作用，但后续一年的土壤异养呼吸功能有可能增强，导致整个系统的碳汇量继续降低(Arnone III et al.，2008)。因此，干旱对草地生态系统的抑制作用，以及对草地碳水通量的影响有待进一步的分析。

8.5　本 章 小 结

　　本章通过分析气候因子对草地碳通量的影响得出各气候因子中，降水量是全球草地碳水通量的主控因子，促进了净碳吸收。温度对全球草地 ET 起到显著正相关作用。PAR 与三个碳水通量均呈显著负相关。在不同草地类型和地区，气候因子对碳水通量的影响也不一致。相比南半球，北半球碳水通量受气候影响范围较小。大洋洲碳水通量对气候变化的响应最为敏感；亚洲、南美洲、非洲、大洋洲受降水量显著影响的范围更广。除气候因子外，干旱极端气候也影响到草地碳水通量的年际变化和量级。

参 考 文 献

陈广生, 田汉勤. 2007. 土地利用/覆盖变化对陆地生态系统碳循环的影响. 植物生态学报, 31(2): 189-204.

陈军, 陈晋, 廖安平, 等. 2014. 全球30m地表覆盖遥感制图的总体技术. 测绘学报, 43(6): 551-557.

陈曦, 罗格平. 2015. 亚洲中部干旱区生态系统碳循环. 北京: 中国环境出版社.

春风, 李春兰, 包玉海. 2013. 近57年锡林浩特市气温与降水量变化的小波分析. 内蒙古师范大学学报(自然科学汉文版), 42(1): 47-52.

樊华烨, 李英, 张廷龙, 等. 2020. 陆地植被水碳通量模型模拟与数据同化研究进展. 应用生态学报, 31(6): 2098-2108.

方精云, 郭兆迪, 朴世龙, 等. 2007. 1981~2000年中国陆地植被碳汇的估算. 中国科学(D辑: 地球科学), 37(6): 804-812.

方精云, 刘国华, 徐嵩龄. 1996. 我国森林植被的生物量和净生产量. 生态学报, 16(5): 497-508.

冯险峰, 孙庆龄, 林斌. 2014. 区域及全球尺度的NPP过程模型和NPP对全球变化的响应. 生态环境学报, 23(3): 496-503.

高鸿宾. 2012. 中国草原. 北京: 中国农业出版社.

杭玉玲, 包刚, 包玉海, 等. 2014. 2000—2010年锡林郭勒草原植被覆盖时空变化格局及其气候响应. 草地学报, 22(6): 1194-1204.

胡自治, 孙吉雄, 李洋, 等. 1994. 甘肃天祝主要高山草地的生物且及光能转化率. 植物生态学报, 18(2): 121-131.

李博, 赵斌, 彭容豪. 2005. 陆地生态系统生态学原理. 北京: 高等教育出版社.

李高飞, 任海, 李岩, 等. 2003. 植被净第一性生产力研究回顾与发展趋势. 生态科学, 22(4): 360-365.

梁顺林, 张晓通, 肖志强. 2014. 全球陆表特征参量(GLASS)产品算法, 验证与分析. 北京: 高等教育出版社.

刘晨峰, 张志强, 孙阁, 等. 2009. 基于涡度相关法和树干液流法评价杨树人工林生态系统蒸发散及其环境响应. 植物生态学报, 33(4): 706-718.

刘军会, 高吉喜, 韩永伟, 等. 2008. 北方农牧交错带可持续发展战略与对策. 中国发展, 8(2): 89-94.

刘洋, 刘荣高, 陈镜明, 等. 2013. 叶面积指数遥感反演研究进展与展望. 地球信息科学学报, 5(15): 734-743.

马建文, 秦思娴, 王浩玉, 等. 2013. 数据同化算法研究与实验. 北京: 科学出版社.

牛书丽, 蒋高明, 李永庚. 2004. C3与C4植物的环境调控. 生态学报, 24(2): 308-314.

任继周, 梁天刚, 林慧龙, 等. 2011. 草地对全球气候变化的响应及其碳汇潜势研究. 草业学报, 20(2): 1-22.

石浩, 王绍强, 黄昆, 等. 2014. PnET-CN模型对东亚森林生态系统碳通量模拟的适用性和不确定性分析. 自然资源学报, 29(9): 1453-1464.

世界国家地理地图编委会. 2013. 世界国家地理地图. 北京: 中国大百科全书出版社.

孙艳玲, 延晓东, 谢德体, 等. 2007. 应用动态植被模型LPJ模拟中国植被变化研究. 西南大学学报(自然科学版), 11(29): 86-92.

田静, 苏红波, 陈少辉, 等. 2012. 近20年来过内陆地表蒸散的时空变化. 资源科学, 34(7): 1277-1286.

王军邦, 陶健, 李贵才, 等. 2010. 内蒙古中部MODIS植被动态监测分析. 地球信息科学学报, 12(6):

835-842.

王莉雯, 卫亚星. 2015. 植被光能利用率高光谱遥感反演研究进展. 测绘与空间地理信息, 38(6): 15-22.

王旭峰, 马明国, 姚辉. 2009. 动态全球植被模型的进展. 遥感技术与应用, 2(24): 246-260.

吴小丹, 肖青, 闻建光, 等. 2014. 遥感数据产品真实性检验不确定性分析研究进展. 遥感学报, 18(5): 1011-1023.

徐文婷, 吴炳方, 颜长珍, 等. 2005. 用 SPOT-VGT 数据制作中国 2000 年度土地覆盖数据. 遥感学报, 9(2): 204-214.

徐小军. 2013. 遥感结合地面观测的毛竹林碳水通量监测研究. 北京: 北京林业大学.

闫敏. 2016. 森林生态系统碳通量多模式模拟与动态分析. 北京: 中国林业科学研究院.

于贵瑞, 陈智, 张雷明. 2021.《中国通量观测研究网络(ChinaFLUX)专题》卷首语. 中国科学数据, 6(1): DOI: 10.11922/csdata.2020.0061.zh.

于贵瑞, 王秋凤, 朱先进. 2011. 区域尺度陆地生态系统碳收支评估方法及其不确定性. 地理科学进展, 30(1): 103-113.

袁文平, 蔡文文, 刘丹, 等. 2014. 陆地生态系统植被生产力遥感模型研究进展. 地球科学进展, 29(5): 541-550.

张建财, 张丽, 郑艺, 等. 2015. 基于 LPJ 模型的中亚地区植被净初级生产力与蒸散模拟. 草业科学, 32(11): 1721-1729.

张静, 张丽, 韩瑞丹, 等. 2017. 中东亚干旱区土地覆盖变化和人类占用强度变化特征分析. 草业科学, 34(5): 975-987.

张黎, 于贵瑞, 何洪林, 等. 2009. 基于模型数据融合的长白山阔叶红松林碳循环模拟. 植物生态学报, 33(6): 1044-1055.

赵静娴. 2009. 基于决策树的信用风险评估方法研究. 天津: 天津大学.

赵娜, 邵新庆, 吕进英, 等. 2011. 草地生态系统碳汇浅析. 草原与草坪, 31(6): 75-82.

赵育民, 牛树奎, 王军邦, 等. 2007. 植被光能利用率研究进展. 生态学杂志, 26(9): 1471-1477.

郑艺, 张丽, 周宇, 等. 2017. 1982—2012 年全球干旱区植被变化及驱动因子分析. 干旱区研究, 34(1): 59-66.

Agarwal D A, Humphrey M, Beekwilder N F, et al. 2010. A data-centered collaboration portal to support global carbon-flux analysis. Concurrency and Computation: Practice and Experience, 22(17): 2323-2334.

Ahl D E, Gower S T, Mackay D S, et al. 2005. The effects of aggregated land cover data on estimating NPP in northern Wisconsin. Remote Sensing of Environment, 97(1): 1-14.

Ahlström A, Raupach M R, Schurgers G, et al. 2015. The dominant role of semi-arid ecosystem in the trend and variability of the land CO_2 sink. Science, 348(6237): 895-899.

Arnone III J A, Verburg P S J, Johnson D W, et al. 2008. Prolonged suppression of ecosystem carbon dioxide uptake after an anomalously warm year. Nature, 455(7211): 383-386.

Baldocchi D. 2003. Assessing the eddy covariance technique for evaluating carbon dioxide exchange rates of ecosystems: past, present and future. Global Change Biology, 9(4): 479-492.

Baldocchi D. 2008. TURNER REVIEW No. 15. Breathing of the terrestrial biosphere: lessons learned from a global network of carbon dioxide flux measurement systems. Australian Journal of Botany, 56(1): 1-26.

Baldocchi D D, Falge E, Gu L, et al. 2001. FLUXNET: a new tool to study the temporal and spatial variability of ecosystem-scale carbon dioxide, water vapor, and energy flux densities. Bulletin of the American Meteorological Society, 82(11): 2415-2434.

Baldocchi D D, Wilson K B. 2001. Modeling CO_2 and water vapor exchange of a temperate broadleaved forest across hourly to decadal time scales. Ecological Modelling, 142(1-2): 155-184.

Baldocchi D D, Xu L, Kiang N. 2004. How plant functional-type, weather, seasonal drought, and soil physical properties alter water and energy fluxes of an oak-grass savanna and an annual grassland. Agricultural and Forest Meteorology, 123(1-2): 13-39.

Barnes R F, Miller D A, Nelson C J. 1995. Forages. Volume I: An Introduction to Grassland Agriculture. Ames, Iowa, USA: Iowa State University Press.

Barrett B, Nitze I, Green S, et al. 2014. Assessment of multi-temporal, multi-sensor radar and ancillary spatial data for grasslands monitoring in Ireland using machine learning approaches. Remote Sensing of Environment, 152: 109-124.

Barriopedro D, Fischer E M, Luterbacher J, et al. 2011. The hot summer of 2010: redrawing the temperature record map of Europe. Science, 332(6026): 220-224.

Beer C, Ciais P, Reichstein M, et al. 2009. Temporal and among-site variability of inherent water use efficiency at the ecosystem level. Global Biogeochemical Cycles, 23(2): GB2018.

Beer C, Reichstein M, Tomelleri E, et al. 2010. Terrestrial gross carbon dioxide uptake: global distribution and covariation with climate. Science, 329(5993): 834-838.

Billesbach D, Bradford J. 2016. AmeriFlux US-AR2 ARM USDA UNL OSU Woodward Switchgrass 2. AmeriFlux; US Department of Agriculture. Nebraska: University of Nebraska.

Bindlish R, Jackson T, Cosh M, et al. 2015. Global soil moisture from the Aquarius/SAC-D satellite: description and initial assessment. IEEE Geoscience and Remote Sensing Letters, 12: 923-927.

Blyverket J, Hamer P D, Bertino L, et al. 2019. An evaluation of the EnKF vs. EnOI and the assimilation of SMAP, SMOS and ESA CCI soil moisture data over the contiguous US. Remote Sensing, 11: 478.

Bonan B, Albergel C, Zheng Y, et al. 2020. An ensemble square root filter for the joint assimilation of surface soil moisture and leaf area index within the Land Data Assimilation System LDAS-Monde: application over the Euro-Mediterranean region. Hydrology and Earth System Sciences, 24: 325-347.

Bonan G B, Lawrence P J, Oleson K W, et al. 2011. Improving canopy processes in the Community Land Model version 4 (CLM4) using global flux fields empirically inferred from FLUXNET data. Journal of Geophysical Research, 116: G02014.

Bond-Lamberty B, Gower S T, Ahl D E. 2007. Improved simulation of poorly drained forests using Biome-BGC. Tree Physiology, 27: 703-715.

Burgin M S, Colliander A, Njoku E G, et al. 2017. A comparative study of the SMAP passive soil moisture product with existing satellite-based soil moisture products. IEEE Transactions on Geoscience and Remote Sensing, 55(5): 2959-2971.

Cai W, Yuan W, Liang S, et al. 2014. Improved estimations of gross primary production using satellite-derived photosynthetically active radiation. Journal of Geophysical Research: Biogeosciences, 119(1): 110-123.

Caires S, Sterl A. 2003. Validation of ocean wind and wave data using triple collocation. Journal of Geophysical Research, 108: 3098.

Canadell J, Jackson R B, Ehleringer J B, et al. 1996. Maximum rooting depth of vegetation types at the global scale. Oecologia, 108: 583-595.

Carlson T N, Ripley D A. 1997. On the relation between NDVI, fractional vegetation cover, and leaf area index. Remote Sensing of Environment, 62(3): 241-252.

Chan S K, Bindlish R, O'Neill P E, et al. 2016. Assessment of the SMAP passive soil moisture product. IEEE Transactions on Geoscience and Remote Sensing, 54: 4994-5007.

Chan S, Bindlish R, O'Neill P, et al. 2018. Development and assessment of the SMAP enhanced passive soil moisture product. Remote Sensing of Environment, 204: 931-941.

Chapin F S, Woodwell G M, Randerson J T, et al. 2006. Reconciling carbon-cycle concepts, terminology, and methods. Ecosystems, 9(7): 1041-1050.

Chen J M, Liu J, Cihlar J, et al. 1999. Daily canopy photosynthesis model through temporal and spatial scaling for remote sensing applications. Ecological Modelling, 124(2-3): 99-119.

Chen S P, Chen J Q, Lin G H, et al. 2009. Energy balance and partition in Inner Mongolia steppe ecosystems with different land use types. Agricultural and Forest Meteorology, 149(11): 1800-1809.

Chen T, Werf G R, Jeu R A M, et al. 2013. A global analysis of the impact of drought on net primary productivity. Hydrology and Earth System Sciences, 17(10): 3885-3894.

Choudhury B, Schmugge T, Mo T. 1982. A parameterization of effective soil temperature for microwave emission. Journal of Geophysical Research, 87: 1301-1304.

Ciais P, Reichstein M, Viovy N, et al. 2005. Europe-wide reduction in primary productivity caused by the heat and drought in 2003. Nature, 437(7058): 529-533.

Collatz G J, Berry J A, Farquhar G D, et al. 1990. The relationship between the Rubisco reaction mechanism and models of photosynthesis. Plant, Cell and Environment, 13(3): 219-225.

Collatz G J, Ribas-Carbo M, Berry J A. 1992. Coupled photosynthesis-stomatal conductance model for leaves of C4 plants. Functional Plant Biology, 19(5): 519-538.

Cook E R, Seager R, Cane M A, et al. 2007. North American drought: reconstructions, causes, and consequences. Earth-Science Reviews, 81: 93-134.

Craine J M, Nippert J B, Elmore A J, et al. 2012. Timing of climate variability and grassland productivity. Proceedings of the National Academy of Sciences, 109(9): 3401-3405.

Cramer W, Bondeau A, Woodward F I, et al. 2001. Global response of terrestrial ecosystem structure and function to CO_2 and climate change: results from six dynamic global vegetation models. Global Change Biology, 7: 357-373.

Dai A. 2012. Increasing drought under global warming in observations and models. Nature Climate Change, 3(1): 52-58.

Damour G, Simonneau T, Cochard H, et al. 2010. An overview of models of stomatal conductance at the leaf level. Plant, Cell and Environment, 33: 1419-1438.

Dardel C, Kergoat L, Hiernaux P, et al. 2014. Re-greening Sahel: 30 years of remote sensing data and field observations (Mali, Niger). Remote Sensing of Environment, 140: 350-364.

de Jeu R, Wagner W, Holmes T, et al. 2008. Global soil moisture patterns observed by space borne microwave radiometers and scatterometers. Surveys in Geophysics, 29: 399-420.

de Jong R, Verbesselt J, Zeileis A, et al. 2013. Shifts in global vegetation activity trends. Remote Sensing, 5(3): 1117-1133.

Demarty J, Chevallier F, Friend A D, et al. 2007. Assimilation of global MODIS leaf area index retrievals within a terrestrial biosphere model. Geophysical Research Letters, 34(15): 547-562.

Denman K L, Brasseur G, Chidthaisong A, et al. 2007. Couplings between changes in the climate system and biogeochemistry//Solomon S, Qin D, Manning M, et al. Climate Change 2007: The Physical Science Basis. Contribution of Working Group I to the Fourth Assessment Report of the Intergovernmental Panel on Climate Change. New York, NY, USA: Cambridge University Press: 499-587.

Desai A R, Helliker B R, Moorcroft P R, et al. 2010. Climatic controls of interannual variability in regional carbon fluxes from top-down and bottom-up perspectives. Journal of Geophysical Research, 115: G02011.

Dodd M B, Lauenroth W K, Welker J M. 1998. Differential water resource use by herbaceous and woody plant life-forms in a shortgrass steppe community. Oecologia, 117(4): 504-512.

Dong G, Guo J, Chen J Q, et al. 2011. Effects of spring drought on carbon sequestration, evapotranspiration and water use efficiency in the songnen meadow steppe in northeast China. Ecohydrology, 4(2): 211-224.

Dong J, Xiao X, Wagle P, et al. 2015. Comparison of four EVI-based models for estimating gross primary production of maize and soybean croplands and tallgrass prairie under severe drought. Remote Sensing of Environment, 162: 154-168.

Dorigo W A, Wagner W, Hohensinn R, et al. 2011. The International Soil Moisture Network: a data hosting facility for global in situ soil moisture measurements. Hydrology and Earth System Sciences, 15: 1675-1698.

Duda R O, 杜达, Hart P E, 等. 2003. 模式分类. 北京: 机械工业出版社.

Dugas W A, Heuer M L, Mayeux H S. 1999. Carbon dioxide fluxes over bermudagrass, native prairie, and sorghum. Agricultural and Forest Meteorology, 93(2): 121-139.

Eamus D, Cleverly J, Boulain N, et al. 2013. Carbon and water fluxes in an arid-zone Acacia savanna woodland: an analyses of seasonal patterns and responses to rainfall events. Agricultural and Forest Meteorology, 182-183: 225-238.

Eastman J, Sangermano F, Machado E, et al. 2013. Global trends in seasonality of normalized difference vegetation index (NDVI), 1982-2011. Remote Sensing, 5(10): 4799-4818.

Enquist B J. 2002. Universal scaling in tree and vascular plant allometry: toward a general quantitative theory linking plant form and function from cells to ecosystems. Tree Physiology, 22(15-16): 1045-1064.

Entekhabi D, Njoku E G, O'Neill P E, et al. 2010. The soil moisture active passive (SMAP) mission. Proceedings of the IEEE, 98(5): 704-716.

Etheridge D M, Steele L P, Langenfelds R L. 1996. Natural and anthropogenic changes in atmospheric CO_2 over the last 1000 years from air in Antarctic ice and firn. Journal of Geophysical Research. Atmospheres, 101: 4115-4128.

Evensen G. 1994. Sequential data assimilation with a nonlinear quasi-geostrophic model using Monte-Carlo methods to forecast error statistics. Journal of Geophysical Research: Oceans, 99: 10143-10162.

Fang H L, Jiang C Y, Li W J, et al. 2013. Characterization and intercomparison of global moderate resolution leaf area index (LAI) products: analysis of climatologies and theoretical uncertainties. Journal of Geophysical Research: Biogeosciences, 118(2): 529-548.

Farquhar G D, O'Leary M H, Berry J A. 1982. On the relationship between carbon isotope discrimination and the intercellular carbon dioxide concentration in leaves. Functional Plant Biology, 9(2): 121-137.

Farquhar G D, von Caemmerer S, Berry J A. 1980. A biochemical model of photosynthetic CO_2 assimilation in leaves of C3 species. Planta, 149(1): 78-90.

Feng F, Chen J, Li X, et al. 2015. Validity of five satellite-based latent heat flux algorithms for semi-arid ecosystems. Remote Sensing, 7(12): 16733-16755.

Fensholt R, Proud S R. 2012. Evaluation of earth observation based global long term vegetation trends-Comparing GIMMS and MODIS global NDVI time series. Remote Sensing of Environment, 119: 131-147.

Fensholt R, Rasmussen K, Kaspersen P, et al. 2013. Assessing land degradation/recovery in the African Sahel from long-term earth observation based primary productivity and precipitation relationships. Remote Sensing, 5(2): 664-686.

Fischer M L, Torn M S, Billesbach D P, et al. 2012. Carbon, water, and heat flux responses to experimental burning and drought in a tallgrass prairie. Agricultural and Forest Meteorology, 166: 169-174.

Fischer R A, Turner N C. 1978. Plant productivity in the arid and semiarid zones. Annual Review of Plant Physiology, 29(1): 277-317.

Foley J A. 1995. An equilibrium model of the terrestrial carbon budget. Tellus B: Chemical and Physical Meteorology, 47(3): 310-319.

Friedl M A, Mciver D K, Hodges J, et al. 2002. Global land cover mapping from MODIS: algorithms and early results. Remote Sensing of Environment, 83(1-2): 287-302.

Friedl M A, Sulla-Menashe D, Tan B, et al. 2010. MODIS Collection 5 global land cover: algorithm refinements and characterization of new datasets. Remote Sensing of Environment, 114(1): 168-182.

Friend A D, Arneth A, Klang N Y, et al. 2007. FLUXNET and modelling the global carbon cycle. Global Change Biology, 13 (3): 610-633.

Fry J A, Xian G, Jin S, et al. 2011. Completion of the 2006 national land cover database for the conterminous United States. Photogrammetric Engineering and Remote Sensing, 77(9): 858-864.

Fu D J, Chen B Z, Zhang H F, et al. 2014. Estimating landscape net ecosystem exchange at high spatial-temporal resolution based on Landsat data, an improved upscaling model framework, and eddy covariance flux measurements. Remote Sensing of Environment, 141: 90-104.

Fu Y, Zheng Z, Yu G, et al. 2009. Environmental controls on carbon fluxes over three grassland ecosystems in China. Biogeosciences Discussions, 6(4): 8007-8040.

Gao F, Masek J, Schwaller M, et al. 2006. On the blending of the Landsat and MODIS surface reflectance:

predicting daily Landsat surface reflectance. IEEE Transactions on Geoscience and Remote Sensing, 44(8): 2207-2218.

Gelaro R, Mccarty W, Suárez M J, et al. 2017. The modern-era retrospective analysis for research and applications, version 2 (MERRA-2). Journal of Chimate, 30(14): 5419-5454.

Gentine P, Green J, Guerin M, et al. 2019. Coupling between the terrestrial carbon and water cycles-a review. Environmental Research Letters, 14(8): 083003.

Gibson D J. 2009. Grasses and Grassland Ecology. Oxford: Oxford University Press.

Gilmanov T G, Aires L, Barcza Z, et al. 2010. Productivity, respiration, and light-response parameters of world grassland and agroecosystems derived from flux-tower measurements. Rangeland Ecology and Management, 63(1): 16-39.

Gilmanov T G, Tieszen L L, Wylie B K, et al. 2005. Integration of CO_2 flux and remotely-sensed data for primary production and ecosystem respiration analyses in the Northern Great Plains: potential for quantitative spatial extrapolation. Global Ecology and Biogeography, 14(3): 271-292.

Giri C, Zhu Z L, Reed B. 2005. A comparative analysis of the Global Land Cover 2000 and MODIS land cover data sets. Remote Sensing of Environment, 94(1): 123-132.

Gokmen M, Vekerdy Z, Verhoef A, et al. 2012. Integration of soil moisture in SEBS for improving evapotranspiration estimation under water stress conditions. Remote Sensing of Environment, 121: 261-274.

Gu Y, Howard D M, Wylie B K, et al. 2012a. Mapping carbon flux uncertainty and selecting optimal locations for future flux towers in the Great Plains. Landscape Ecology, 27(3): 319-326.

Gu Y, Wylie B K, Zhang L, et al. 2012b. Evaluation of carbon fluxes and trends (2000-2008) in the Greater Platte River Basin: a sustainability study for potential biofuel feedstock development. Biomass and Bioenergy, 47: 145-152.

Güneralp İ, Filippi A M, Randall J. 2014. Estimation of floodplain aboveground biomass using multispectral remote sensing and nonparametric modeling. International Journal of Applied Earth Observation and Geoinformation, 33: 119-126.

Guo Q, Hu Z, Li S, et al. 2012. Spatial variations in aboveground net primary productivity along a climate gradient in Eurasian temperate grassland: effects of mean annual precipitation and its seasonal distribution. Global Change Biology, 18(12): 3624-3631.

Hansen L, Salamon P. 1990. Neural network ensembles. IEEE Transactions on Pattern Analysis and Machine Intelligence, 12: 993-1001.

Harris I C, Jones P D, Osborn T. 2020. Climatic Research Unit (CRU) Time-Series (TS) Version 4.04 of High-Resolution Gridded Data of Month-by-Month Variation in Climate (Jan. 1901- Dec. 2019). Centre for Environmental Data Analysis. https://catalogue.ceda.ac.uk/uuid/89e1e34ec3554dc98594a5732622bce9 [2021-01-20].

Haxeltine A, Prentice I. 1996. A general model for the light use efficiency of primary production. Functional Ecology, 10: 551-561.

He H, Liu M, Xiao X, et al. 2014. Large-scale estimation and uncertainty analysis of gross primary production in Tibetan alpine grasslands. Journal of Geophysical Research: Biogeosciences, 119(3): 466-486.

He J, Yang K. 2011. China Meteorological Forcing Dataset. Lanzhou: Cold and Arid Regions Science Data Center.

He L, Chen J M, Liu J, et al. 2017. Assessment of SMAP soil moisture for global simulation of gross primary production. Journal of Geophysical Research: Biogeosciences, 122(7): 1549-1563.

Høgda K, Tømmervik H, Karlsen S. 2013. Trends in the start of the growing season in Fennoscandia 1982-2011. Remote Sensing, 5(9): 4304-4318.

Horridge M, Madden J, Wittwer G. 2005. The impact of the 2002-2003 drought on Australia. Journal of Policy Modeling, 27(3): 285-308.

Houtekamer P L, Mitchell H L. 1998. Data assimilation using an ensemble Kalman filter technique. Weather Review, 126: 796-811.

Huang C, Li Y, Gu J, et al. 2015. Improving estimation of evapotranspiration under water-limited conditions based on SEBS and MODIS data in arid regions. Remote Sensing, 7: 16795-16814.

Huang C, Townshend J. 2003. A stepwise regression tree for nonlinear approximation: applications to estimating subpixel land cover. International Journal of Remote Sensing, 24(1): 75-90.

Huang S, Titus S J, Wiens D P. 1992. Comparison of nonlinear height–diameter functions for major Alberta tree species. Canadian Journal of Forest Research, 22(9): 1297-1304.

Huete A, Didan K, Miura T, et al. 2002. Overview of the radiometric and biophysical performance of the MODIS vegetation indices. Remote Sensing of Environment, 83(1-2): 195-213.

Huete A, Justice C, Liu H. 1994. Development of vegetation and soil indexes for MODIS-EOS. Remote Sensing of Environment, 49(3): 224-234.

Huntington T G. 2006. Evidence for intensification of the global water cycle: review and synthesis. Journal of Hydrology, 319: 83-95.

Huntzinger D N, Post W M, Wei Y, et al. 2012. North American Carbon Program (NACP) regional interim synthesis: terrestrial biospheric model intercomparison. Ecological Modelling, 232: 144-157.

Hussain M Z, Gr U Nwald T, Tenhunen J D, et al. 2011. Summer drought influence on CO_2 and water fluxes of extensively managed grassland in Germany. Agriculture, Ecosystems and Environment, 141(1): 67-76.

Huxman T, Snyder K, Tissue D, et al. 2004. Precipitation pulses and carbon fluxes in semiarid and arid ecosystems. Oecologia, 141(2): 254-268.

Ichii K, Kondo M, Okabe Y, et al. 2013. Recent changes in terrestrial gross primary productivity in Asia from 1982 to 2011. Remote Sensing, 5(11): 6043-6062.

Ines A V, Das N N, Hansen J W, et al. 2013. Assimilation of remotely sensed soil moisture and vegetation with a crop simulation model for maize yield prediction. Remote Sensing of Environment, 138: 149-164.

IPCC. 2013. Climate Change 2013: The Physical Science Basis. Contribution of Working Group I to the Fifth Assessment Report of the Intergovernmental Panel on Climate Change. Cambridge, United Kingdom and New York, NY, USA: Cambridge University Press.

Ivits E, Cherlet M, Horion S, et al. 2013. Global biogeographical pattern of ecosystem functional types derived from earth observation data. Remote Sensing, 5(7): 3305-3330.

Jenkinson D S. 1990. The turnover of organic carbon and nitrogen in soil. Philosophical Transactions of the Royal Society of London. (B), 329(1255): 361-368.

Jiang Y, Zhuang Q, Sibyl S, et al. 2012. Uncertainty analysis of vegetation distribution in the northern high latitudes during the 21st century with a dynamic vegetation model. Ecology and Evolution, 2(3): 593-614.

Jolly W, Nemani R R, Running S W. 2005. A generalized, bioclimatic index to predict foliar phenology in response to climate. Global Change Biology, 11: 619-632.

Jung M, Reichstein M, Bondeau A. 2009. Towards global empirical upscaling of FLUXNET eddy covariance observations: validation of a model tree ensemble approach using a biosphere model. Biogeosciences, 6(10): 2001-2013.

Jung M, Reichstein M, Ciais P, et al. 2010. Recent decline in the global land evapotranspiration trend due to limited moisture supply. Nature, 467(7318): 951-954.

Jung M, Reichstein M, Margolis H A, et al. 2011. Global patterns of land-atmosphere fluxes of carbon dioxide, latent heat, and sensible heat derived from eddy covariance, satellite, and meteorological observations. Journal of Geophysical Research, 116: G00J07.

Jung M, Schwalm C, Migliavacca M, et al. 2020. Scaling carbon fluxes from eddy covariance sites to globe: synthesis and evaluation of the FLUXCOM approach. Biogeosciences, 17: 1343-1365.

Jung M, Vetter M, Herold M, et al. 2007. Uncertainties of modeling gross primary productivity over Europe: a systematic study on the effects of using different drivers and terrestrial biosphere models. Global Biogeochemical Cycles, 21(4): GB4021.

Kato T, Knorr W, Scholze M, et al. 2013. Simultaneous assimilation of satellite and eddy covariance data for improving terrestrial water and carbon simulations at a semi-arid woodland site in Botswana. Biogeosciences, 10: 789-802.

Kato T, Tang Y, Gu S, et al. 2006. Temperature and biomass influences on interannual changes in CO_2 exchange in an alpine meadow on the Qinghai-Tibetan Plateau. Global Change Biology, 12(7): 1285-1298.

Keeling C D, Whorf T P, Walhlen M. 1995. Interannual extremes in the rate of rise of atmospheric carbon dioxide since 1980. Nature, 375: 666-670.

Keenan T F, Prentice I C, Canadell J G, et al. 2016. Recent pause in the growth rate of atmospheric CO_2 due to enhanced terrestrial carbon uptake. Nature Communications, 7: 13428.

Kerr Y H, Waldteufel P, Wigneron J P, et al. 2010. The SMOS mission: new tool for monitoring key elements of the global water cycle. Proceedings of the IEEE, 98: 666-687.

Khan M S, Liaqat U W, Baik J, et al. 2018. Stand-alone uncertainty characterization of GLEAM, GLDAS and MOD16 evapotranspiration products using an extended triple collocation approach. Agricultural and Forest Meteorology, 252: 256-268.

Kim H, Parinussa R, Konings A G, et al. 2018. Global-scale assessment and combination of SMAP with ASCAT (active) and AMSR2 (passive) soil moisture products. Remote Sensing of Environment, 204: 260-275.

Kim Y, Knox R G, Longo M, et al. 2012. Seasonal carbon dynamics and water fluxes in an Amazon rainforest. Global Change Biology, 18(4): 1322-1334.

King D A, Turner D P, Ritts W D. 2011. Parameterization of a diagnostic carbon cycle model for continental scale application. Remote Sensing of Environment, 115(7): 1653-1664.

Kirkpatriek S, Gelatt C D, Vecchi M P, et al. 1983. Optimization by simulated annealing. Science, 220: 671-680.

Knyazikhin Y, Martonchik J V, Myneni R B, et al. 1998. Synergistic algorithm for estimating vegetation canopy leaf area index and fraction of absorbed photosynthetically active radiation from MODIS and MISR data. Journal of Geophysical Research, 103(D24): 32257-32275.

Krüger B. 2001. Air humidity calculation. http://www.cactus2000.de/js/calchum.pdf[2021-04-25].

Kucharik C J, Foley J A, Delire C, et al. 2000. Testing the performance of a dynamic global ecosystem model: water balance, carbon balance, and vegetation structure. Global Biogeochemistry Cycles, 14(3): 795-825.

Lal R, Bruce J P. 1999. The potential of world cropland soils to sequester C and mitigate the greenhouse effect. Environmental Science and Policy, 2(2): 177-185.

Larcher W. 1995. Physiological Plant Ecology: Ecophysiology and Stress Physiology of Functional Groups, 3rd edn. Berlin: Springer.

Larocque G R, Bhatti J S, Boutin R, et al. 2008. Uncertainty analysis in carbon cycle models of forest ecosystems: Research needs and development of a theoretical framework to estimate error propagation. Ecological Modelling, 219(3-4): 400-412.

Law B. 2007. AmeriFlux network aids global synthesis. Eos Transactions American Geophysical Union, 88(28): 286.

Lefsky M A. 2010. A global forest canopy height map from the Moderate Resolution Imaging Spectroradiometer and the Geoscience Laser Altimeter System. Geophysical Research Letters, 37(15): L15401.

Lehmann C, Anderson T M, Sankaran M, et al. 2014. Savanna vegetation-fire-climate relationships differ among continents. Science, 343(6170): 548-552.

Lewis S L, Brando P M, Phillips O L, et al. 2011. The 2010 amazon drought. Science, 331: 554.

Li D Y, Zhao T J, Shi J C, et al. 2015. First evaluation of aquarius soil moisture products using In Situ observations and GLDAS model simulations. IEEE Journal of Selected Topics in Applied Earth Observations and Remote Sensing, 8(12): 3923-3945.

Li S G, Asanuma J, Eugster W, et al. 2005. Net ecosystem carbon dioxide exchange over grazed steppe in central Mongolia. Global Change Biology, 11: 1941-1955.

Li S, Wang G, Sun S, et al. 2018. Assessment of multi-source evapotranspiration products over China using eddy covariance observations. Remote Sensing, 10: 1692.

Li S, Xiao J, Xu W, et al. 2012. Modelling gross primary production in the Heihe river basin and uncertainty analysis. International Journal of Remote Sensing, 33(3): 836-847.

Li X, Liang S, Yu G, et al. 2013. Estimation of gross primary production over the terrestrial ecosystems in China. Ecological Modelling, 261: 80-92.

Li X, Xiao J. 2019. Mapping photosynthesis solely from solar-induced chlorophyll fluorescence: a global, fine-resolution dataset of gross primary production derived from OCO-2. Remote Sensing, 11: 2563.

Liang S L, Zhao X, Liu S H, et al. 2013. A long-term Global LAnd Surface Satellite (GLASS) data-set for environmental studies. International Journal of Digital Earth, 6(SI): 5-33.

Lieth H. 1975. Historical Survey of Primary Productivity Research. New York: Springer.

Lilburne L, Tarantola S. 2009. Sensitivity analysis of spatial models. International Journal of Geographical Information Science, 23(2): 151-168.

Liu H, Tu G, Fu C, et al. 2008. Three-year variations of water, energy and CO_2 fluxes of cropland and degraded grassland surfaces in a semi-arid area of Northeastern China. Advances in Atmospheric Sciences, 25(6): 1009-1020.

Liu Y, Xiao J, Ju W, et al. 2015. Water use efficiency of China's terrestrial ecosystems and responses to drought. Scientific Reports, 5(5): 13799.

Lowe P R, Ficke J M. 1974. The computation of saturation vapor pressure. Monterey CA: Naval Environmental Prediction Research Facility.

Lu X, Zhuang Q. 2010. Evaluating evapotranspiration and water-use efficiency of terrestrial ecosystems in the conterminous United States using MODIS and AmeriFlux data. Remote Sensing of Environment, 114(9): 1924-1939.

Luo L F, Robock A, Mitchell K E, et al. 2003. Validation of the North American land data assimilation system (NLDAS) retrospective forcing over the southern great plains. Journal of Geophysical Research: Atmospheres, 108 (D22): 8843.

Lyon B, deWitt D G. 2012. A recent and abrupt decline in the East African long rains. Geophysical Research Letters, 39: L02702.

MacBean N, Peylin P, Chevallier F, et al. 2016. Consistent assimilation of multiple data streams in a carbon cycle data assimilation system. Geoscientific Model Development, 9: 3569-3588.

Magnani F, Leonardi S, Tognetti R, et al. 1998. Modelling the surface conductance of a broad-leaf canopy: effects of partial decoupling from the atmosphere. Plant, Cell and Environment, 21(8): 867-879.

Mahadevan P, Wofsy S C, Matross D M, et al. 2008. A satellite-based biosphere parameterization for net ecosystem CO_2 exchange: vegetation Photosynthesis and Respiration Model (VPRM). Global Biogeo-chemical Cycles, 22(2): GB2005.

Martens B, Miralles D G, Lievens H, et al. 2017. GLEAM v3: satellite-based land evaporation and root-zone soil moisture. Geoscientific Model Development, 10(5): 1903-1925.

Massman W J, Lee X. 2002. Eddy covariance flux corrections and uncertainties in long-term studies of carbon and energy exchanges. Agricultural and Forest Meteorology, 113(1-4): 121-144.

Matsui T, Lakshmi V, Small E E. 2005. The effects of satellite-derived vegetation cover variability on simulated land-atmosphere interactions in the NAMS. Journal of Climate, 18(1): 21-40.

Mcguire A D, Melillo J M, Kicklighter D W, et al. 2002. Equilibrium responses of soil carbon to climate change: empirical and process-based estimates. Journal of Biogeography, 22(4-5): 785-796.

McVicar T R, Roderick M L, Donohue R J, et al. 2012. Less bluster ahead? Ecohydrological implications of global trends of terrestrial near-surface wind speeds. Ecohydrology, 5(4): 381-388.

Medrano H, Flexas J, Galmés J. 2009. Variability in water use efficiency at the leaf level among Mediterranean plants with different growth forms. Plant and Soil, 317(1-2): 17-29.

Molod A, Takacs L, Suarez M, et al. 2015. Development of the GEOS-5 atmospheric general circulation model: evolution from MERRA to MERRA2. Geoscientific Model Development, 8(5): 1339-1356.

Monteith J L. 1972. Solar-radiation and productivity in tropical ecosystems. Journal of Applied Ecology, 9(3): 747-766.

Monteith J L. 1977. Climate and efficiency of crop production in Britain. Philosophical Transactions of the Royal Society of London (B), 281(980): 277-294.

Monteith J L. 1995. Accommodation between transpiring vegetation and the convective boundary layer. Journal of Hydrology, 166(3-4): 251-263.

Mu Q, Heinsch F, Zhao M, et al. 2007. Development of a global evapotranspiration algorithm based on MODIS and global meteorology data. Remote Sensing of Environment, 111: 519-536.

Mu Q, Zhao M, Running S W. 2011. Improvements to a MODIS global terrestrial evapotranspiration algorithm. Remote Sensing of Environment, 115(8): 1781-1800.

Myneni R B, Dong J, Tucker C J, et al. 2001. A large carbon sink in the woody biomass of Northern forests. PNAS, 98(26): 14784-14789.

New M, Hulme M, Jones P. 2000. Representing twentieth-century space-time climate variability. Part II: development of a 1901–1996 mean monthly terrestrial climatology. Journal of Climate, 13: 2217-2238.

Nicholls N. 2004. The changing nature of Australian droughts. Climatic Change, 63(3): 323-336.

Niu S L, Wu M Y, Han Y, et al. 2008. Water-mediated responses of ecosystem carbon fluxes to climatic change in a temperate steppe. New Phytologist, 177(1): 209-219.

Niu S, Xing X, Zhang Z, et al. 2011. Water-use efficiency in response to climate change: from leaf to ecosystem in a temperate steppe. Global Change Biology, 17(2): 1073-1082.

Niu S, Yang H, Zhang Z, et al. 2009. Non-additive effects of water and nitrogen addition on ecosystem carbon exchange in a temperate steppe. Ecosystems, 12(6): 915-926.

Novick K A, Stoy P C, Katul G G, et al. 2004. Carbon dioxide and water vapor exchange in a warm temperate grassland. Oecologia, 138(2): 259-274.

O'Carroll A G, Eyre J R, Saunders R W. 2008. Three-way error analysis between AATSR, AMSR-E, and in situ sea surface temperature observations. Journal of Atmospheric and Oceanic Technology, 25: 1197-1207.

Olson D M, Dinerstein E, Wikramanayake E D, et al. 2001. Terrestrial ecoregions of the world: a new map of life on earth. BioScience, 51(11): 933-938.

O'Neill P, Chan S, Njoku E, et al. 2016a. SMAP Enhanced L3 Radiometer Global Daily 9km EASE-Grid Soil Moisture, Version 1. Boulder, Colorado USA: NASA National Snow and Ice Data Center Distributed Active Archive Center.

O'Neill P, Njoku E, Jackson T, et al. 2016b. SMAP Algorithm Theoretical Basis Document: Level 2 & 3 Soil Moisture (Passive) Data Products. Pasadena, CA, USA: Jet Propulsion Lab., California Inst. Technol., (JPL D-66480).

Papale D, Valentini R. 2003. A new assessment of European forests carbon exchanges by eddy fluxes and artificial neural network spatialization. Global Change Biology, 9(4): 525-535.

Pardo N, Sánchez M L, Timmermans J, et al. 2014. SEBS validation in a Spanish rotating crop. Agricultural and Forest Meteorology, 195: 132-142.

Parton W J, Schimel D S, Cole C V, et al. 1987. Analysis of factors controlling soil organic-matter levels in Great-Plains grasslands. Soil Science Society of America Journal, 51(5): 1173-1179.

Perez-Quezada J F, Saliendra N Z, Akshalov K, et al. 2010. Land use influences carbon fluxes in Northern Kazakhstan. Rangeland Ecology and Management, 63(1): 82-93.

Petropoulos G P, Petropoulos G, Ireland B. 2015. Barrett Surface soil moisture retrievals from remote sensing: evolution, current status, products & future trends. Physics and Chemistry of the Earth, 10: 1016.

Phillips R L, Beeri O. 2008. Scaling-up knowledge of growing-season net ecosystem exchange for long-term assessment of North Dakota grasslands under the Conservation Reserve Program. Global Change

Biology, 14(5): 1008-1017.

Piao S, Fang J, Zhou L, et al. 2007. Changes in biomass carbon stocks in China's grasslands between 1982 and 1999. Global Biogeochemical Cycles, 21(2): GB2002.

Pietsch S A, Hasenauer H, Kucera J, et al. 2003. Modeling effects of hydrological changes on the carbon and nitrogen balance of oak in floodplains. Tree Physiology, 23: 735-746.

Pinzon J, Brown M E, Tucker C J. 2005. Satellite time series correction of orbital drift artifacts using empirical mode decomposition//Huang N E, Shen S P. Hilbert-Huang Transform: Introduction and Applications. Hackeasack, USA: World Scientific Publishing.

Pinzon J, Tucker C. 2014. A non-stationary 1981-2012 AVHRR NDVI3g time series. Remote Sensing, 6(8): 6929-6960.

Pipunic R C, Walker J P, Western A. 2008. Assimilation of remotely sensed data for improved latent and sensible heat flux prediction: a comparative synthetic study. Remote Sensing of Environment, 112(4): 1295-1305.

Potter C, Klooster S, Hiatt C, et al. 2011. Changes in the carbon cycle of Amazon ecosystems during the 2010 drought. Environment Research Letters, 6: 034024.

Potter C S, Randerson J T, Field C B, et al. 1993. Terrestrial ecosystem production-a process model-based on global satellite and surface data. Global Biogeochemical Cycles, 7(4): 811-841.

Poulter B, Frank D, Ciais P, et al. 2014. Contribution of semi-arid ecosystems to interannual variability of the global carbon cycle. Nature, 509: 600-603.

Prince S D, Goward S N. 1995. Global primary production: a remote sensing approach. Journal of Biogeography, 22(4-5): 815-835.

Purdy A J, Fisher J B, Goulden M L, et al. 2018. SMAP soil moisture improves global evapotranspiration. Remote Sensing of Environment, 219: 1-14.

Qi J, Chen J, Wan S, et al. 2012. Understanding the coupled natural and human systems in dryland East Asia. Environmental Research Letters, 7: 015202.

Quinlan J R. 1986. Induction of decision trees. Machine Learning, 1(1): 81-106.

Quinlan J R. 1992. Learning with Continuous Classes. Singapore: 5th Australian Joint Conference on Artificial Intelligence.

Quinlan J R. 1993. C4. 5: Programs for Machine Learning. San Francisco: Morgan Kaufmann.

Raczka B M, Davis K J, Huntzinger D, et al. 2013. Evaluation of continental carbon cycle simulations with North American flux tower observations. Ecological Monographs, 83(4): 531-556.

Rahman A F. 2005. Potential of MODIS EVI and surface temperature for directly estimating per-pixel ecosystem C fluxes. Geophysical Research Letters, 32(19): L19404.

Reichle R H, de Lannoy G J M, Liu Q, et al. 2017. Global assessment of the SMAP level-4 surface and root-zone soil moisture product using assimilation diagnostics. Journal of Hydrometeorology, 18(12): 3217-3237.

Reichle R, Koster R D, Dong J, et al. 2004. Global soil moisture from satellite observations, land surface models, and ground data: implications for data assimilation. Journal of Hydrometeorology, 5: 430-442.

Reichstein M, Ciais P, Papale D, et al. 2007. Reduction of ecosystem productivity and respiration during the European summer 2003 climate anomaly: a joint flux tower, remote sensing and modelling analysis. Global Change Biology, 13(3): 634-651.

Reichstein M, Jung M, Carvalhais N, et al. FLUXNET-from Point to Globe. FluxLetter: The Newsletter of FLUXNET(42-44).

Reinvee M, Uiga J, Tärgla T, et al. 2013. Exploring the effect of carbon dioxide demand controlled ventilation system on air humidity. Agronomy Research, 11(2): 463-470.

Richardson A D, Hollinger D Y, Burba G G, et al. 2006. A multi-site analysis of random error in tower-based measurements of carbon and energy fluxes. Agricultural and Forest Meteorology, 136(1-2): 1-18.

Richardson A D, Mahecha M D, Falge E, et al. 2008. Statistical properties of random CO_2 flux measurement uncertainty inferred from model residuals. Agricultural and Forest Meteorology, 148(1): 38-50.

Rienecker M M, Suarez M J, Gelaro R, et al. 2011. MERRA: NASA's modern-era retrospective analysis for research and applications. Journal of Climate, 24(14): 3624-3648.

Rosenberg S, Vedlitz A, Cowman D F, et al. 2010. Climate change: a profile of US climate scientists' perspectives. Climatic Change, 101(3-4): 311-329.

Rouse Jr J W, Haas R H, Schell J A, et al. 1974. Monitoring Vegetation Systems in the Great Plains with ERTS. Washing, DC: NASA Special Publication.

Rousu J, Flander L, Suutarinen M, et al. 2003. Novel computational tools in bakery process data analysis: a comparative study. Journal of Food Engineering, 57(1): 45-56.

Ruimy A, Saugier B, Dedieu G. 1994. Methodology for the estimation of terrestrial net primary production from remotely sensed data. Journal of Geophysical Research: Atmospheres, 99(D3): 5263-5283.

Running S W, Baldocchi D D, Turner D P, et al. 1999. A global terrestrial monitoring network integrating tower fluxes, flask sampling, ecosystem modeling and EOS satellite data. Remote Sensing of Environment, 70(1): 108-127.

Running S W, Hunt E R. 1993. Generalization of a forest ecosystem process model for other biomes, BIOME-BGC, and an application for global-scale models//Ehleringer J R, Field C. Scaling Processes Between Leaf and Landscape Levels. Orlando: Academic Press: 141-158.

Running S W, Nemani R R, Heinsch F A, et al. 2004. A continuous satellite-derived measure of global terrestrial primary production. Bioscience, 54(6): 547-560.

Ryu Y, Baldocchi D D, Kobayashi H, et al. 2011. Integration of MODIS land and atmosphere products with a coupled-process model to estimate gross primary productivity and evapotranspiration from 1km to global scales. Global Biogeochemical Cycles, 25(4): GB4017.

Ryu Y, Baldocchi D D, Ma S, et al. 2008. Interannual variability of evapotranspiration and energy exchange over an annual grassland in California. Journal of Geophysical Research-Atmospheres, 113: D09104.

Sage R F. 2004. The evolution of C4 photosynthesis. New Phytologist, 161(2): 341-370.

Sala O E, Parton W J, Joyce L A, et al. 1988. Primary production of the central grassland region of the United-States. Ecology, 69(1): 40-45.

Saltelli A, Tarantola S, Chan P S. 1999. A quantitative model-independent method for global sensitivity analysis. Technometrics, 41(1): 39-56.

Sándor R, Fodor N. 2012. Simulation of soil temperature dynamics with models using different concepts. The Scientific World Journal, (1-8): doi: 10.1100/2012/590287.

Sasai T, Okamoto K, Hiyama T, et al. 2007. Comparing terrestrial carbon fluxes from the scale of a flux tower to the global scale. Ecological Modelling, 208(2-4): 135-144.

Schapire R E. 1990. The strength of weak learnability. Machine Learning, 5(2): 197-227.

Schimel D S. 1995. Terrestrial ecosystems and the carbon cycle. Global Change Biology, 1(1): 77-91.

Schwalm C R, Williams C A, Schaefer, K. 2011. Carbon consequences of global hydrologic change, 1948-2009. Journal of Geophysical Research, 116(G3): G03042.

Scurlock J, Hall D O. 1998. The global carbon sink: a grassland perspective. Global Change Biology, 4(2): 229-233.

Seddon A W, Macias-Fauria M, Long P R, et al. 2016. Sensitivity of global terrestrial ecosystems to climate variability. Nature, 531: 229-232.

Seneviratne S I, Corti T, Davin E L, et al. 2010. Investigating soil moisture-climate interactions in a changing climate: a review. Earth-Science Reviews, 99: 125-161.

Serraj R, Allen L H, Sinclair T R. 1999. Soybean leaf growth and gas exchange response to drought under carbon dioxide enrichment. Global, Change Biology, 5: 283-291.

Sexton J O, Song X, Feng M, et al. 2013. Global, 30-m resolution continuous fields of tree cover: Landsat-based rescaling of MODIS vegetation continuous fields with lidar-based estimates of error. International

Journal of Digital Earth, 6(5): 427-448.

Shao C L, Chen J Q, Li L H. 2013. Grazing alters the biophysical regulation of carboluxes in a desert steppe. Environmental Research Letters, 8: 0250122.

Shao Q, Rowe R C, York P. 2007. Investigation of an artificial intelligence technology-Model trees. European Journal of Pharmaceutical Sciences, 31(2): 137-144.

Shi P, Sun X, Xu L, et al. 2006. Net ecosystem CO_2 exchange and controlling factors in a steppe—Kobresia meadow on the Tibetan Plateau. Science in China Series D: Earth Sciences, 49(2): 207-218.

Sims D A, Rahman A F, Cordova V D, et al. 2005. Midday values of gross CO_2 flux and light use efficiency during satellite overpasses can be used to directly estimate eight-day mean flux. Agricultural and Forest Meteorology, 131(1-2): 1-12.

Sitch S, Smith B, Prentice I C, et al. 2003. Evaluation of ecosystem dynamics, plant geography and terrestrial carbon cycling in the LPJ dynamic global vegetation model. Global Change Biology, 9(2): 161-185.

Sjöström M, Ardö J, Arneth A, et al. 2011. Exploring the potential of MODIS EVI for modeling gross primary production across African ecosystems. Remote Sensing of Environment, 115(4): 108.

Smart A J, Dunn B, Gates R. 2005. Historical weather patterns: a guide for drought planning. Rangelands, 27(2): 10-12.

Sprugel D G, Ryan M G, Brooks J R, et al. 1995. Respiration from the organ level to the stand//Smith W K, Hinckley T M. Resource Physiology of Conifers. London: Academic Press: 255-299.

Srivastava P K, Han D, Miguel A, et al. 2014. Assessment of SMOS soil moisture retrieval parameters using tau-omega algorithms for soil moisture deficit estimation. Hydrology, 519: 574-587.

Still C J, Berry J A, Collatz G J, et al. 2003. Global distribution of C3 and C4 vegetation: carbon cycle implications. Global Biogeochemical Cycles, 17(1): 1-6.

Stoffelen A. 1998. Toward the true near-surface wind speed: error modeling and calibration using triple collocation. Journal of Geophysical Research, 103(C4): 7755-7766.

Sun G, Caldwell P, Noormets A, et al. 2011. Upscaling key ecosystem functions across the conterminous United States by a water-centric ecosystem model. Journal of Geophysical Research: Biogeosciences, 116: G00J05.

Suttie J M, Reynolds S G, Batello C. 2005. Grasslands of the World. Rome: Food and Agriculture Organization of the United Nations (FAO).

Suyker A E, Verma S B. 2012. Gross primary production and ecosystem respiration of irrigated and rainfed maize-soybean cropping systems over 8 years. Agricultural and Forest Meteorology, 165: 12-24.

Svejcar T, Angell R, Bradford J A, et al. 2008. Carbon fluxes on North American rangelands. Rangeland Ecology and Management, 61(5): 465-474.

Svejcar T, Mayeux H, Angell R. 1997. The rangeland carbon dioxide flux project. Rangelands, 19(5): 16-18.

Swinbank W C. 1951. The measurement of vertical transfer of heat and water vapor by eddiesin the lower atmosphere. Journal of Atmospheric Sciences, 8(3): 135-145.

Taylor K E. 2001. Summarizing multiple aspects of model performance in a single diagram. Journal of Geophysical Research, 106: 7182-7192.

Tian H, Melillo J M, Kicklighter D W, et al. 1999. The sensitivity of terrestrial carbon storage to historical climate variability and atmospheric CO_2 in the United States. Tellus Series B-Chemical and Physical Meteorology, 51(2): 414-452.

Tian X J, Xie Z H, Sun Q. 2011. A POD-based ensemble four-dimensional variational assimilation method. Tellus, 63: 805-816.

Tieszen L L, Reed B C, Bliss N B, et al. 1997. NDVI, C-3 and C-4 production, and distributions in Great Plains grassland land cover classes. Ecological Applications, 7(1): 59-78.

Tucker C, Pinzon J, Brown M, et al. 2005. An extended AVHRR 8-km NDVI dataset compatible with MODIS and SPOT vegetation NDVI data. International Journal of Remote Sensing, 26(20): 4485-4498.

Twine T E, W P Kustas, J M Norman, et al. 2000. Correcting eddy-covariance flux underestimates over a grassland. Agricultural and Forest Meteorology, 103: 279-300.

UNECA. 2007. Africa Review Report on Drought and Desertification. Addis Ababa: Fifth Meeting of the Africa Committee on Sustainable Development.

Verbeeck H, Samson R, Verdonck F, et al. 2006. Parameter sensitivity and uncertainty of the forest carbon flux model FORUG: a Monte Carlo analysis. Tree Physiol, 26(6): 807-817.

Vicente-Serrano S M, Gouveia C, Camarero J J, et al. 2013. Response of vegetation to drought time-scales across global land biomes. PNAS, 110(1): 52-57.

Wallace J M, Hobbs P V. 2008. 大气科学(第二版). 何金海等译. 北京: 科学出版社.

Wang C, Hunt E R, Zhang L, et al. 2013. Phenology-assisted classification of C-3 and C-4 grasses in the US Great Plains and their climate dependency with MODIS time series. Remote Sensing of Environment, 138: 90-101.

Wang H, Jia G, Fu C, et al. 2010. Deriving maximal light use efficiency from coordinated flux measurements and satellite data for regional gross primary production modeling. Remote Sensing of Environment, 114(10): 2248-2258.

Wang Q, Adiku S, Tenhunen J, et al. 2005. On the relationship of NDVI with leaf area index in a deciduous forest site. Remote Sensing of Environment, 94(2): 244-255.

Wang S, Chen J M, Ju W M, et al. 2007. Carbon sinks and sources in China's forests during 1901-2001. Journal of Environmental Management, 85(3): 524-537.

Wang X, Ma M, Li X, et al. 2013. Validation of MODIS-GPP product at 10 flux sites in northern China. International Journal of Remote Sensing, 34(2): 578-599.

Wang Y J, Woodcock C E, Buermann W, et al. 2004. Evaluation of the MODIS LAI algorithm at a coniferous forest site in Finland. Remote Sensing of Environment, 91(1): 114-127.

Wang Y, Zhou G. 2012. Light use efficiency over two temperate steppes in inner Mongolia, China. PLoS One, 7(8): e43614.

Wang Y, Zhou G, Wang Y. 2008. Environmental effects on net ecosystem CO_2 exchange at half-hour and month scales over Stipa krylovii steppe in northern China. Agricultural and Forest Meteorology, 148(5): 714-722.

Waring R H, Schroeder P E, Oren R. 1982. Application of the pipe model theory to predict canopy leaf area. Canadian Journal of Forest Research, 12(3): 556-560.

Watson D J. 1947. Comparative physiological studies in the growth of field crops. I. Variation in net assimilation rate and leaf area between species and varieties, and within and between years. Annals of Botany, 11(41): 41-76.

Wei D, Ri X, Wang Y, et al. 2012. Responses of CO_2, CH_4 and N_2O fluxes to livestock exclosure in an alpine steppe on the Tibetan Plateau, China. Plant and Soil, 359(1): 45-55.

Welp L R, Keeling R F, Meijer H A J, et al. 2011. Interannual variability in the oxygen isotopes of atmospheric CO_2 driven by El Niño. Nature, 477(7366): 579-582.

White R, Murray S, Rohweder M. 2000. Grassland Ecosystems. Pilot Analysis of Global Ecosystems. Washington DC: World Resources Institute.

Wieder W R, Boehnert J, Bonan G, et al. 2014. Regridded Harmonized World Soil Database v1.2. Data set. Oak Ridge, Tennessee, USA: Oak Ridge National Laboratory Distributed Active Archive Center.

Wylie B K, Fosnight E A, Gilmanov T G, et al. 2007. Adaptive data-driven models for estimating carbon fluxes in the Northern Great Plains. Remote Sensing of Environment, 106(4): 399-413.

Wylie B K, Johnson D A, Laca E, et al. 2003. Calibration of remotely sensed, coarse resolution NDVI to CO_2 fluxes in a sagebrush-steppe ecosystem. Remote Sensing of Environment, 85(2): 255.

Xiao J, Chen J, Davis K J, et al. 2012. Advances in upscaling of eddy covariance measurements of carbon and water fluxes. Journal of Geophysical Research, 117: G00J01.

Xiao J, Davis K J, Urban N M, et al. 2011. Upscaling carbon fluxes from towers to the regional scale: Influence of parameter variability and land cover representation on regional flux estimates. Journal of

Geophysical Research, 116: G03027.

Xiao J, Davis K J, Urban N M, et al. 2014. Uncertainty in model parameters and regional carbon fluxes: a model-data fusion approach. Agricultural and Forest Meteorology, 189: 175-186.

Xiao J, Sun G, Chen J, et al. 2013. Carbon fluxes, evapotranspiration, and water use efficiency of terrestrial ecosystems in China. Agricultural and Forest Meteorology, 182-183: 76-90.

Xiao J, Zhuang Q, Baldocchi D D, et al. 2008. Estimation of net ecosystem carbon exchange for the conterminous United States by combining MODIS and AmeriFlux data. Agricultural and Forest Meteorology, 148(11): 1827-1847.

Xiao J, Zhuang Q, Liang E, et al. 2009. Twentieth-century droughts and their impacts on terrestrial carbon cycling in China. Earth Interactions, 13(10): 1-31.

Xiao X M, Hollinger D, Aber J, et al. 2004b. Satellite-based modeling of gross primary production in an evergreen needleleaf forest. Remote Sensing of Environment, 89(4): 519-534.

Xiao X M, Zhang Q Y, Braswell B, et al. 2004a. Modeling gross primary production of temperate deciduous broadleaf forest using satellite images and climate data. Remote Sensing of Environment, 91(2): 256-270.

Xiao X M, Zhang Q Y, Hollinger D, et al. 2005a. Modeling gross primary production of an evergreen needleleaf forest using modis and climate data. Ecological Applications, 15(3): 954-969.

Xiao X M, Zhang Q, Saleska S, et al. 2005b. Satellite-based modeling of gross primary production in a seasonally moist tropical evergreen forest. Remote Sensing of Environment, 94(1): 105-122.

Xiao Z Q, Liang S L, Wang J D, et al. 2016. Long-time-series global land surface satellite leaf area index product derived from MODIS and AVHRR surface reflectance. IEEE Transactions on Geoscience and Remote Sensing, 54(9): 5301-5318.

Xu L, Baldocchi D D. 2004. Seasonal variation in carbon dioxide exchange over a Mediterranean annual grassland in California. Agricultural and Forest Meteorology, 123(1-2): 79-96.

Yamaji T, Sakai T, Endo T, et al. 2008. Scaling-up technique for net ecosystem productivity of deciduous broadleaved forests in Japan using MODIS data. Ecological Research, 23(4): 765-775.

Yan M, Tian X, Li Z Y, et al. 2016. Simulation of forest carbon fluxes using model incorporation and data assimilation. Remote Sensing, 8(7): 567.

Yang F, Ichii K, White M A, et al. 2007. Developing a continental-scale measure of gross primary production by combining MODIS and AmeriFlux data through Support Vector Machine approach. Remote Sensing of Environment, 110(1): 109-122.

Yang L, Huang C, Homer C G, et al. 2003. An approach for mapping large-area impervious surfaces: synergistic use of Landsat-7 ETM+ and high spatial resolution imagery. Canadian Journal of Remote Sensing, 29(2): 230-240.

Yang W, Wang Y, Liu X, et al. 2020. Evaluation of the rescaled complementary principle in the estimation of evaporation on the Tibetan Plateau. Science of the Total Environment, 699: 134367.

Yang Y, Guan H, Batelaan O, et al. 2016. Contrasting responses of water use efficiency to drought across global terrestrial ecosystems. Scientific Reports, 6: 23284.

Yao Y, Lianga S, Li X, et al. 2014. Bayesian multi-model estimation of global terrestrial latent heat flux from eddy covariance, meteorological, and satellite observations. Journal of Geophysical Research: Atmospheres, 119: 4521-4545.

Yi C, Ricciuto D, Li R, et al. 2010. Climate control of terrestrial carbon exchange across biomes and continents. Environmental Research Letters, 5(3): 034007.

Yilmaz M T, Crow W T. 2014. Evaluation of assumptions in soil moisture triple collocation analysis. Journal of Hydrometeorology, 15: 1293-1302.

Yu G, Wen X, Sun X, et al. 2006. Overview of ChinaFLUX and evaluation of its eddy covariance measurement. Agricultural and Forest Meteorology, 137(3-4): 125-137.

Yu T, Sun R, Xiao Z, et al. 2018. Estimation of global vegetation productivity from global land surface satellite data. Remote Sensing, 10: 327.

Yuan W, Cai W, Nguy-Robertson A L, et al. 2015. Uncertainty in simulating gross primary production of cropland ecosystem from satellite-based models. Agricultural and Forest Meteorology, 207: 48-57.

Yuan W, Cai W, Xia J, et al. 2014. Global comparison of light use efficiency models for simulating terrestrial vegetation gross primary production based on the LaThuile database. Agricultural and Forest Meteorology, 192: 108-120.

Yuan W, Liu S, Yu G, et al. 2010. Global estimates of evapotranspiration and gross primary production based on MODIS and global meteorology data. Remote Sensing of Environment, 114(7): 1416-1431.

Yuan W, Liu S, Zhou G, et al. 2007. Deriving a light use efficiency model from eddy covariance flux data for predicting daily gross primary production across biomes. Agricultural and Forest Meteorology, 143(3-4): 189-207.

Zaehle S, Sitch S, Smith B, et al. 2005. Effects of parameter uncertainties on the modeling of terrestrial biosphere dynamics. Global Biogeochemical Cycles, 19(3): GB3020.

Zeng F W, Collatz G J, Pinzon J E, et al. 2013. Evaluating and quantifying the climate-driven interannual variability in global inventory modeling and mapping studies (GIMMS) normalized difference vegetation index (NDVI3g) at global scales. Remote Sensing, 5(8): 3918-3950.

Zeng N, Qian H, Roedenbeck C, et al. 2005. Impact of 1998-2002 midlatitude drought and warming on terrestrial ecosystem and the global carbon cycle. Geophysical Research Letters, 32: L22709.

Zhang L, Guo H, Jia G, et al. 2014. Net ecosystem productivity of temperate grasslands in northern China: an upscaling study. Agricultural and Forest Meteorology, 184: 71-81.

Zhang L, Wylie B K, Ji L, et al. 2010. Climate-driven interannual variability in net ecosystem exchange in the northern Great Plains grasslands. Rangeland Ecology and Management, 63(1): 40-50.

Zhang L, Wylie B K, Ji L, et al. 2011. Upscaling carbon fluxes over the Great Plains grasslands: sinks and sources. Journal of Geophysical Research, 116: G00J03.

Zhang L, Wylie B, Loveland T, et al. 2007. Evaluation and comparison of gross primary production estimates for the Northern Great Plains grasslands. Remote Sensing of Environment, 106(2): 173-189.

Zhang L, Xiao J, Li J, et al. 2012. The 2010 spring drought reduced primary productivity in southwestern China. Environmental Research Letters, 7(4): 045706.

Zhang L, Xiao J F, Zheng Y, et al. 2020. Increased carbon uptake and water use efficiency in global semi-arid ecosystems. Environmental Research Letters, 15: 034022.

Zhang P, Hirota M, Shen H, et al. 2009. Characterization of CO_2 flux in three Kobresia meadows differing in dominant species. Journal of Plant Ecology, 2(4): 187-196.

Zhang R, Kim S, Sharma A. 2019. A comprehensive validation of the SMAP Enhanced Level-3 Soil Moisture product using ground measurements over varied climates and landscapes. Remote Sensing of Environment, 223: 82-94.

Zhang Y, Liu C, Yu Q, et al. 2004. Energy fluxes and the priestley-taylor parameter over winter wheat and maize in the north China plain. Hydrological Processes, 18(12): 2235-2246.

Zhang Y, Xiao X, Jin C, et al. 2016. Consistency between sun-induced chlorophyll fluorescence and gross primary production of vegetation in North America. Remote Sensing of Environment, 183: 154-169.

Zhao M, Heinsch F A, Nemani R R, et al. 2005. Improvements of the MODIS terrestrial gross and net primary production global data set. Remote Sensing of Environment, 95(2): 164-176.

Zhao M, Running S W. 2010. Drought-induced reduction in global terrestrial net primary production from 2000 through 2009. Science, 329(5994): 940-943.

Zhao M, Running S W, Nemani R R. 2006. Sensitivity of moderate resolution imaging spectroradiometer (MODIS) terrestrial primary production to the accuracy of meteorological reanalyses. Journal of Geophysical Research, 111(G1): G01002.

Zhao X, Liang S L, Liu S H, et al. 2013. The Global Land Surface Satellite (GLASS) remote sensing data processing system and products. Remote Sensing, 5(5): 2436-2450.

Zhou Y, Zhang L, Fensholt R, et al. 2015. Climate contributions to vegetation variations in central Asian drylands: pre-and post-USSR collapse. Remote Sensing, 7: 2449-2470.

Zhou Y, Zhang L, Xiao J, et al. 2014. A comparison of satellite-derived vegetation indices for approximating gross primary productivity of grasslands. Rangeland Ecology and Management, 67(1): 9-18.

Zhu L, Southworth J. 2013. Disentangling the relationships between net primary production and precipitation in Southern Africa Savannas using satellite observations from 1982 to 2010. Remote Sensing, 5(8): 3803-3825.

Zhu W Q, Pan Y Z, He H, et al. 2006. Simulation of maximum light use efficiency for some typical vegetation types in China. Chinese Science Bulletin, 51(4): 457-463.

附　　录

附表 1　文中出现的不同模型以及同化系统的英文缩略语的描述

缩略语	全称	描述	输出
LPJ-DGVM	the Lund-Potsdam-Jena 动态植被模型	该模型作为模型算子用于模拟初始 ET	GPP_{LPJ}、ET_{LPJ}
$PT\text{-}JPL_{SM}$	改进的 Priestley-Taylor Jet Propulsion Laboratory (PT-JPL) 模型	该模型作为 LPJ-PM 的一个模块,建立了 SMAP 数据和 ET 之间的连接	N/A
LPJ-PM	the Lund-Potsdam-Jena 耦合模型	$PT\text{-}JPL_{SM}$ 与 LPJ-DGVM 构建的集成模型	GPP_{SM}、ET_{PM}
LPJ-VSJA	the Lund-Potsdam-Jena 植被-土壤水分联合同化系统	一种基于过程模型的同化方案,将 LAI 和 SSM 同化到 LPJ-PM 中	GPP_{LAI}、ET_{LAI};GPP_{SM}、ET_{SM};GPP_{CO};ET_{CO}

附表 2　文中用到的 FLUXNET2015、AmeriFlux 以及黑河流域通量站点信息

数据集	编号	名称	纬度/(°)	经度/(°)	IGBP	验证结果
FLUXNET2015	1	CA-TPD	42.63533	−80.5577	DBF	GPP、ET
FLUXNET2015	2	DE-Lnf	51.32822	10.3678	DBF	GPP、ET
FLUXNET2015	3	FR-Fon	48.47636	2.7801	DBF	GPP、ET
FLUXNET2015	4	CA-Oas	53.62889	−106.198	DBF	GPP、ET
FLUXNET2015	5	IT-CA1	42.38041	12.02656	DBF	GPP、ET
FLUXNET2015	6	IT-Col	41.84936	13.58814	DBF	GPP、ET
FLUXNET2015	7	IT-Isp	45.81264	8.63358	DBF	GPP、ET
FLUXNET2015	8	IT-Ro2	42.39026	11.92093	DBF	GPP、ET
FLUXNET2015	9	US-Ha1	42.5378	−72.1715	DBF	GPP、ET
FLUXNET2015	10	US-MMS	39.3232	−86.4131	DBF	GPP、ET
FLUXNET2015	11	DK-Sor	55.48587	11.64464	DBF	GPP、ET
FLUXNET2015	12	US-Oho	41.5545	−83.8438	DBF	GPP、ET
FLUXNET2015	13	US-UMB	45.5598	−84.7138	DBF	GPP、ET
FLUXNET2015	14	DE-Hai	51.07921	10.45217	DBF	GPP
FLUXNET2015	15	AU-Whr	−36.6732	145.0294	EBF	GPP、ET
FLUXNET2015	16	AU-Cum	−33.6152	150.7236	EBF	GPP、ET
FLUXNET2015	17	AU-Rob	−17.1175	145.6301	EBF	GPP、ET
FLUXNET2015	18	AU-Tum	−35.6566	148.1517	EBF	GPP、ET
FLUXNET2015	19	AU-Wom	−37.4222	144.0944	EBF	GPP、ET
FLUXNET2015	20	BR-Sa1	−2.85667	−54.9589	EBF	GPP、ET
FLUXNET2015	21	FR-Pue	43.7413	3.5957	EBF	GPP、ET
FLUXNET2015	22	GF-Guy	5.27877	−52.9249	EBF	GPP、ET
FLUXNET2015	23	GH-Ank	5.26854	−2.69421	EBF	GPP、ET
FLUXNET2015	24	CH-Dav	46.81533	9.85591	ENF	GPP、ET
FLUXNET2015	25	IT-SRo	43.72786	10.28444	ENF	GPP、ET
FLUXNET2015	26	DE-Lkb	49.09962	13.30467	ENF	GPP、ET
FLUXNET2015	27	DE-Obe	50.78666	13.72129	ENF	GPP、ET
FLUXNET2015	28	DE-Tha	50.96256	13.56515	ENF	GPP、ET
FLUXNET2015	29	IT-SR2	43.73202	10.29091	ENF	GPP、ET
FLUXNET2015	30	FI-Hyy	61.84741	24.29477	ENF	GPP、ET
FLUXNET2015	31	FI-Let	60.64183	23.95952	ENF	GPP、ET
FLUXNET2015	32	NL-Loo	52.16658	5.74356	ENF	GPP、ET
FLUXNET2015	33	RU-Fyo	56.46153	32.92208	ENF	GPP、ET
FLUXNET2015	34	US-NR1	40.0329	−105.546	ENF	GPP、ET
FLUXNET2015	35	US-GLE	41.36653	−106.24	ENF	GPP、ET
FLUXNET2015	36	US-Me6	44.32328	−121.608	ENF	GPP、ET
FLUXNET2015	37	US-NC3	35.799	−76.656	ENF	GPP、ET
FLUXNET2015	38	FI-Sod	67.36239	26.63859	ENF	GPP、ET
FLUXNET2015	39	IT-Lav	45.9562	11.28132	ENF	GPP、ET
FLUXNET2015	40	IT-Ren	46.58686	11.43369	ENF	GPP、ET

数据集	编号	名称	纬度/(°)	经度/(°)	IGBP	验证结果
FLUXNET2015	41	AR-Vir	−28.2395	−56.1886	ENF	GPP、ET
FLUXNET2015	42	CA-Qfo	49.6925	−74.3421	ENF	GPP、ET
FLUXNET2015	43	US-CZ2	37.03106	−119.257	ENF	GPP、ET
FLUXNET2015	44	CA-TP1	42.66094	−80.5595	ENF	GPP、ET
FLUXNET2015	45	BE-Bra	51.30761	4.51984	MF	GPP、ET
FLUXNET2015	46	AR-Slu	−33.4648	−66.4598	MF	GPP、ET
FLUXNET2015	47	BE-Vie	50.30493	5.99812	MF	GPP、ET
FLUXNET2015	48	CA-Gro	48.2167	−82.1556	MF	GPP、ET
FLUXNET2015	49	CH-Lae	47.47833	8.36439	MF	GPP、ET
FLUXNET2015	50	US-PFa	45.9459	−90.2723	MF	GPP、ET
FLUXNET2015	51	US-Syv	46.242	−89.3477	MF	GPP、ET
FLUXNET2015	52	US-Akn	33.3833	−81.5656	MF	ET
FLUXNET2015	53	AU-Emr	−23.8587	148.4746	GRA	GPP、ET
FLUXNET2015	54	US-AR1	36.4267	−99.42	GRA	GPP、ET
FLUXNET2015	55	US-Wkg	31.7365	−109.942	GRA	GPP、ET
FLUXNET2015	56	US-Dia	37.6773	−121.53	GRA	ET
FLUXNET2015	57	AT-Neu	47.11667	11.3175	GRA	GPP、ET
FLUXNET2015	58	AU-Rig	−36.6499	145.5759	GRA	GPP、ET
FLUXNET2015	59	CH-Fru	47.11583	8.53778	GRA	GPP、ET
FLUXNET2015	60	DE-Gri	50.95004	13.51259	GRA	GPP、ET
FLUXNET2015	61	DE-RuR	50.62191	6.30413	GRA	GPP、ET
FLUXNET2015	62	IT-MBo	46.01468	11.04583	GRA	GPP、ET
FLUXNET2015	63	IT-Tor	45.84444	7.57806	GRA	GPP、ET
FLUXNET2015	64	NL-Hor	52.24035	5.0713	GRA	GPP、ET
FLUXNET2015	65	US-IB2	41.84062	−88.241	GRA	GPP、ET
FLUXNET2015	66	US-Var	38.4133	−120.951	GRA	GPP、ET
FLUXNET2015	67	US-KLS	38.7745	−97.5684	GRA	GPP、ET
FLUXNET2015	68	AU-Stp	−17.1507	133.3502	GRA	GPP、ET
FLUXNET2015	69	AU-TTE	−22.287	133.64	GRA	GPP、ET
FLUXNET2015	70	US-SRG	31.78938	−110.828	GRA	GPP、ET
FLUXNET2015	71	CN-Cng	44.5934	123.5092	GRA	GPP
FLUXNET2015	72	IT-Noe	40.60618	8.15169	CSH	GPP、ET
FLUXNET2015	73	ES-Amo	36.83361	−2.25232	OSH	GPP、ET
FLUXNET2015	74	ES-LJu	36.92659	−2.75212	OSH	GPP、ET
FLUXNET2015	75	US-Whs	31.7438	−110.052	OSH	GPP、ET
FLUXNET2015	76	ZA-Kru	−25.0197	31.4969	SAV	GPP、ET
FLUXNET2015	77	AU-Cpr	−34.0021	140.5891	SAV	GPP、ET
FLUXNET2015	78	AU-DaS	−14.1593	131.3881	SAV	GPP、ET
FLUXNET2015	79	AU-Dry	−15.2588	132.3706	SAV	GPP、ET
FLUXNET2015	80	AU-ASM	−22.283	133.249	SAV	GPP、ET

续表

数据集	编号	名称	纬度/(°)	经度/(°)	IGBP	验证结果
FLUXNET2015	81	AU-GWW	−30.1913	120.6541	SAV	GPP、ET
FLUXNET2015	82	SN-Dhr	15.40278	−15.4322	SAV	GPP、ET
FLUXNET2015	83	AU-Gin	−31.3764	115.7138	WSA	GPP、ET
FLUXNET2015	84	AU-RDF	−14.5636	132.4776	WSA	GPP、ET
FLUXNET2015	85	AU-How	−12.4943	131.1523	WSA	GPP、ET
FLUXNET2015	86	US-Ton	38.4316	−120.966	WSA	GPP、ET
FLUXNET2015	87	US-CRT	41.6285	−83.3471	CRO	GPP、ET
FLUXNET2015	88	CH-Oe2	47.28642	7.73375	CRO	GPP、ET
FLUXNET2015	89	IT-BCi	40.52375	14.95744	CRO	GPP、ET
FLUXNET2015	90	US-Twt	38.10872	−121.653	CRO	GPP、ET
FLUXNET2015	91	US-Lin	36.3566	−119.842	CRO	GPP、ET
FLUXNET2015	92	US-ARM	36.6058	−97.4888	CRO	GPP、ET
FLUXNET2015	93	IT-CA2	42.37722	12.02604	CRO	GPP、ET
FLUXNET2015	94	US-CRT	41.6285	−83.3471	CRO	ET
FLUXNET2015	95	DE-Geb	51.09973	10.91463	CRO	GPP、ET
FLUXNET2015	96	BE-Lon	50.55162	4.74623	CRO	GPP、ET
FLUXNET2015	97	DE-Kli	50.89306	13.52238	CRO	GPP、ET
FLUXNET2015	98	US-Ne1	41.16506	−96.4766	CRO	GPP、ET
FLUXNET2015	99	FR-Gri	48.84422	1.95191	CRO	GPP、ET
AmeriFlux	100	US-CF1	46.7815	−117.082	CRO	ET_{SMOS} vs ET_{SMAP}
AmeriFlux	101	US-IB1	41.8593	−88.2227	CRO	ET_{SMOS} vs ET_{SMAP}
AmeriFlux	102	US-Ne2	41.16487	−96.4701	CRO	ET_{SMOS} vs ET_{SMAP}
AmeriFlux	103	US-UiA	40.06463	−88.1961	CRO	ET_{SMOS} vs ET_{SMAP}
Heihe	104	Daman	38.855	100.3717	CRO	ET_{SMOS} vs ET_{SMAP}
AmeriFlux	105	US-Rls	43.1439	−116.736	CSH	ET_{SMOS} vs ET_{SMAP}
AmeriFlux	106	US-Bar	44.0646	−71.2881	DBF	ET_{SMOS} vs ET_{SMAP}
AmeriFlux	107	US-MOz	38.7441	−92.2	DBF	ET_{SMOS} vs ET_{SMAP}
AmeriFlux	108	US-Rpf	65.1198	−147.429	DBF	ET_{SMOS} vs ET_{SMAP}
AmeriFlux	109	US-WCr	45.8059	−90.0799	DBF	ET_{SMOS} vs ET_{SMAP}
AmeriFlux	110	US-CZ2	37.03106	−119.257	ENF	ET_{SMOS} vs ET_{SMAP}
AmeriFlux	111	US-Ho1	45.2041	−68.7402	ENF	ET_{SMOS} vs ET_{SMAP}
AmeriFlux	112	US-Me6	44.32328	−121.608	ENF	ET_{SMOS} vs ET_{SMAP}
AmeriFlux	113	US-MtB	32.41667	−110.726	ENF	ET_{SMOS} vs ET_{SMAP}
AmeriFlux	114	US-NC3	35.799	−76.656	ENF	ET_{SMOS} vs ET_{SMAP}
AmeriFlux	115	US-Prr	65.12367	−147.488	ENF	ET_{SMOS} vs ET_{SMAP}
AmeriFlux	116	US-Uaf	64.86627	−147.856	ENF	ET_{SMOS} vs ET_{SMAP}
AmeriFlux	117	US-Vcm	35.88845	−106.532	ENF	ET_{SMOS} vs ET_{SMAP}
AmeriFlux	118	US-Wrc	45.8205	−121.952	ENF	ET_{SMOS} vs ET_{SMAP}
AmeriFlux	119	US-A32	36.81927	−97.8198	GRA	ET_{SMOS} vs ET_{SMAP}
AmeriFlux	120	US-Hn2	46.68886	−119.464	GRA	ET_{SMOS} vs ET_{SMAP}

续表

数据集	编号	名称	纬度/(°)	经度/(°)	IGBP	验证结果
AmeriFlux	121	US-JRn	39.67886	−80.1646	GRA	ET_{SMOS} vs ET_{SMAP}
AmeriFlux	122	US-KLS	38.7745	−97.5684	GRA	ET_{SMOS} vs ET_{SMAP}
AmeriFlux	123	US-Seg	34.3623	−106.702	GRA	ET_{SMOS} vs ET_{SMAP}
AmeriFlux	124	US-Sne	38.0369	−121.755	GRA	ET_{SMOS} vs ET_{SMAP}
Heihe	125	Arou	38.05	100.45	GRA	ET_{SMOS} vs ET_{SMAP}
Heihe	126	Dashalong	38.8399	98.94	GRA	ET_{SMOS} vs ET_{SMAP}
Heihe	127	Hunhelin	41.99	101.1335	MF	ET_{SMOS} vs ET_{SMAP}
AmeriFlux	128	US-EML	63.8784	−149.254	OSH	ET_{SMOS} vs ET_{SMAP}
AmeriFlux	129	US-Jo2	32.58494	−106.603	OSH	ET_{SMOS} vs ET_{SMAP}
AmeriFlux	130	US-Rws	43.16755	−116.713	OSH	ET_{SMOS} vs ET_{SMAP}
AmeriFlux	131	US-SCs	33.73433	−117.696	OSH	ET_{SMOS} vs ET_{SMAP}
AmeriFlux	132	US-Wjs	34.42549	−105.862	SAV	ET_{SMOS} vs ET_{SMAP}
AmeriFlux	133	US-Mpj	34.4385	−106.238	WSA	ET_{SMOS} vs ET_{SMAP}

附表 3　不同干湿区域下不同植被类型 LPJ-DGVM 以及三种同化方案对 GPP 的逐日模拟与日观测值之间的统计指标

湿润和半湿润区	R^2				RMSE/ (mm/d)				Bias/ (mm/d)				ubRMSE/ (mm/d)			
	GPP_{LPJ}	GPP_{LAI}	GPP_{SM}	GPP_{CO}	GPP_{LPJ}	GPP_{LAI}	GPP_{SM}	GPP_{CO}	GPP_{LPJ}	GPP_{LAI}	GPP_{SM}	GPP_{CO}	GPP_{LPJ}	GPP_{LAI}	GPP_{SM}	GPP_{CO}
森林	0.38	0.48	0.46	0.55	2.30	2.23	2.06	1.64	0.56	0.46	0.47	0.51	2.14	2.10	1.91	1.56
草原	0.46	0.57	0.51	0.61	1.90	1.77	1.57	1.09	0.24	0.40	0.48	0.65	1.75	1.55	1.33	0.81
热带稀树草原	0.34	0.50	0.52	0.56	2.33	1.56	1.52	1.47	0.13	0.65	0.66	0.63	2.15	1.40	1.17	1.14
灌丛	0.47	0.54	0.58	0.66	1.27	1.33	1.67	1.14	-0.37	1.46	1.99	0.66	1.21	1.48	0.81	0.93
农田	0.38	0.53	0.53	0.65	2.93	2.71	2.31	1.96	-0.18	0.64	0.47	0.72	2.48	2.29	1.80	1.69
平均	0.41	0.53	0.52	0.61	2.15	1.92	1.83	1.46	0.08	0.72	0.81	0.63	1.95	1.76	1.40	1.23

半干旱和干旱区	R^2				RMSE/ (mm/d)				Bias/ (mm/d)				ubRMSE/ (mm/d)			
	GPP_{LPJ}	GPP_{LAI}	GPP_{SM}	GPP_{CO}	GPP_{LPJ}	GPP_{LAI}	GPP_{SM}	GPP_{CO}	GPP_{LPJ}	GPP_{LAI}	GPP_{SM}	GPP_{CO}	GPP_{LPJ}	GPP_{LAI}	GPP_{SM}	GPP_{CO}
森林	0.56	0.62	0.57	0.73	3.20	2.00	1.86	1.26	-1.72	0.34	0.98	0.30	2.67	1.72	1.79	1.32
草原	0.64	0.77	0.72	0.87	2.30	1.54	1.66	1.11	-0.54	0.10	0.41	0.35	1.83	1.42	1.41	1.12
热带稀树草原	0.58	0.69	0.64	0.75	1.50	1.30	1.18	1.00	-0.22	0.84	0.48	0.59	1.15	1.02	1.15	0.83
灌丛	0.38	0.43	0.51	0.59	1.86	1.74	1.30	1.01	-1.03	-0.67	-0.53	-0.19	1.47	1.46	1.06	0.87
农田	0.59	0.75	0.57	0.72	2.71	2.30	1.94	1.35	1.72	0.81	0.65	0.63	2.24	2.01	1.73	1.10
平均	0.55	0.65	0.59	0.73	2.31	1.78	1.59	1.14	-0.36	0.28	0.40	0.34	1.88	1.53	1.43	1.05

附表 4　不同干湿区域下不同植被类型 LPJ-DGVM 以及三种同化方案对 ET 的逐日模拟与日观测值之间的统计指标

湿润和半湿润区	R^2				RMSE/ (mm/d)				Bias/ (mm/d)				ubRMSE/ (mm/d)			
	ET_{LPJ}	ET_{LAI}	ET_{SM}	ET_{CO}	ET_{LPJ}	ET_{LAI}	ET_{SM}	ET_{CO}	ET_{LPJ}	ET_{LAI}	ET_{SM}	ET_{CO}	ET_{LPJ}	ET_{LAI}	ET_{SM}	ET_{CO}
森林	0.39	0.45	0.53	0.52	1.04	1.04	0.83	0.85	0.38	0.22	0.29	0.29	0.88	0.95	0.77	0.68
草原	0.60	0.58	0.66	0.63	0.93	0.99	0.79	0.73	0.13	0.17	0.24	0.26	0.78	0.97	0.83	0.64
热带稀树草原	0.54	0.62	0.68	0.68	1.26	1.15	0.85	0.75	0.56	0.21	0.34	0.30	0.96	1.03	0.82	0.59
灌丛	0.65	0.65	0.68	0.80	1.22	1.42	0.82	0.84	0.10	−0.06	−0.06	0.11	1.22	1.42	0.62	0.65
农田	0.51	0.53	0.59	0.65	1.06	0.99	0.82	0.72	0.29	0.29	0.37	0.21	1.00	0.90	0.82	0.77
平均	0.54	0.56	0.63	0.66	1.10	1.12	0.82	0.76	0.29	0.17	0.24	0.23	0.97	1.05	0.77	0.67

半干旱和干旱区	R^2				RMSE/ (mm/d)				Bias/ (mm/d)				UbRMSE/ (mm/d)			
	ET_{LPJ}	ET_{LAI}	ET_{SM}	ET_{CO}	ET_{LPJ}	ET_{LAI}	ET_{SM}	ET_{CO}	ET_{LPJ}	ET_{LAI}	ET_{SM}	ET_{CO}	ET_{LPJ}	ET_{LAI}	ET_{SM}	ET_{CO}
森林	0.45	0.47	0.56	0.62	1.02	1.11	0.85	0.76	0.33	0.35	0.27	0.31	0.77	1.05	0.80	0.71
草原	0.72	0.64	0.75	0.81	1.00	0.90	0.84	0.71	0.11	−0.03	−0.03	−0.02	0.94	0.85	0.81	0.50
热带稀树草原	0.65	0.70	0.65	0.79	0.92	0.96	0.91	0.68	0.34	0.28	0.24	0.18	0.85	0.91	0.84	0.56
灌丛	0.56	0.66	0.58	0.63	1.16	0.88	0.86	0.74	0.13	0.17	0.10	0.17	0.81	0.94	0.65	0.69
农田	0.65	0.64	0.73	0.78	1.40	1.23	0.99	0.73	0.23	−0.06	−0.01	0.19	1.30	1.20	0.78	0.64
平均	0.60	0.62	0.67	0.73	1.10	1.06	0.88	0.72	0.23	0.14	0.11	0.14	0.93	0.99	0.78	0.61